大東地志

대동지지 2

충 청 도

초판 1쇄 인쇄 2023년 7월 17일
초판 1쇄 발행 2023년 7월 27일

지 은 이 이상태 고혜령 김용곤 이영춘 김현영 박한남 고성훈 류주희
발 행 인 한정희
발 행 처 경인문화사
편 집 유지혜 김지선 한주연 이다빈 김윤진
마 케 팅 전병관 하재일 유인순
출판번호 제406-1973-000003호
주 소 경기도 파주시 회동길 445-1 경인빌딩 B동 4층
전 화 031-955-9300 팩 스 031-955-9310
홈페이지 www.kyunginp.co.kr
이 메 일 kyungin@kyunginp.co.kr

ISBN 978-89-499-6732-5 94980
978-89-499-6740-0 (세트)
값 27,000원

영인본의 출처는 서울대학교 규장각한국학연구원(古4790-37-v.1-15/국립중앙도서관)에 있습니다.

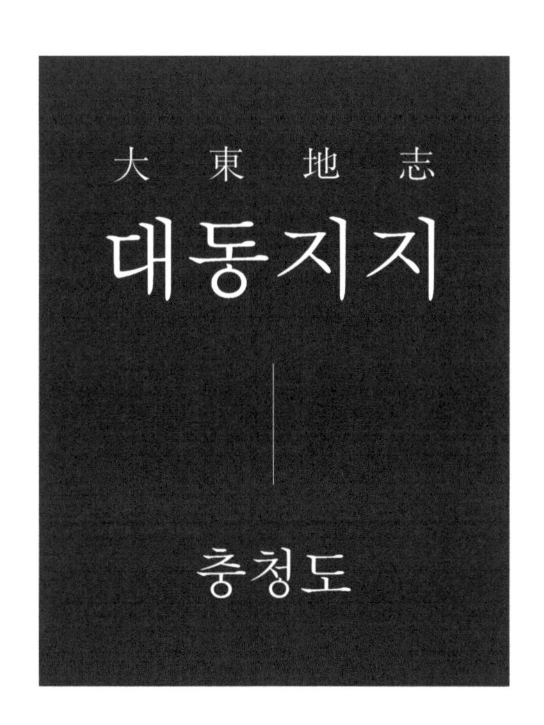

이상태 · 고혜령 · 김용곤 · 이영춘
김현영 · 박한남 · 고성훈 · 류주희

경인문화사

목차
目次

제1권 충청도 33읍 • 9

제2권 충청도 21읍 • 147

부록 • 243

원문 • 253

충청도

〈호서(湖西)라고 한다〉

본래 마한(馬韓) 땅이었는데 서한의 말년 경에 백제와 신라가 나누어 소유하였다.〈옥천(沃川)·보은(報恩)·영동(永同)·황간(黃澗)·청산(靑山)·회인(懷仁)·문의(文義)는 신라가 개척한 지역이며, ○충주(忠州)·청풍(淸風)·단양(丹陽)·괴산(槐山)·제천(堤川)·영춘(永春)·연풍(延豊)·청안(淸安)·청주(淸州)·진천(鎭川) 지역은 백제가 남천한 후에 고구려가 취하였는데 양원왕(陽原王) 7년(551)에 신라 땅으로 편입되었다〉

백제 의자왕 20년(660)에 당나라와 신라가 연합하여 백제를 공격하여 멸망시키고 백제의 옛지역에 5도독부를 두었다.〈충청도·전라도 지역이다〉 각각 주현을 통합하였다.

신라 성덕왕(聖德王) 34년(735)〈당 개원23년〉에 당나라가 그 지역을 신라에 돌려주었다.〈당나라가 점령하였던 기간이 76년간이다〉 경덕왕(景德王) 16년(757)에 웅주도독부를 설치하여 군현을 다스렸다.

진성왕(眞聖王) 때에 후백제(後百濟)와 태봉(泰封)이 나누어 취하였다가 후에 고려에 귀속되었다. 고려 성종(成宗) 14년(995)에 충주·청주 등의 주현은 중원도(中原道)가 되고, 공주·운주 등의 주현은 하남도(河南道)가 되었다. 예종(睿宗)원년(1106)에는 두 도를 관내도(關內道)에 합쳐서 양광충청주도(楊廣忠淸州道)라고 불렀다. 명종(明宗) 2년(1172)에는 중원도와 하남도를 떼어내어 충청도가 되었다.

충숙왕(忠肅王) 원년(1314)에 다시 양광도에 합쳤다. 공민왕(恭愍王) 5년(1356)에 다시 나누어 충청도를 두었다.

조선 태조 4년(1395)에는 양주(楊州)와 광주(廣州)에서 관할하던 군현을 경기도에 소속시켰으며, 충청도의 공주(公州)·홍주(洪州)에서 관할하던 군현은 그대로 충청도라고 불렀다.〈정종 원년(1399)에는 영월(寧越)을 강원도에 넘겨주었으며 강원도의 영춘현을 이관 받았다. 태종 13년(1413)에는 여흥·안성·음죽·진위·양성·양지 등을 경기도로 넘겨주었으며, 경상도의 옥천·황간·영동·청산·보은 등을 이관 받았다〉 연산군 11년(1505)에 충공도(忠公道)로 개칭하였다.〈진천, 직산, 평택, 아산을 경기도로 넘겨주었다. 중종 원년(1506)에 다시 환원하였다〉

명종 5년(1550) 청공도(淸公道)로 개칭하였고, 광해군 5년(1613)에는 공청도(公淸道)로 개칭하였으며, 인조 6년(1628)에 공홍도(公洪道) 개정하였다가, 동왕 24년(1646)에 다시 홍충도(洪忠道)로 개칭하였다. 효종 7년(1656)에 공홍도로 고쳤고, 현종 11년(1670)에는 충홍도로, 숙종 6년(1680)에는 공홍도로, 영조 5년(1729)에는 공청도로 개칭하였다가 영조 7년(1731)에 다시 홍충도로 바꿨다. 정조 원년(1777)에 홍충도로, 순조 25년(1825)에는 공충도로, 철종 13년(1862)에는 공충도로 다시 고쳤다. 모두 54개의 읍으로 되어 있다.【조선 철종 임술년(1862) 청주(淸州) 역적 김순성(金順成)이 태어난 곳이라 하여 읍호를 서원(西原)으로 하고 현으로 강등하였으며 도(道)도 고쳐 공충도(公忠道)로 불렀다】

【무릇 호칭을 바꾸었지만 10년을 넘기지 못하고 복구되었다】

순영(巡營)은 공주목에 있다.

병영(兵營)은 청주목에 있다.

수영(水營)은 보령현에 있다.

토포영(討捕營)의 전영은 홍주목에 있고, 우영은 해미현에, 중영은 청주목에, 우영은 공주목에, 후영은 충주목에 있다.【토포사, 순영, 중군은 병영과 수영의 우후(虞侯)예에 따라 겸임하였다】

공주진에서는 임천·한산·부여·석성·은진·노성·연산·진잠·회덕·연기·전의·정산현 등을 관할하였다.

홍주진에서는 면천·서산·태안·서천·온양·대흥·덕산·홍산·청양·비인·결성·보령·남포·예산·신창·아산·평택·당진·해미현 등을 관할하였다.

충주진에서는 청풍·단양·괴산·연풍·음성·영춘·제천현 등을 관할하였다.

청주진에서는 천안·옥천·보은·문의·직산·목천·회인·청안·진천·영동·황간·청산현 등을 관할하였다.

제1권

충청도 33읍

1. 공주목(公州牧)

『연혁』(沿革)

본래 백제의 웅천주(熊川州)였는데 문주왕(文周王) 원년에 북한산으로부터 이곳으로 도읍을 옮기고, 한성이라고 하였다.〈다섯 왕 동안에 63년간 지속되었다〉 성왕(聖王) 16년(538)에 사비성(泗沘城)으로 도읍을 옮겼다.〈지금의 부여다〉 의자왕 20년(660)〈당 고종 현경(顯慶) 5년 경신(庚申)〉에 당나라는 소정방(蘇定方)을 파견하여 백제를 멸망시키고 웅진도독부(熊津都督府)를 설치하였다.〈좌위 중랑장 왕문도(王文度)가 도독이 되었는데 뒤를 이어 유인원(劉仁願)과 설인귀(薛仁貴) 등이 군대를 주둔시키면서 지켰다〉

개원(開元) 을해년(신라 문무왕 15년)에 그 땅을 신라에 돌려주었다. 신라는 그곳에 웅천군을 설치하였다. 신문왕(神文王) 5년(685)에는 웅천주로 고치고 도독을 두었으며 웅천정(熊川停)이라고 불렀다.

경덕왕(景德王) 16년(757)에 웅주도독부로 고쳤다.〈구주(九州)의 한 주이다. 영현은 주 1, 소경 1, 군 13, 현 31이었다. 도독부의 영현은 둘인데 니산(尼山)과 청음(淸音)이었다〉【문성왕(文聖王) 14년 진량(眞亮)을 웅주도독으로 삼았다】

후에 후백제에 함락당했다가 고려 태조 23년(940)에 공주(公州)로 고쳤고, 성종 2년(983)에 목사를 두었다.〈12목의 하나였으며 관원은 광주와 같았다〉 성종 14년(995)에 안절군절도사(安節軍節度使)를 두어〈12절도사 중의 하나이다〉 하남도에 예속시켰다. 현종(顯宗) 3년(1012)에 안무사로 개칭하였고, 현종 9년(1018)에는 강등시켜 지주사(知州事: 원문에는 지부사(地府事)로 기록되었으나 이는 김정호의 오기인 것으로 판단됨/역자주)를 두었다.〈속군(屬郡)은 네 곳인데 덕은·회덕·부여·연산이고, 속현(屬縣)은 8곳인데 시진·덕진·진잠·유성·석성·정산·니산·신풍이었다〉

충혜왕(忠惠王) 후2년(1341)에 공주목으로 승격되었다.〈원나라 평장사 활활치의 아내 경화옹주(敬和翁主)의 외가 고을이기 때문이었다〉

조선 세조 12년(1466)에 진(鎭)을 설치하였다.〈12개 군현을 관장하였다〉

인조 24년(1646)에 공산현(公山縣)으로 강등되었다가〈유탁(柳濯)이 반란을 일으켰기 때문이다〉 얼마 뒤에 다시 공주목으로 승격되었다. 현종 11년(1670)에 다시 공산현으로 강등되었다가, 숙종 5년(1679)에 다시 목으로 승격되었다.

영조 4년(1728)에 공산현으로 강등되었다가 영조 13년(1737)에 목으로 다시 승격되었다. 정조 2년(1778)에 공산현으로 강등되었다가 정조 11년(1787)에 다시 공주목으로 승격되었다.

「읍호」(邑號)

회도(懷道)이다. 〈고려 성종때 정한 이름이다〉

「관원」(官員)

목사 1인이 있다.〈선조 36년(1603)에 관찰사가 목사직을 겸임하였는데 선조 40년(1607)에 폐지하였다. 현종 10년(1669)에 다시 관찰사가 목사직을 겸임하도록 하였다가 숙종 3년(1677)에 그만두었다. 경종 4년(1724)에 관찰사가 목사직을 겸직토록 하다가 영조 27년(1751)에 그만두게 하였고, 영조 34년(1758)부터 다시 겸직하도록 하였다〉

판관 1인이 있다.〈관찰사가 목사직을 겸직할 때에 두었다. 판관이 공주진의 병마절제도위를 겸직하였다〉

『고읍』(古邑)

유성현(儒城縣)이 있다.〈공주목의 동쪽 54리(里)에 있다. 본래 백제의 노사지현(奴斯只縣)이었는데, 노(奴)는 혹 내(內)로 표기하기도 한다. 신라 경덕왕(景德王) 16년(757)에 유성현으로 개칭하였으며 비풍군(比豐郡)의 영현이 되었다. ○본현의 옛터는 폐현의 동쪽 4리 떨어진 광도원(廣道院) 옆에 있다〉

덕진현(德津縣)이 있다.〈공주목의 동쪽 50리밖에 있다. 본래 백제의 소비포현(所比浦縣)이었는데, 신라 경덕왕 때 적오현(赤烏縣)으로 고쳤고 비풍군의 영현이 되었다. 고려 태조 23년(940)에 덕진현이라고 개칭하였다. ○『동국여지승람』에서는 고조산(古曺山)이 공주목의 동쪽 50리에 있는데 세상에 전해오기는 덕진현의 옛터가 아닌가 의심된다고 하였다〉

신풍현(新豐縣)이 있다.〈공주목의 서북쪽 50리밖에 있다. 본래 백제의 벌음지현(伐音支縣)이다. 혹은 무부현(武夫縣)이라고도 한다. 당나라가 점령한 후 부림현(富林縣)으로 고쳐 동명주(東明州)의 영현이 되었다. 신라 경덕왕 때 청음현(淸音縣)으로 고쳐 웅주의 영현이 되었다. 고려 태조 때에 신풍현으로 고쳤다. ○위의 3현은 고려 현종 9년(1016)에 공주목에 소속되었다〉

충순현(忠順縣)이 있다. 〈유성현의 동쪽 10리 떨어진 공주목의 명학소(鳴鶴所)이었다. 고려 명종(明宗) 6년(1176)에 명학소에 거주하던 망이(亡伊)가 무리들을 모아 공주목을 공격하여 함락시켰다. 조정에서는 명학소를 승격시켜 충순현으로 삼고 영위(令尉)를 두어 그 고을을 달랬다. 망이가 항복하였으나 또다시 반란을 일으켰으므로 명종 7년(1177)에 현호(縣號)를 삭탈하였다〉

광정현(廣程縣)이 있다.〈본래 백제 때에 현을 두었다고 하는데 지금은 어디인지 알 수가 없다〉

『방면』(坊面)

산내면(山內面)〈읍치로부터 동남쪽으로 80리에서 시작하여 120리에서 끝난다〉

유등포면(柳等浦面)〈읍치로부터 동남쪽으로 70리에서 시작하여 80리에서 끝난다〉

천내면(川內面)〈읍치로부터 동남쪽으로 60리쯤에서 시작하여 70리에서 끝난다〉

탄동면(炭洞面)〈읍치로부터 동쪽으로 50리에서 시작하여 70리에서 끝난다〉

진두면(辰頭面)〈읍치로부터 남쪽으로 30리에서 시작하여 40리에서 끝난다〉

반탄면(半灘面)〈읍치로부터 서남쪽으로 30리에서 시작하여 50리에서 끝난다〉

목동면(木洞面)〈읍치로부터 남쪽으로 10리에서 시작하여 30리에서 끝난다〉

남부면(南部面)〈읍치로부터 남쪽으로 10리에서 끝난다〉

동부면(東部面)〈읍치로부터 동쪽으로 20리에서 끝난다〉

사곡년(寺谷面)〈읍치로부터 서북쪽으로 20리에서 시작하여 60리에서 끝난다〉

신상면(新上面)〈읍치로부터 서북쪽으로 50리에서 시작하여 80리에서 끝난다〉

신하면(新下面)〈읍치로부터 서북쪽으로 40리에서 시작하여 70리에서 끝난다〉

구측면(九則面)〈읍치로부터 동쪽으로 50리에서 시작하여 60리에서 끝난다〉

명탄면(鳴灘面)〈읍치로부터 동쪽으로 40리에서 시작하여 60리에서 끝난다〉

양야리면(陽也里面)〈예전의 양화부곡(良化部曲)인데 읍치로부터 동쪽으로 40리에서 시작하여 50리에서 끝난다〉

익귀곡면(益貴谷面)〈읍치로부터 동쪽으로 30리에서 시작하여 50리에서 끝난다〉

삼기면(三岐面)〈읍치로부터 동쪽으로 30리에서 시작하여 40리에서 끝난다〉

장척동면(長尺洞面)〈읍치로부터 북쪽으로 20리에서 시작하여 40리에서 끝난다〉

정안면(正安面)〈읍치로부터 북쪽으로 20리에서 시작하여 60리에서 끝난다〉

율당면(栗堂面)〈읍치로부터 북쪽으로 15리에서 시작하여 30리에서 끝난다〉

성북면(城北面)〈읍치로부터 서쪽으로 20리에서 시작하여 40리에서 끝난다〉

반포면(反浦面)〈읍치로부터 (원문에 방향표시 없음)20리에서 시작하여 50리에서 끝난다〉

곡화천면(曲火川面)〈읍치로부터 30리에서 시작하여 50리에서 끝난다〉

현내면(縣內面)〈읍치로부터 시작하여 동쪽으로 60리에서 끝난다〉

우정면(牛井面)〈읍치로부터 서북쪽으로 15리에서 시작하여 30리에서 끝난다〉

【청류부곡(淸流部曲)은 읍치로부터 동쪽으로 40리에 있다】

【완부부곡(薍釜部曲)은 읍치로부터 서쪽으로 40리에 있다】

【미화부곡(美化部曲)은 읍치로부터 동남쪽으로 28리에 있다】

【귀지부곡(貴智部曲)은 읍치로부터 남쪽으로 29리에 있다】

【금단소(今丹所)는 읍치로부터 남쪽으로 20리에 있다】

【갑촌유성소(甲村儒城所)는 읍치로부터 북쪽으로 10리에 있다】

【촌개소(村介所)와 복수소(福水所)는 모두 유성 읍치로부터 동쪽으로 23리에 있다】

【박산덕진소(樸山德津所)는 읍치로부터 동쪽으로 5리에 있다】

【금생덕진소(金生德津所)는 읍치로부터 동쪽으로 7리에 있다】

『산수』(山水)

월성산(月城山)〈읍치로부터 동쪽 5리에 있다〉

주미산(舟尾山)〈남쪽으로 5리에 있다〉

정지산(艇止山)〈서북쪽으로 5리에 있다〉

봉황산(鳳凰山)〈서쪽으로 3리에 있다〉

여미산(余美山)〈서쪽으로 7리에 있다〉

계룡산(鷄龍山)〈동남쪽으로 40리에 있다. 본주·연산(連山)·진잠(鎭岑) 등 삼읍의 경계에 걸쳐져 있는데 동서의 두 산은 남쪽에서 시작하여 들판을 끼고 북쪽에 이르는데 합하여 네 산이 된다 .높은 장벽이 빙 둘러 있고, 들 가운데는 평평한 둔덕이 있으며 높이 솟아 있고 뛰어나게 아름답다. 진잠의 구봉산(九峰山)·보문산(寶文山)이 남쪽에 우뚝 솟아 있는데 기상(氣像)이 청명하고, 땅이 비옥하며 국내에 작은 평지가 있다. 동남쪽도 막히지 않아 광활하며 계곡이 심히 깊다. 서북쪽에 용연(龍淵)이 있는데 대단히 깊고 물이 많이 차 있어 큰 계곡을 이루고 산의 남북에는 샘과 바위가 많다. ○갑사(岬寺)·동학사(東學寺)·상원사(上元寺)·가섭암(迦葉

菴)이 있다〉

무성산(武城山)〈서북쪽으로 40리에 있다. 천안의 광덕산(廣德山)과 더불어 지맥들이 연결되어 있고 산골짜기가 중첩되어 있다. 땅이 비옥하고 물이 깊고 알맞어 수수·조·목화·담배 등을 많이 경작한다. ○마곡사(麻谷寺)가 있다〉

무악산(毋岳山)〈북쪽으로 10리에 있다〉

유점산(油岾山)〈서쪽으로 30리에 있다〉

동혈산(東穴山)〈북쪽으로 20리에 있다. 산 위에 바위가 이는데 그 바위에 조그마한 굴이 있다〉

보문산(寶文山)〈동남쪽으로 80리에 있다〉

마산(馬山)〈동쪽으로 40리에 있다〉

취산(鷲山)〈혹은 거산(車山)이라고도 한다. 동쪽으로 40리에 있다〉

잘매산(乽每山)〈서쪽으로 20리에 있다〉

취리산(就利山)〈읍치로부터 북쪽 6리에 있다. 신라 문무왕이 당의 칙사 유인원(劉仁願)과 웅진도둑인 부여융(扶餘隆)과 함께 웅진의 취리산에서 동맹을 맺었는데 그 맹서문이 『삼국사기』에 기록되어 있다〉

사공암(沙工岩)〈남쪽으로 3리에 있다〉

원수대(元帥臺)〈서쪽으로 7리에 있다〉

【동월명대(東月明坮)가 읍치로부터 북쪽으로 1리에 있다】

【서월명대(西月明坮)가 읍치로부터 서쪽으로 2리에 있다】

판적향(板積鄕)〈『삼국사기』에 이르기를 향덕(向德)은 웅천주의 판적향 사람인데 지극한 효성이 있었으므로 경덕왕(景德王)이 조(租) 300곡(斛)과 집 한 채를 주고 유사(有司)에게 명하여 이 일을 비석을 세워 기록하도록 하였다. 지금 사람들이 그 땅을 가리켜 효가리(孝家里)리라고 부르는데 와전되어 효포(孝浦)라고 칭한다〉

「영로(嶺路)」

차령(車嶺)〈읍치로부터 북쪽으로 50리에 있는데 서울로 통하는 대로(大路)이다〉

차유령(車踰嶺)〈서쪽으로 45리에 있는데 대흥현(大興縣)의 경계에 있으며 내포(內浦)의 10읍과 통한다〉

판치(板峙)〈남쪽으로 30리에 있는데 전라도와 통한다〉

얼온현(乻溫峴)〈서쪽으로 35리에 있다〉

적유현(狄踰峴)〈동쪽으로 25리에 있다〉

각흘치(角屹峙)〈서북쪽으로 70리에 있고 온양과 통한다〉

의랑치(儀郎峙)〈동북쪽으로 40리에 있고 연기와 통한다〉

능현(陵峴)〈동쪽으로 5리에 있는데 백제의 왕릉 옛터가 있다〉

정현(鼎峴)〈서남쪽으로 40리에 있고 부여와 통한다〉

화현(火峴)〈동쪽으로 25리에 있다〉

마현(馬峴)〈동쪽으로 25리에 있다〉

개현(介峴)〈북로에 있다〉

【추여현(秋餘峴)이 있다】

「하천(河川)」

금강(錦江)〈본래 웅천하(熊川河)이다. 목의 동북쪽 5리에 있다. 강의 근원은 장수현(長水縣)에서 시작하는데 물줄기가 고개를 나누고 북쪽으로 흘러 진안(鎭安)·용담(龍潭)·무주(茂朱)·금산(錦山)·영동(永同)·옥천(沃川)·회덕(懷德) 등을 경유하여 공주의 북쪽을 돌아 정산(定山)·부여(扶餘)을 경유하여 백마강(白馬江)이 되고, 다시 석성(石城)·은진(恩津)·임천(林川)·한산(韓山)·서천(舒川) 등을 경유하여 진포(鎭浦)가 되어 바다로 들어간다〉

갑천(甲川)〈유성의 동쪽 20리에 있다. 강의 근원은 금산의 송원치(松院峙)에서 나와서 북쪽으로 흘러 징청연(澄淸淵)이 되고 진산의 동북쪽에 이르러서는 유포천(柳浦川)이 된다. 용두촌(龍頭村)에 이르러서는 성천(省川)이 되고, 대전천(大田川)을 지나면 애천(艾川)이 되고, 보문산 북쪽에 이르면 갑천이 된다. 회덕의 서쪽에 에 이르면 선암천(船岩川)이 되고 금강의 신탄(新灘)으로 들어간다〉

【이인천(利仁川)이 있다】

성천(省川)〈유성 동쪽 5리에 있다〉

대전천(大田川)〈다른 명칭은 관전천(官田川)이다. 유성 동쪽 25리에 있다〉

유포천(柳浦川)〈유성 동쪽 20리에 있고 아래에서 성천이 된다〉

동천(銅川)〈서쪽으로 20리에 있다. 무성산 각흘치와 정산의 대박산 물이 합쳐 동남쪽으로 흘러 유구역(維鳩驛)과 옛날의 신풍(新豊)을 지나 금강으로 들어간다〉

일신천(日新川)〈북쪽으로 10리에 있다. 차령과 쌍령의 물이 합쳐 남쪽으로 흘러 광정·궁

원·일신을 경유하여 금강으로 들어간다〉

두마천(豆磨川)〈동쪽으로 40리에 있다. 계룡산에서 물의 근원이 시작하여 남쪽으로 흘러 연산·진잠 등을 경유하여 북쪽으로 흘러 금강의 와탄(瓦灘)으로 들어간다〉

와탄(瓦灘)〈동쪽으로 40리에 있다. 문의(文義)의 신탄(新灘) 하류이다〉

전탄(箭灘)〈쌍수산성의 북쪽에 있다〉

가덕탄(加德灘)〈전탄의 하류이다. 위의 와탄·전탄·가덕탄 의 세 곳은 가물면 걸어서 건널 수 있다〉

반탄(半灘)〈서남쪽으로 30리에 있다. 하류는 부여의 석탄(石灘)이다〉

용추(龍湫)〈계룡산의 가섭암 밑에 있는데 검고 푸르러 가히 놀랄만 하다〉

온천(溫泉)〈유성의 동쪽 3리에 있다. 태조가 계룡산에 도읍지를 살필 때 태종이 임실(任實)에서 강무(講武)를 하였을 때 모두 이곳에 행차하여 온천욕을 하였다〉

『형승』(形勝)

커다란 산악이 웅크리고 있고, 긴 강이 허리띠처럼 둘러 있고, 남쪽으로는 완성(完城: 전주/역자주)에 버티어 있고, 동쪽으로는 상당성(上黨城: 청주/역자주) 연결되어 있다. 산과 강으로 안팎을 이루어 하늘이 내신 군사기지로 쓸 수 있는 땅이다. 땅이 심히 넓고 토양이 비옥하여 사람과 물사가 풍부하다.

『성지』(城池)

쌍수산성(雙樹山城)〈북쪽으로 2리에 있다. 백제 성왕(聖王) 4년(526)에 웅진성(熊津城)을 수축하였다고 하는데 이는 『동국여지승람』에 공산성(公山城)을 돌로 쌓았다는 것이다. 하나의 우물과 세 개의 연못이 있다. 신라 김헌창(金憲昌)이 반란을 일으킨 근거지이다.

조선 선조(宣祖) 계묘년(1603)에 다시 고쳐 쌓았다. 인조 2년(1624)에 이괄(李适)의 반란으로 남쪽으로 임금의 행차를 옮겨 이곳에 머물렀을 때 이름을 쌍수 산성이라고 하였다. 돌로 쌓았는데 둘레가 2404보(步)이고, 남북으로 두 문이 있으며 동북쪽에 수구문(水口門)이 있다. 성 바깥에 하나의 연못이 있으며 외성은 길이가 350장(丈)이다. 좌변의 익성(翼城)은 길이가 25장(丈)이고 우변의 익성은 길이가 좌변의 익성과 같다. 암문(暗門)이 하나 있고, 성의 북쪽에 공북루(拱北樓)가 있고, 빙 둘러서 절벽인데 강물에 임하여 있다〉

【백제 위덕왕(威德王) 19년(572) 웅현성(熊峴城)을 쌓았고, 신라 문무왕 원년(661) 웅현성을 쌓았다. 수성장판관겸승총섭(守城將判官兼僧摠攝)이 1명 있다. 창(倉)이 2, 행궁(行宮)이 있다】

유성고성(儒城古城)〈유성 고현(古縣)의 동쪽 5리에 있다. 성의 둘레는 680척(尺)인데 우물이 하나 있다〉

덕진고성(德津古城)〈덕진 고현(德津古縣)의 남쪽 1리에 있다. 성의 둘레는 767척(尺)이며 우물이 하나 있다〉

신풍고성(新豊古城)〈신풍 고현(新豊古縣)의 남쪽 3리에 있다. 성의 둘레는 701척(尺)이다〉

양화고성(良化古城)〈동남쪽 40리에 있다. 성의 둘레는 1013척(尺)이며 우물이 하나 있다〉

이인고성(里仁古城)〈서남쪽 20리에 있다. 성의 둘레는 1050척(尺)이며 우물이 하나 있다〉

독현고성(禿縣古城)〈북쪽 26리에 있다. 성의 둘레는 1500척(尺)이다〉

무성(武城)〈옛터가 무성산 위에 있다〉

고성(古城)〈월성산(月城山)에 옛터가 있다〉

『영아』(營衙)

순영(巡營)〈조선 태조 4년(1395)에 충주에 순영을 설치하였다. 선조 35년(1602)에 관찰사 유근(柳根)이 본주로 순영을 옮겼다〉

「관원(官員)」

관찰사〈병마절도사와 수군절도사 그리고 순찰사와 공주목사를 겸임하였다〉

도사(都事)〈옛날에는 해운 판관을 겸하여 아산 공진창(貢津倉)의 세곡(稅穀) 납부를 관장하였는데 영조 임오년(1762)에 없앴다〉

중군(中軍)〈토포사(討捕使)를 겸하였다〉

심약(審藥)과 검율(檢律)〈각각 한사람 씩 두었다〉

○우영(右營)〈인조 때 설치하였다. ○우영장은 한사람이다. ○속읍은 공주·옥천·연기·석성·부여·은진·연산·노성·진잠·회덕·전의이다.

【중군(中軍)은 쌍수산성(雙樹山城)에 유진(留鎭)한다】

『봉수』(烽燧)

월성산〈동쪽 5리에 있다〉

고등산(高登山)〈북쪽 30리에 있다〉

쌍령(雙嶺)〈북쪽 50리에 있다〉

『창고』(倉庫)

창(倉)이 다섯이 있다.〈주내(州內)에 셋이 있고, 산성에 두 개가 있다〉

고(庫)가 여섯이 있다.〈전부 주내에 있다〉

남창(南倉)〈남쪽 30리에 있다〉

북창(北倉)〈광정에 있다〉

서창(西倉)〈유구에 있다〉

동창(東倉)〈동쪽 50리에 있다〉

『역참』(驛站)

이인도(利仁道)〈서남쪽 25리에 있다. 예전에 이인부곡이었다. ○속역이 9개이다. ○찰방이 한사람이다〉

광정역(廣程驛)〈옛날에는 광정(廣庭)이라 하였나. 읍치로부터 북쪽으로 45리에 있다〉

일신역(日新驛)〈북쪽 10리에 있다〉

단평역(丹平驛)〈옛날에는 탄평(坦平)이라 하였다. 서쪽 20리에 있다〉

유구역(維鳩驛)〈서쪽 40리에 있다〉

경천역(敬天驛)〈남쪽 40리에 있다〉

「혁폐」(革廢)

득연역(得延驛)〈원전에 내용 없음〉

『진도』(津渡)

금강진(錦江津)〈동북쪽 5리에 있다〉

웅진(熊津)〈서쪽 7리에 있다〉

지동진(紙洞津)〈동쪽 30리에 있다〉

금상진(今尙津)〈서쪽 15리에 있다〉

『토산』(土産)

철·종이·먹·감·대추·눌어(訥魚)·쏘가리[금린어(錦鱗魚)]·위어(葦魚)·수어(秀魚)·게[해(蟹)]

『장시』(場市)

읍내(邑內)장은 1일과 6일이다. 경천(敬天)장은 2일과 7일이다. 유구(維鳩)장은 3일과 8일이다. 동천(銅川)장은 4일과 9일이다. 광정(廣程)장은 5일과 10일이다. 건평(乾坪)장은 1일과 6일이다. 모로원(毛老院)장은 2일과 7일이다. 대교(大橋)장은 3일과 8일이다. 감성(甘城)장은 4일과 9일이다. 유성(儒城)장은 5일과 10일이다. 이인(利仁)장은 5일과 10일이다. 애천(艾川)장은 4일과 9일이다. 왕진(旺津)장은 4일과 9일이다. 대전(大田)장은 2일과 7일이다.

『단유』(壇壝)

계룡산단(鷄龍山壇)〈신라 때에는 서악(西岳)으로 삼아 중사처(中祀處)로 기록하였고, 고려 때에는 남악(南岳)으로 삼아 중사처로 기록하였다. 조선시대에는 명산으로 삼아 소사처(小祀處)로 기록하였다〉

웅진단(熊津壇)〈신라 때에는 서독(西瀆)으로 삼아 중사처(中祀處)로 기록하였고, 고려와 조선 시대에는 남독(南瀆)으로 삼아 중사처로 기록하였다〉

『사원』(祠院)

충현서원(忠賢書院)〈선조 신사년(1581)에 건립되었고 인조 을축년(1625)에 사액(賜額)을 받았다〉

서원에 모신 인물은 주자(朱子)·이존오(李存吳)〈여주목에 보인다〉·이목(李穆)〈자는 중옹(仲雍)이고 본관은 전주이며, 연산군 무오년(1498)에 화를 입었다. 문과에 급제했으며, 관직은 영안도 평사(評事)였다. 이조판서에 증직되었다. 시호는 정간(貞簡)이다〉·성제원(成悌元)〈자는 자경(子敬)이고 호는 동주(東州)이며, 본관은 창녕이다. 관직은 보은현감이었다〉 조헌(趙憲)〈김포군을 참조할 것〉·김장생(金長生)·송준길(宋浚吉)·송시열(宋時烈)〈위의 세 사람은 문묘항을 참조할 것〉·서기(徐起)〈자는 대가(大可)이고, 호는 고청(孤青)이며 본관은 이천이다. 지평에 추증되었다. 별사(別祠)에 배향되었다〉

창강서원(滄江書院)〈인조 기사년(1629)에 세웠으며 숙종 임술년(1682)에 사액을 받았다〉

황신(黃愼)〈자는 사숙(思叔)이고 호는 추포(秋浦)이며 본관은 창원이다. 광해군 정사년(1617) 귀양가서 죽었다. 관직은 호조판서까지 올라갔으며, 우의정으로 추증되었고 시호는 문민(文敏)이다〉

『전고』(典故)

백제 온조왕(溫祚王) 24년(AD6)에 왕이 웅천책(熊川柵)을 만들었는데, 마한이 사신을 보내 양보하도록 책망하므로 왕이 그 책(柵)을 파괴하였다. 백제 문주왕 원년(475)에 웅진으로 도읍을 옮겼다.〈한수(漢水) 남북 지역이 모두 고구려에 빼앗겼기 때문이다〉 동성왕(東城王) 5년(483)에 웅진 북쪽에서 수렵하였다. 동성왕 13년(491)에는 웅진의 물이 넘쳐 웅진 왕도의 200여 집이 떠내려갔다. 왕 20년(498)에는 웅진교(熊津橋)를 설치하였다. 왕 23년(501)에는 웅진의 북쪽 언덕에서 사냥을 하였다. 위덕왕(威德王) 원년(554)에는 고구려군이〈양원왕 10년(554)〉 대거 침공하여 웅천성을 공격하다가 패하여 돌아갔다. 왕 14년(567)〈신라 진평왕 49년〉에 장군 사걸(沙乞)에게 명하여 신라를 침공하여 서쪽 지역의 두 성을 빼앗고 남녀 포로로 300여 명을 잡아왔다. 또 군사를 크게 일으켜 웅진에 주둔시켜 머무르게 하였다. ○신라 문무왕 원년(661)〈전년도에 백제는 망하였다〉에는 왕이 당나라 군대와 만나서 고구려〈보장왕 20년(661)〉를 정벌하고자 웅현정(熊峴停)에 머물면서 백제의 옹산성(瓮山城)〈미상〉을 공격하여 빼앗았다. 왕 2년(662)에 백제의 패잔병들이 내사지성(內斯只城)〈유성(儒城)〉에 모여서 나쁜 짓을 하므로 김흠순(金欽純) 등 19명의 장군을 파견하여 토벌하였다. 왕 3년(663)에 백제의 옛 장군인 고복신(高福信)〈백제의 종실(宗室)이다〉과 승려 도침(道琛)이 백제의 왕자인 부여 풍(扶餘豊)을 맞아 왕으로 옹립하고 웅진성에 주둔하고 있는 유인원(劉仁願)을 포위하였다.

당나라 황제는 대방주(帶方)〈지금의 나주〉 자사(刺史)인 유인궤(劉仁軌)에게 명하여 신라 군대와 함께 백제군을 치도록 하였다. 복신 등은 전세가 불리하자 유인원의 포위를 풀고 임존성(任存城)〈지금의 대흥(大興)〉으로 물러나 버티었는데, 군대의 세력이 심히 대단하였다.

유인궤와 유인원은 본국에 원병을 요청하였다. 당나라는 우위위(右威衛) 장군인 손인사(孫仁師)에게 군사 40만을 주어 파견하였다. 그는 덕물도(德勿島)〈지금의 덕적진(德積鎭)〉를 거쳐 웅진부성으로 나아갔다. 신라 문무왕은 김유신(金庾信) 등 28명의 장군을 거느리고 당군과 합세하여 공격하자 두릉윤성(豆陵尹城)〈지금의 정산(定山)〉과 주류성(周留城)〈지금의 홍주(洪州)〉등이 모두 연합군에게 함락되었다. 부여풍은 몸을 빼어 탈출하였고, 왕자 충승(忠勝)과 충지(忠志) 등은 그 무리를 이끌고 항복하였다. 오직 지수신(遲受信)〈백제의 옛장수〉만이 임존성에 웅거하여 버티었으므로 10일 동안 공격하였으나 이기지 못하였다. 마침내 군대를 철수하여 설리정(舌利停)〈지금의 서천〉에 이르러 논공행상을 하였다.

동왕 11년(671)에 중시(中侍) 김예원(金禮元)으로 하여금 군대를 동원하여 백제 땅에 쳐들어가 웅진에서 전투를 벌렸다. 남당주(南幢主)〈관직명이다〉 부과(夫果: 『삼국사기』신라본기에는 부과(夫果)로 기록되어 있음/역자주)가 죽었다.〈이 때는 백제가 망한지 11년이 지난 후이지만 백제의 유민들이 자주 군읍을 근거지로 반란을 일으켰다〉

헌덕왕(憲德王) 14년(822)에 웅천주 도독이었던 김헌창(金憲昌)이 그 아버지인 김주원(金周元)이 왕이 되지 못했으므로 군대를 동원하여 반란을 일으켰다. 국호를 장안(長安), 연호를 경원(慶元)이라고 하고, 무주(武州)·전주·강주(康州)·중원(中原)·서원(西原)·금관(金官) 등의 여러 주를 협박하여 복속시켰다. 강주도독이었던 향영(向榮)은 밀성(密城: 밀양/역자주)으로 도망갔다. 한주(漢州)·삭주(朔州)·양주(良州)·북원(北原)·패강(浿江) 등의 여러 성들이 군대를 동원하여 굳게 성을 지켰다. 헌덕왕이 이찬 김균정(金均貞)과 대아찬 김우징(金祐徵)〈김균정의 아들이며 후에 신무왕이 된다〉 등 4인을 파견하여 3군을 장악하고 길을 나누어 공격하였다. 장웅(張雄)은 도동현(道冬峴)에서 적을 만나 격파하였으며, 위공 김제릉(金悌隆)〈후에 희강왕이 된다〉이 잇달아서 삼년군(三年郡)을 공격하여 이기고 군대를 속리산까지 진격하였다. 김균정도 성산(星山)에서 적을 만나 격파하였다. 여러 군대들이 웅진에 모두 도착하여 반란군과 대접전을 벌려 목을 벤 숫자가 헤아릴 수 없을 정도였다. 김헌창이 겨우 몸만 빠져나와 성에 들어가 굳게 지켰다. 여러 군대가 성을 포위하고 열흘동안 공격하니 성이 함락되려 하자, 김헌창은 자살하였고, 급기야 성이 함락되고 죽임을 당한 무리가 200여 명이었다.

효공왕(孝恭王) 9년(905)에 웅주를 지키던 장군 홍기(弘奇)가 궁예(弓裔)에게 항복하였다.

경명왕(景明王) 2년(918)에 웅주·운주 등 10여 개 주가 반란을 일으켜 후백제에 붙었다. 경애왕(景哀王) 3년(926)에 견훤(甄萱)이 군대를 진군시켜 웅진에 이르렀는데, 고려왕〈태조 9년〉이 여러 성에 명령하여 굳건히 성을 지키고 나오지 못하도록 하였다. 동왕 4년(927)에 고려왕이 친히 백제를 정벌하였는데 웅주가 항복하였다. ○고려 현종(顯宗) 원년(1010)에 왕이 전주로부터 공주에 도착하여 6일 동안 머물렀다.〈현종은 거란군을 피하여 남쪽으로 행차한 것이다. 본주 절도사 김은부(金殷傅) 등이 예를 갖추어 웅진에서 왕을 맞아 드리고 의대(衣帶)와 토산물을 바치었다. 왕은 파산역(巴山驛)에 도착하였으나 음식물을 대접받지 못하였는데 김은부 등이 음식물을 바치고 아침 저녁으로 받들어 모셨다. 거란군이 물러가고 왕이 돌아오는 길에 공주에 머물 때 김은부는 자기의 큰딸을 왕에게 바쳤는데 이 분이 원성왕후(元成王后)이다〉

고려 명종 6년(1176)에 명학소 사람인 망이(亡伊)가 무리를 모아 스스로 산행병마사(山行兵馬使)라고 부르고 공주성을 공격하여 함락시켰다. 왕은 대장군 정황재(丁黃載)에게 명하여 토벌하였다. 고려 고종 23년(1236)에 야별초(夜別抄) 박인걸(朴仁傑) 등이 공주 효가리에서 몽고병을 만나 싸웠는데 16인이 전사하였다. 몽고병 100여 인이 온수군(溫水郡)으로부터 남하하여 차현현(車懸峴)으로 향하였다.〈지금의 차령(車嶺)이다〉 동왕 42년(1255)에 공산성으로 난을 피하여 들어갔던 백성들이 많이 굶어 죽었으며 노약자들을 구덩이를 파고 묻었다.

우왕 2년(1376)에 왜구가 공주까지 쳐들어왔는데 목사 김사혁(金斯革)이 정현(鼎峴)에서 맞아 싸우다가 패하여 왜구가 공주를 함락하였다. 동왕 4년(1378)에 왜구가 다시 공주와 신풍에 쳐들어왔는데 목사 김사혁이 공격하니 도망갔다. 동왕 6년(1380)에 왜구가 또다시 유성으로 침범하여 계룡산에 들어가 백성들을 해치므로 양광도 원수인 김사혁이 쳐부수고 쫓아냈다.

동왕 9년(1383)에 왜구 1,000여 명이 개태사(開泰寺)에 침입하여 계룡산에 웅거하였다. 문달한(文達漢) 등이 쳐들어가자 왜구들은 말을 버리고 산으로 도망갔다. 공주목사 최유경(崔有慶)과 판관 송자호(宋子浩)등이 합세하여 구점(仇岾)에서 왜구와 싸웠는데 송자호는 패하여 전사하였다. 문달한 등이 공주 반룡사(盤龍寺워)에서 왜구와 싸워 8명의 목을 베었다.

○조선 인조 2년(1624) 정월에 이괄(李适)이 반란을 일으켜 서울을 침범하였다. 왕이 대비〈인목왕후(仁穆王后)〉를 모시고 공주로 행차하였고, 양호(兩湖) 병사들로 하여금 나누어 산성과 금강(錦江)을 지키게 하였다. 동왕 24년(1646) 3월에 역적 유탁(柳濯) 등이 고산현(高山縣)에서 반란을 일으켰다. 이들은 기약하기를 먼저 전주성을 격파하고 다음으로 공주를 공격하고 곧바로 경성(京城)으로 침범하기로 하였다. 기약이 이루어지자 감사 임담(林譚)이 병사 배시량(裵時亮) 등을 불러 군사를 거느리고 와 여러 읍의 군대를 급히 동원하여 합쳐서 적을 토벌토록 하였다. 유탁 등 수백인의 목을 베니 나머지 잔당들도 모두 평정되었다.

2. 임천군(林川郡)

『연혁』(沿革)

본래 백제의 가림성(加林城)이다. 신라 경덕왕 16년(757)에 가림군(嘉林郡)으로 고쳤고, 〈영현은 두 곳으로 마산(馬山)과 한산(翰山)이다〉 웅주에 예속되어 있었다. 고려 성종 14년(995)에 임주자사로 승격되었다가, 현종 9년(1018)에 가림 현령으로 강등당하였다.〈속군이 1개인데 서림군(西林郡)이고 속현이 4곳인데 비인(庇仁)·홍산(鴻山)·남포(藍浦)·한산(韓山)이다〉 충숙왕 2년(1315)에 지임주사(知林州事)로 승격되었다.〈이것은 원나라 평장사 아발해(阿孛海])의 아내 조(趙)씨의 고향이기 때문이다〉

조선 태조 3년(1394)에 임주부로 승격되었다.〈명나라에 환자(宦者)로 들어간 진한룡(陳漢龍)의 청 때문이다〉 태종 원년(1401)에 다시 지임주사가 되었다가 동왕 3년(1403)에 임주부로 승격되었다.〈명나라에 들어간 환자 주윤단(朱允端)의 청이 있었기 때문이다〉 그 이듬해 다시 지주사(知州事)로 회복되었다. 같은 왕 13년(1413)에 임천군으로 개칭하였다.

「관원」(官員)

군수〈공주진관 병마동첨절제사를 겸한다〉 1인

『방면』(坊面)

동변면(東邊面)〈읍치로부터 5리에서 시작하여 10리에서 끝난다〉

서변면(西邊面)〈읍치로부터 5리에서 시작하여 10리에서 끝난다〉

두모곡면(豆毛谷面)〈읍치로부터 남쪽으로 10리에서 시작하여 20리에서 끝난다〉

초동면(草洞面)〈읍치로부터 동쪽으로 10리에서 시작하여 15리에서 끝난다〉

남산면(南山面)〈읍치로부터 동쪽으로 15리에서 시작하여 25리에서 끝난다〉

내동면(內洞面)〈읍치로부터 동북쪽으로 10리에서 시작하여 25리에서 끝난다〉

북조지면(北調只面)〈읍치로부터 북쪽으로 10리에서 시작하여 20리에서 끝난다〉

박곡면(朴谷面)〈읍치로부터 북쪽으로 10리에서 시작하여 20리에서 끝난다〉

팔충면(八忠面)〈읍치로부터 서쪽으로 10리에서 시작하여 20리에서 끝난다〉

지곡면(紙谷面)〈읍치로부터 남쪽으로 7리에서 시작하여 13리에서 끝난다〉

세도면(世道面)〈읍치로부터 동남쪽으로 20리에서 시작하여 30리에서 끝난다〉

인의면(仁義面)〈읍치로부터 동쪽으로 20리에서 시작하여 25리에서 끝난다〉

백암면(白岩面)〈읍치로부터 동쪽으로 20리에서 시작하여 25리에서 끝난다〉

갈화면(葛花面)〈읍치로부터 서쪽으로 20리에서 시작하여 30리에서 끝난다〉

홍화면(紅花面)〈읍치로부터 남쪽으로 25리에서 시작하여 30리에서 끝난다〉

상지포면(上之浦面)〈읍치로부터 서쪽으로 25리에서 시작하여 30리에서 끝난다〉

적량토면(赤良土面)〈읍치로부터 서남쪽으로 15리에서 시작하여 20리에서 끝난다〉

대동면(大洞面)〈읍치로부터 서남쪽으로 15리에서 시작하여 20리에서 끝난다〉

성북면(城北面)〈읍치로부터 북쪽으로 15리에서 끝난다〉

신리면(新里面)〈읍치로부터 남쪽으로 7리에서 시작하여 15리에서 끝난다〉

군내면(郡內面)〈읍치로부터 5리에서 끝난다〉

【안량부곡(安良部曲)은 읍치로부터 서쪽으로 18리에 있다. 고다지소(古多只所)는 북쪽으로 25리에 있다. 소라소(召羅所)는 남쪽으로 15리에 있다. 금암소(今岩所)는 남쪽으로 3리에 있다. 금물촌처(今勿村處)는 지금 두모곡(豆毛谷)이다】

『산수』(山水)

성흥산(聖興山)〈읍치로부터 북쪽으로 2리에 있다〉

건지산(乾止山)〈읍치로부터 서쪽으로 2리에 있다〉

성주산(聖住山)〈읍치로부터 서쪽으로 12리에 있다. 산의 동쪽 갈래를 보광산(普光山)이라고도 하는데 이는 보광사(普光寺)가 있기 때문이다〉

주성산(周城山)〈읍치로부터 북쪽으로 10리에 있다. 옛날의 성터가 있다〉

칠성산(七星山)〈읍치로부터 남쪽으로 10리에 있다. 일곱 봉우리가 넓은 들에 우뚝 솟아 있고 남쪽으로 큰 강이 빙 둘러 있다〉

봉황산(鳳凰山)〈읍치로부터 남쪽으로 10리에 있다〉

구랑산(九浪山)〈읍치로부터 동북쪽으로 20리에 있다〉

화산(花山)〈읍치로부터 남쪽으로 10리에 있다〉

노고산(老姑山)〈읍치로부터 서쪽으로 25리에 있다. 홍산 경계에 있는데 산의 모습이 구부러져 마치 노인의 등허리 같다〉

덕림산(德林山)〈읍치로부터 서쪽으로 15리에 있다〉

료산(蓼山)〈성주산의 남쪽 갈래이다〉

천등산(天燈山)〈오덕사(五德寺)와 향림사(香林寺)가 있다〉

위에 든 여러 산들은 모두 평평한 들에 높이 솟은 산줄기이므로 착오가 있을 수 있다.

【성림사(聖林寺)가 있다】

「영로」(嶺路)

승달령(升達嶺)〈읍치로부터 서쪽으로 10리에 있다〉

유현(楡峴)〈읍치로부터 북쪽으로 10리에 있다〉

발현(發峴)〈읍치로부터 서쪽으로 10리에 있다〉

○장암강(場岩江)〈읍치로부터 동북쪽으로 15리에 있다. 백마강의 하류이다. 서쪽 강가에 마당바위가 강 가운데로 쑥 들어가 있는데 그 바위 위에 100여 명이 앉을 수 있다〉

구랑포(九浪浦)〈읍치로부터 북쪽으로 15리에 있다. 홍산현의 월명산(月明山에)서 나와 동쪽으로 흘러 미조천(彌造川)이 되고, 임천현의 양음산(陽陰山) 금천(金川)을 지나 장암에 이르러 백마강(白馬江)으로 들어간다〉

남천(南川)〈노고산에서 시작하여 동쪽으로 흘러 건지산의 남쪽을 지나 남쪽으로 흘러 강으로 들어간다〉

상지포(上之浦)〈읍치로부터 서남쪽 30리에 있다. 한산(韓山)과 경계가 된다. 성주산의 북쪽에서 나와 남쪽으로 흘러 남당진(南塘津)의 아래로 흘러간다〉

【의송산(宜松山)이 4곳 있다】

【가림수(嘉林藪)가 동쪽으로 2리에 있다】

【태봉(胎峯)이 있다】

『성지』(城池)

성흥산고성(聖興山古城)〈예전의 가림성이며 성의 둘레가 2,705척(尺)이고 우물이 3곳이고 예전에는 창고가 있었다〉

『창고』(倉庫)

읍창(邑倉)

해창(海倉)〈읍치로부터 남쪽으로 20리 강변에 있다〉

『역참』(驛站)

영유역(靈楡驛)〈읍치로부터 북쪽으로 15리에 있다〉

『진도』(津渡)

장암진(場岩津)〈읍치로부터 동북쪽으로 16리에 있는데 부여로 통한다〉

고다진(古多津)〈읍치로부터 동쪽으로 29리에 있는데 물살이 빠르다. 서쪽 강변에 고암(鼓岩)이 있고 석성과 통한다〉

낭청진(浪淸津)〈읍치로부터 동남쪽으로 30리에 있는데 은진현 강경리로 통한다〉

청포진(菁浦津)〈읍치로부터 동남쪽으로 22리에 있는데 용안(龍安)으로 통한다〉

남당진(南塘津)〈읍치로부터 남쪽으로 15리에 있는데 북쪽 기슭 위에 사인암(舍人岩)·용연사(龍淵寺)가 있고, 물살이 매우 사나우며 함열(咸悅)로 통한다〉

상지포진(上之浦津)〈읍치로부터 서남쪽으로 30리에 있는데 한산(韓山)으로 통한다〉

『교량』(橋梁)

대교(大橋)〈읍치로부터 남쪽 7리에 있고 남천 위에 있다〉

구랑포교(九浪浦橋)〈읍치로부터 북쪽 15리에 있고 돌로 만들었다.〉

『토산』(土産)

뱅어[백어(白魚)]·웅어[위어(葦魚)]·숭어[수어(秀魚)]·붕어[즉어(鯽魚)]·게[해(蟹)]·새우[하(鰕)]·감[시(柿)]·모시[저포(苧布)]

『장시』(場市)

읍내장은 4일과 9일이다. 남당(南塘)장은 3일과 8일이다.

『사원』(祠院)

칠산서원(七山書院)〈숙종 정묘년(1687)에 건립되었고, 동왕 정축년(1697)에 사액(賜額)을 받았다〉

유계(兪棨)를 모셨다.〈자는 무중(武仲)이고, 호는 시남(市南)인데 본관은 기계(杞溪)이다.

관직은 이조 참판까지 올라갔으며, 의정부 좌참찬 직을 증직받았다. 시호는 문충(文忠)이다〉

『누정』(樓亭)

해륙정(海陸亭)이 있다.

『전고』(典故)

백제 동성왕(東城王) 23년(581)에 가림(加林)에 성을 쌓았다.〈이것이 성흥산 고성이다〉 동왕이 사비(泗沘)의 서쪽 언덕에서 사냥을 하다가 큰 눈에 길이 막혀 마포촌(馬浦村)에 머물렀다. 이 때 가림성의 성주 백가(苩加)가 사람을 시켜 왕을 칼로 찔렀다. 왕이 그 달을 넘기고 죽었다.

무녕왕(武寧王) 원년(501)에 좌평 백가가 가림성을 근거로 반란을 일으켰다. 왕이 병마를 이끌고 우두성(牛頭城)〈한산(韓山)〉에 이르러 한솔(扞率) 해명(解明)을 시켜 토벌하게 하였다. 백가(苩加)가 성을 나와 항복하였으나 왕은 목을 베어 백마강에 버렸다.

○신라 무열왕 3년(656)에 당나라의 유인원이 부여 풍을 공격하였는데,〈이전 백제의 왕자이다〉 여러 장군들이 말하기를 가림성은 수륙의 요충지이므로 연합하여 먼저 공격하자고 하였다. 유인궤가 말하기를 "가림성은 험하고 견고하여 공격하게 되면 군사를 상하게 되며 지키면 여러 날을 벌 수 있다."고 하므로 주류성으로 물러났다.〈지금의 홍주(洪州: 홍성/역자주)이다〉

문무왕 12년(672)에 가림성을 공격하였으나 이기지 못하였다.○고려 우왕 2년(1376)에 왜구 20여 척이 임주에 처들어 왔다. 전라도 병마사 유실(柳實)과 지익주사(知益州事) 김밀(金密) 등이 힘껏 싸워 물리쳤다. 동왕 4년(1378)에 왜구가 재차 임주에 침범하였다. 동왕 6년(1380)에 원수 김사혁이 남아있던 왜구를 추격하여 임천에서 46명의 목을 베었다. 동왕 8년(1382)에 왜구가 다시 임천을 처들어 왔다. 도순문사(都巡問使) 오언(吳彦)이 공격하였으나 이기지 못하였다. 동왕 13년(1387)에는 왜구가 임천·한산·서천 등의 3주와 홍산현에 처들어 왔다. 도순문사 왕승귀(王承貴)가 왜구와 싸웠으나 패배하였다. ○조선 선조 29년(1596)에 홍산에서 이몽학이 반란을 일으켰는데 임천군을 함락시키고 군수 박진국(朴振國)이 포로로 잡았다.

3. 한산군(韓山郡)

『연혁』(沿革)

본래 백제의 우두성(牛頭城)이다. 신라 신문왕(神文王) 6년(686)에 마산현(馬山縣)을 설치하였다. 경덕왕 16년(757)에 가림군의 영현이 되었다. 고려 태조 23년(940)에 한산으로 고쳤다. 고려 현종(顯宗) 9년(1018)에 가림현에 예속되었다. 고려 명종 5년(1175)에 감무를 두었는데, 〈홍산현을 겸하였다〉 후에 지한주사(知韓州事)로 승격되었다.

조선 태종 13년(1413)에 한산군으로 개칭하였다.

「읍호」(邑號)

마읍(馬邑)·아주(鵝州)

「관원」(官員)

군수〈공주 진관 병마첨절제사를 겸하였다〉 1인

『방면』(坊面)

동상면(東上面)〈읍치로부터 5리에서 시작하여 15리에서 끝난다〉

동하면(東上面)〈읍치로부터 5리에서 시작하여 15리에서 끝난다〉

남하면(南下面)〈읍치로부터 5리에서 시작하여 15리에서 끝난다〉

남상면(南上面)〈읍치로부터 10리에서 시작하여 20리에서 끝난다〉

서상면(西上面)〈읍치로부터 10리에서 시작하여 20리에서 끝난다〉

서하면(西下面)〈읍치로부터 5리에서 시작하여 20리에서 끝난다〉

상북면(上北面)〈읍치로부터 20리에서 시작하여 30리에서 끝난다〉

하북면(下北面)〈읍치로부터 5리에서 시작하여 20리에서 끝난다〉

북부면(北部面)〈읍치로부터 5리에서 끝난다〉

【안보향(安保鄕)은 읍치로부터 남쪽으로 15리에 있다. 안곡소(鶍谷所)는 북쪽으로 13리에 있다】

『산수』(山水)

건지산(乾止山)〈읍치로부터 서쪽으로 1리에 있다〉

취봉산(鷲峯山)〈읍치로부터 남쪽으로 5리에 있는데, 일광사(日光寺) 석벽(石壁)이 있다〉

기린산(麒麟山)〈읍치로부터 서쪽으로 5리에 있는데 남쪽의 갈래를 숭정산(崇井山)이라고 한다〉

월명산(月明山)〈읍치로부터 북쪽으로 10리에 있다〉

원산(圓山)〈와포(瓦浦)와 아포(芽浦)의 사이에 있는데 남쪽으로는 진포(鎭浦)에 뻗어 있다〉

계참(鷄站)〈읍치로부터 남쪽으로 5리에 있다〉

마산(馬山)〈읍치로부터 동북쪽으로 10리에 있다〉

어리산(於里山)〈읍치로부터 동쪽으로 10리에 있다. 앞에 든 여러 산들은 들판 가운데 높이 솟아 있다〉

압야(鴨野)〈군의 서북쪽에 있는데 넓은 들이 펼쳐져 있다〉

「영로」(嶺路)

기현(箕峴)〈읍치로부터 서쪽으로 5리에 있다〉

적현(赤峴)〈읍치로부터 서쪽으로 6리에 있다〉

곡현(曲峴)〈읍치로부터 북쪽으로 25리에 있는데 홍산과 경계가 된다〉

○진포(鎭浦)〈읍치로부터 남쪽으로 15리에 있는데 백마강의 하류가 된다〉

상지포(上之浦)〈읍치로부터 동쪽으로 18리에 있다. 임천군 조를 참조하라〉

후포(朽浦)〈읍치로부터 동쪽으로 11리에 있는데 월명산에서 나와 남쪽으로 흘러 진포로 들어간다〉

기포(岐浦)〈읍치로부터 동쪽으로 15리에 있다〉

와포(瓦浦)〈읍치로부터 남쪽으로 14리에 있는데 숭정산에서 나와 남쪽으로 흘러 진포에 들어간다〉

아포(芽浦)〈읍치로부터 서남쪽으로 20리에 있는데 서천군 조에 자세하다〉

『성지』(城池)

읍성(邑城)〈둘레가 4,070척(尺)이고, 곡성이 1곳, 옹성이 5곳, 우물이 네 개가 있고, 하수구가 1개 있다〉

건지산고성(乾止山古城)〈예전에 우두성인데 둘레는 3,061척이고, 샘이 7곳이고, 연못이 한곳이 있다. 옛날에는 창고가 있었다. ○백제 무왕 33년(632)에 마산성을 개축하였고, 의자왕

15년(655)에는 마산성을 수리하였다〉

『창고』(倉庫)

읍창(邑倉)과 해창(海倉)〈읍치로부터 남쪽으로 15리에 있는데 진포 가이다〉이 있다.

『역참』(驛站)

신곡역(新谷驛)〈읍치로부터 서쪽으로 11리에 있다〉

『진도』(津渡)

죽산진(竹山津)〈읍치로부터 남쪽으로 15리에 있고, 임피(臨陂)로 통한다〉

길산포소진(吉山浦小津)〈읍치로부터 서쪽으로 20리에 있고, 서천과 경계하고 있으며, 돌다리 아래에 있다〉

『토산』(土産)

뱅어[백어(白魚)]·숭어[수어(秀魚)]·농어[노어(鱸魚)]·웅어[위어(葦魚)]·감[시(柹)]·대나무·칠(漆)·모시[저포(苧布)]

『장시』(場市)

읍내장은 1일과 6일이고 신장(新場)장은 3일과 8일이다.

『사원』(祠院)

문헌서원(文獻書院)〈선조 갑술년(1574)에 세워졌고, 광해군 신해년(1611)에 사액을 받았다〉

이곡(李穀)〈자는 중부(仲父)이고 처음 이름은 예백(芸伯)이었으며 호는 가정(稼亭)인데 본관은 한산이다. 충숙왕 계유년(1333)에 원나라에 들어가 제과(制科)에 합격하였고, 관직은 첨의 찬성 우문관 대제학을 역임하였다. 시호는 문효(文孝)이고 조선왕조에서 한산군(韓山君)에 증직되었다〉·이색(李穡)〈장단군 조에 자세한 설명이 있다〉·이종학(李種學)〈개성군 조에 자세한 설명이 있다〉·이개(李塏)〈과천현 조에 자세한 설명이 있다〉·이자(李耔)〈충주목 조에 자세한 설명이 있다〉 등을 모셨다.

『전고』(典故)

백제 동성왕 8년(486)에 우두성을 쌓았다.〈건지산 고성이다〉 동왕 22년(500)에 왕이 우두성에서 사냥을 하였다. ○고려 공민왕(恭愍王) 7년(1358)에 왜구가 한주(韓州)에 쳐들어왔다. 우왕(禑王) 2년(1376)에 왜구가 한주에 쳐들어 왔는데, 최공철(崔公哲)이 공격하여 100여 명의 목을 베었다. 동왕 3년(1377)에 왜구가 진포로부터 한주로 쳐들어왔다. 조정에서는 상산군(商山君) 김득제(金得齊) 등을 파견하여 구하도록 하였다. 동왕 4년(1378)과 동왕 13년(1387)에도 왜구가 한주에 침입하여 왔다.

4. 부여현(扶餘縣)

『연혁』(沿革)

본래 백제의 소부리(所夫里)였다.〈또 다른 명칭은 사비(沙比)나 사비(泗沘)로 불렀다〉 성왕(聖王) 16년(538)에 웅진성(熊津城)으로부터 이곳으로 도읍을 옮기고, 국호를 남부여(南扶餘)라고 고쳤다. 의자왕(義慈王) 20년(660)〈역대왕이 6명이었고 123년간 도읍지였다〉에 당나라의 고종(高宗)이 소정방(蘇定方)을 파견하여 신라와 더불어 공격하여 멸망시키고, 동명주도독부(東明州都督府)를 설치하였다.〈영현이 넷인데 웅진·노신(鹵辛)·구지(久遲)·부림(富林)이다〉 신라 문무왕(文武王) 11년(671)에 소부리주를 설치하였다.〈사비주(泗沘州)라고도 하는데 아찬 진왕(眞汪)을 도독으로 삼았다〉 신문왕(神文王) 6년(686)에 소부리군으로 개칭하였다. 경덕왕 16년(757)에 부여군(扶餘郡)으로 고쳤고,〈영현이 둘인데 석산(石山)과 열성(悅城)이다〉 웅주에 예속되었다. 고려 현종(顯宗) 9년(1018)에 공주(公州)에 예속되었다. 고려 명종(明宗) 2년(1172)에 감무를 두었다. 조선 태종 13년(1413)에 현감으로 고쳤다.

「읍호」(邑號)

여주(餘州)

「관원」(官員)

현감〈공주진관병마절제도위(公州鎭管兵馬節制都尉)를 겸하였다〉 1인이 있다.

『방면』(坊面)

현내면(縣內面)〈읍치로부터 시작하여 15리에서 끝난다〉

몽도면(蒙道面)〈읍치로부터 동쪽 10리에서 시작하여 30리에서 끝난다〉

초촌면(草村面)〈읍치로부터 동쪽 15리에서 시작하여 30리에서 끝난다〉

대방면(大方面)〈읍치로부터 남쪽 5리에서 시작하여 15리에서 끝난다〉

공동면(公洞面)〈읍치로부터 서쪽 10리에서 시작하여 15리에서 끝난다〉

가좌동면(加佐洞面)〈읍치로부터 서쪽 15리에서 시작하여 30리에서 끝난다〉

방초면(方草面)〈읍치로부터 서쪽 10리에서 시작하여 30리에서 끝난다〉

도성면(道城面)〈읍치로부터 서북쪽 5리에서 시작하여 15리에서 끝난다〉

천을면(淺乙面)〈읍치로부터 서남쪽 5리에서 시작하여 15리에서 끝난다〉

송원당면(松元堂面)〈읍치로부터 서남쪽 15리에서 시작하여 20리에서 끝난다.

위에 든 송원동면·천을면·도성면·방초면·가좌동면·공동면 등 6개면은 백마강(白馬江)의 서쪽에 있다〉

【석전부곡(石田部曲)이 읍치로부터 서쪽으로 10리에 있다. 지금 내복우촌(乃卜汚村)이다】

【풍지소(楓枝所)가 남쪽으로 10리에 있다】

『산수』(山水)

부소산(扶蘇山)〈읍치로부터 북쪽으로 3리에 있는데, 동쪽 고개를 영월대(迎月臺)라 부르고, 서쪽 고개를 송월대(送月臺)라고 한다. ○고란사(皐蘭寺)가 있다〉

부산(浮山)〈읍치로부터 서쪽으로 6리에 있는데, 이곳은 예전의 성진(省津) 북쪽 해안이다. 백마강에 임해 있으며, 평지에 우뚝 솟아 있다. ○부산사(浮山寺)가 있다〉

망월산(望月山)〈읍치로부터 동남쪽으로 15리에 있는데, 석성과의 경계이다〉

취령산(鷲靈山)〈읍치로부터 서쪽으로 20리에 있는데, 정산(定山)의 칠갑산(七甲山) 남쪽 갈래이다〉

오산(烏山)〈읍치로부터 남쪽으로 7리에 있다〉

호암산(虎岩山)〈읍치로부터 북쪽으로 10리에 있는데, 강에 임한쪽은 돌 벼랑으로 되어 있다〉

울협산(蔚陜山)〈읍치로부터 서북쪽으로 15리에 있다〉

천정대(天政臺)〈호암산 꼭대기의 강 북쪽의 절벽에 한 바위가 있고, 그 아래는 강물과 접해 있다〉

조룡대(釣龍臺)〈부소산의 서쪽에 하나의 괴이한 바위가 강가에 자리잡고 있다〉

자온대(自溫臺)〈읍치로부터 서쪽으로 5리에 있다. 낙화암(落花岩)의 서쪽이다. 괴상한 바위가 강가에 있는데 그 위에 10여 명이 올라가 앉을 수 있다〉

낙화암(落花岩)〈읍치로부터 북쪽으로 1리에 있으며 조룡대의 서쪽인대 큰 바위가 있다. 세상에 전해 오기는 당나라 군대가 성을 함락하자 궁녀들이 다투어 이 바위에 올라 강물로 떨어졌기 때문에 이와 같은 이름을 얻었다〉

「영로」(嶺路)

탄현(炭峴)〈침현(沈峴)이라고도 한다. 읍치로부터 동남쪽으로 24리에 있는데 석성의 경계이다. 동성왕 23년(501)에 신라에 대비하여 방책(防柵)을 설치하였다〉

정현(鼎峴)〈읍치로부터 동쪽으로 20리에 있는데 공주와 경계이며 대로이다〉

송현(鼎峴)〈읍치로부터 서쪽으로 15리에 있는데 홍산과 통한다〉

나발현(羅發峴)〈읍치로부터 서쪽으로 30리에 있는데 청양과 경계이다〉

○백마강(白馬江)〈읍치로부터 서쪽으로 5리에 있는데, 공주의 금강(錦江) 하류이다. 백제시대에는 기벌포(伎伐浦)라고 부르거나 사비하(泗沘河)라고 불렀다. 강에 바위 절벽이 이 있는데 기이하고 아름답다. 강에 좌우에 7-8읍이 연결되어 있는데 다수가 물을 근거로 마을을 이루고 있다. 들판이 넓고, 토지가 비옥하여 벼·감·모시·물고기·게 등이 많이 잡히고 남북의 문물을 운송하는 집합소이다〉

대왕포(大王浦)〈읍치로부터 남쪽으로 7리에 있는데 오산(烏山)에서 나와 서쪽으로 흘러 백마강으로 들어간다. 기이한 바위와 괴상한 돌들이 엉키어있는데 백제 무왕(武王)이 연회를 베풀고 놀던 곳이다〉

양단포(良丹浦)〈읍치로부터 서쪽으로 7리에 있다. 나발현에서 시작하여 동쪽으로 흘러 은산천(恩山川)이 되고 이 포구가 되며 백마강으로 흘러간다〉

구랑포(九浪浦)〈읍치로부터 남쪽으로 20리에 있는데 임천군 조에 자세히 나온다〉

금강천(金剛川)〈읍치로부터 서쪽으로 20리에 있는데 청양현의 을항천(乙項川) 조를 보면 자세히 알 수 있다〉

미조천(彌造川)〈읍치로부터 서남쪽으로 15리에 있다. 송원당면에 있다. 홍산현 조에 자세

한 설명이 있다〉

석탄(石灘)〈읍치로부터 북쪽으로 12리에 있는데 고성진(古省津) 상류이다〉

『성지』(城池)

백제도성(百濟都城)〈부소산을 안고 축성되었고 성의 양쪽이 백강(白江)에 닿아 있는데 그 형태가 반월과 같아 반월성(半月城)이라고 부른다. 지금은 흙으로 쌓은 성의 유적만 남아 있다. 성의 둘레가 13,006척이다. 지금의 읍치도 성안에 있다. 성의 서쪽 2리에 소정방비가 있다.(소정방비가 아니라 이전부터 있었던 정림사지 오층탑에 소정방이 백제를 점령한 전공을 적어 놓았으므로 전해오기를 "평제탑"이라고 잘못 전해 오고 있다/역자주)

청산성(青山城)〈읍치로부터 동쪽으로 1리에 있는데 성의 둘레가 1,800척이고 샘이 세 곳에 있다〉

고성성(古省城)〈읍치로부터 서쪽으로 14리에 있는데 지금은 증산성(甑山城)이라고 부른다. 성의 둘레가 1,269척이고 우물이 한 곳이 있다〉

『창고』(倉庫)

읍창(邑倉)·강창(江倉)〈백강 서쪽 강변에 있다〉·해창(海倉)〈송원당면에 있다〉

『역참』(驛站)

은산역(恩山驛)〈읍치에서 서쪽으로 15리에 있다〉·용전역(龍田驛)〈읍치에서 동쪽으로 8리에 있다〉

『진도』(津渡)

고성진(古省津)〈읍치에서 서쪽으로 5리에 있는데 서쪽의 6개 면과 통한다〉·왕진(王津)〈읍치에서 북쪽으로 15리에 있는데 정산과 통한다〉

『토산』(土産)

뱅어[백어(白魚)]·숭어[수어(秀魚)]·붕어[즉어(鯽魚)]·위어(葦魚)·감·게[해(蟹)]

『장시』(場市)

읍내장은 3일과 8일이고 은산장은 1일과 6일이다.

『사원』(祠院)

부산서원(浮山書院)〈숙종 기해년(1719)에 세웠고 동년에 사액을 받았다〉 김집(金集)〈태묘(太廟) 조의 설명을 보라〉·이경여(李敬輿)〈자는 진부(眞夫)이고 호는 백강(白江)이다. 본관은 전주이며, 관직은 영의정을 역임하였다. 시호는 문정(文貞)이다〉

○의열사(義烈祠)에〈읍치로부터 동쪽 10리에 있다. 선조(宣祖) 병자년(1576)에 세워졌고, 동왕 무인년(1578)에 사액을 받았다〉 성충(成忠)〈백제인으로 관직은 좌평까지 올라갔다. 의자왕 16년(656)에 왕에게 강력하게 국정을 개혁할 것을 건의하였다가 옥에 갇히고 그곳에서 죽었다〉·흥수(興首)〈백제인으로 관직은 좌평까지 올랐으며 의자왕 20년(660)에 왕에게 직간(直諫)하였다〉·계백(階伯)〈이름은 승(升)이고 백제와 동성(同姓)이다. 관직은 달솔이었으며 의자왕 20년(660)에 최후의 결전에서 전사하였다〉·이존오(李存吳)〈여주목 조를 보라〉·정택뢰(鄭澤雷)〈자는 휴길(休吉)이고 호는 화강(花岡)이다. 본관은 하동이다. 광해군 5년(1613)에 명나라와 의리를 지켜야한다고 상소하였다가 남해(南海)로 귀양갔고 동왕 11년(1619)에 죽었다. 지평의 관직이 증직되었다〉·황일호(黃一皓)〈강화군조를 보라〉를 봉안하였다.

『전고』(典故)

백제 동성왕 12년(490)에 왕이 나라의 서쪽인 사비원(泗沘原)에서 사냥을 하였다. 백제 법왕(法王) 2년(600)에 왕흥사(王興寺)를 창건하였다.〈무왕(武王) 35년(634)에 왕흥사를 완성하였다〉 의자왕 20년(660)에 당나라가 백제를 치려고 신라에 성원을 요청하였다. 신라왕〈무열왕(武烈王)〉은 김유신(金庾信)·진주(眞珠)·천존(天存) 등과 더불어 군사를 이끌고 경주를 떠나 남천정(南川停)에 머물렀다.〈6월 18일이다〉 당나라 장군 소정방 등은 수륙군(水陸軍) 13만을 동원하여 내주(萊州)를 출발하였다. 신라왕은 태자 법민(法敏)을 파견하였다.〈후에 문무왕이다〉 법민은 병선 100여 척을 거느리고〈6월 21일이다〉 소정방을 덕물도(德物島)에서 영접하였다. 신라왕은 여러 장수와 함께 5만 명의 정예군을 이끌고 금돌성(今突城)에 머물면서 호응하였다. 백제 장군 계백(階伯)은 5,000명의 결사대를 이끌고 황산벌에 출병하여 군사적 요지를 점령하고 3개의 군영을 설치하고 김유신을 기다렸다. 김유신은 군사를 세 길로 나누어 공격하였다. 계백장군은 신라군과 4회 싸워서 모두 승리하였다. 신라 장군 김반굴(金盤屈)과 김관장(金官狀)이 모두 전사하였다. 신라군이 북을 울리며 진격하니 백제군이 크게 패하였고, 계백장군도 전사하였다. 좌평 충상(忠常) 등 20여 인이 포로로 붙들렸다. 이날에 소정방은 김인문(金仁問)〈무열왕의 동생〉 등과 기벌포(伎伐浦)에 도착하여 웅진 입구의 강가에 주둔하였다. 소정방은 좌측 강가로 나와 산을 타고 진을 치고 백제군과 싸우니 백제군이 대패하였다. 신라군은 조류를 타고 배를 이용하여 북을 치며 진격하였다. 소정방은 보병과 기병으로 백제 도성으로 직접 공격하였으므로 백제군은 전군이 합심하여 대항하였으나 패하였고 전사자가 10,000여 명이 되었다. 당나라 군대는 승리한 여세로 도성을 점령하였다. 의자왕은 좌우의 측근들만을 데리고 밤을 틈타 도주하여 웅진성에서 버티었다. 의자왕의 둘째 아들 태(泰)가 스스로 왕이 되어 백성들을 이끌고 수일동안 버티었다. 의자왕은 태자 효(孝)와 여러 장군들을 거느리고 소정방에게 나아가 항복하였다. 소정방은 왕과 태자·왕자·대신·장군 등 88인〈다른 기록에는 93인이다〉과 백성 12,800인들을 사비로부터 배를 태워 당나라로 돌아갔다. 신라왕은 금돌성(今突城)으로부터 소부리성(所夫里城)에 이르러 술자리를 베풀고 장사(將士)들을 위로하였다. 소정방은 낭장(郎將) 유인원(劉仁願)에게 군사 10,000명을 주어 사비성을 지키도록 하였고, 신라의 왕자 김인태(金仁泰)는 병사 7,000명으로 유인원을 돕도록 하였다. 백제는 본래 5부(部) 37군(郡) 200성(城)이고 인구는 76만 호(戶)이었는데 소정방은 5도독부를 설치하여 각각 주현(州縣)을 통치하게 하였다.○신라 부열왕(武烈王) 7년(660)에 백제의 유민들이 사비성에 들어가 유수 유인원을 당나라로 내쫓으려고 하였다. 신라인들이 공격하므로 백제의 유민들은 사비성 남쪽 고개로 올라가 사왕책(四王柵)을 견고히 하고 무리들을 모아 틈만 나면 인근 성읍을 공격하였다. 백제인들 중 부흥군에 호응하는 세력이 20여 성이나 되었다. 무열왕은 태자와 여러 장수들을 거느리고 이례성(尒禮城)을 공격하였다.〈연산현의 두솔산고성(荛率山古城)이다〉 백제의 20여 성을 빼았으니 백제의 부흥군이 두려워하여 모두 항복하였다. 계속하여 사비남령(泗沘南嶺)의 군책(軍柵)을 공격하여 1,500여 인을 죽였다. 문무왕 4년(664)에 백제의 유민들이 사비산성을 근거로 하여 반란을 일으켰다. 웅진 도독은 군대를 동원하여 이들을 공격하여 격파하였다. 동왕 12년(672)에는 장군을 파견하여 백제의 고성성(古省城)을 공격하여 이겼다. 동왕 16년(676)에는 사찬(沙飡) 시득(施得)이 병선과 군대를 거느리고 소부리주의 기벌포에서 설인귀(薛仁貴)군과 싸웠으나 패배하였으며, 이 이후 크고 작은 22회의 전투가 있었으나 백제의 부흥군이 이기지 못하였고, 죽음을 당한 자가 4,000여 명이나 되었다. ○고려 우왕 2년

(1376)과 동왕 3년(1377), 그리고 동왕 6년(1380)과 동왕 8년(1382)에도 왜구가 부여에 침입하였다.

【금돌성(金突城)은 곧 신창(新昌)이다】

5. 석성현(石城縣)

『연혁』(沿革)

본래 백제의 진오산(珍惡山)인데 신라의 신문왕 6년(686)에 석산현(石山縣)을 설치하였다. 경덕왕 16년(757)에 부여군의 영현이 되었다. 고려 태조 23년(940)에 석성현(石城縣)으로 개칭하였다. 고려 현종(顯宗) 9년(1018)에 공주에 소속되었고, 고려 명종 2년(1172)에 감무를 두었으나 후에 폐지하였다. 공민왕 20년(1371)에 부여 감무가 이 고을의 감무를 겸하도록 하였다. 공양왕 2년(1390)에 다시 감무를 두었다. 조선 태종 13년(1413)에 현감으로 개칭하였고, 동왕 14년(1414)에는 니산현(尼山縣)을 합쳐 니성현(尼城縣)이 되었다. 동왕 15년(1415)에 고다진(古多津)에 왕래하기 위해서는 중요한 요충지이므로 석성현과 니산현으로 다시 나누었다.

「관원」(官員)

현감〈공주진관병마절제도위(公州鎭管兵馬節制都尉)를 겸하였다〉 1인이 있다.

『방면』(坊面)

현내면(縣內面)〈읍치로부터 시작하여 5리에서 끝난다〉

증산면(甑山面)〈읍치로부터 북쪽으로 4리에서 시작하여 7리에서 끝난다〉

원북면(院北面)〈읍치로부터 동쪽으로 5리에서 시작하여 10리에서 끝난다〉

정지면(定之面)〈읍치로부터 동남쪽에 있으며 10리에서 끝난다〉

삼산면(三山面)〈읍치로부터 남쪽으로 5리에서 시작하여 10리에서 끝난다〉

병촌면(幷村面)〈읍치로부터 남쪽으로 5리에서 시작하여 10리에서 끝난다〉

북면(北面)〈읍치로부터 5리에서 시작하여 10리에서 끝난다〉

비당면(碑堂面)〈읍치로부터 동쪽에 있으며 5리에서 끝난다〉

우곤면(牛昆面)〈읍치로부터 남쪽에 있으며 10리에서 끝난다〉

『산수』(山水)

망월산(望月山)〈읍치로부터 북쪽으로 13리에 있는데, 부여와의 경계이다〉

파진산(波鎭山)〈읍치로부터 서쪽으로 4리에 있는데, 기이한 바위가 우뚝 우뚝 솟아 뻗어 강으로 들어가는데 바위로 된 강벽이 깍아지른 듯하다. 배를 닿을 수 있는 곳을 봉두정(鳳頭亭)이라고 한다〉

불암산(佛岩山)〈읍치로부터 남쪽으로 8리에 있다〉

태조봉(太祖峯)〈읍치로부터 북쪽으로 9리에 있다〉

봉황암(鳳凰岩)〈읍치로부터 동쪽으로 5리에 있다〉

장군동(藏軍洞)〈읍치로부터 북쪽으로 9리에 있다. 태조봉과 마주보고 있으며, 그 가운데에는 대로가 있다. 동문(洞門)이 구불구불하고 협소하여 마을이 없는 것처럼 의심이 든다. 그러나 깊이 들어가면 그 안이 매우 넓어서 만명의 군대를 숨길 수 있다〉

「영로」(嶺路)

백야치(白也峙)〈읍치로부터 서북쪽으로 6리에 있는데 부여로 가는 길목이다〉

이현(梨峴)〈읍치로부터 동쪽으로 15리에 있는데 노성현과의 경계이다〉

삼치(三峙)〈읍치로부터 남쪽에 있는데 은진으로 가는 길목이다〉

○관음포(觀音浦)〈현(縣)의 남쪽에 있는데 현 북쪽의 정각동(正覺洞)에서 시작하여 남쪽으로 흘러 저포(猪浦)로 들어간다〉

수탕천(水湯川)〈읍치에서 동쪽으로 7리에 있다. 노성현의 석교천 물과 증산천 물이 합해져서 남쪽으로 흘러 이 포구가 된다〉

저포(猪浦)〈읍치에서 남쪽으로 2리에 있으며, 관음포와 수탕천이 합해져서 이 포구가 되고, 현을 경유하여 남쪽으로 흘러 고다진으로 들어간다〉

증산천(甑山川)〈읍치에서 동쪽으로 6리에 있다. 한 갈래는 부여의 원식동에서 나오고 또 한 갈래는 현의 북쪽 화동(禾洞)에서 나오는데 두 물이 합쳐져서 수탕천으로 흘러간다〉

창포(倉浦)〈읍치에서 서쪽으로 10리에 있다. 백마강의 하류이다〉

『성지』(城池)

고성(古城)〈현의 북쪽 5리 되는 산 위에 성의 유지(遺址)가 있다〉

『창고』(倉庫)

읍창과 강창(江倉)〈저포에 있다〉이 있다.

『진도』(津渡)

고다진(古多津)〈읍치의 서쪽 10리에 있는데 임천군과 통한다〉

『교량』(橋梁)

관음포교(觀音浦橋)

수탕천교(水湯川橋)〈읍치에서 동쪽으로 13리에 있다〉

저포교(猪浦橋)〈읍치에서 남쪽으로 5리에 있다〉

위에 세 다리는 돌로 만들었다.

『토산』(土産)

뱅어[백어(白魚)]·숭어[수어(秀魚)]·붕어[즉어(鯽魚)]·웅어[위어(葦魚)]·게[해(蟹)]·철(鐵)·모시[저포(苧布)]

『장시』(場市)

읍내장은 2·5·7·10일, 한달에 12번 열린다.

『전고』(典故)

신라 문무왕 11년(671)에 장군 죽지(竹旨) 등을 파견하여 군대를 이끌고 백제의 가림성 화수(禾遂)를 공격하도록 하였다. 당나라 군대와 함께 석성에서 싸워 백제군 5,300명을 죽였고, 백제 장군 2명과 당과의(唐果毅) 6인을 포로로 잡았다〉

○고려 우왕 2년(1376)과 동왕 8년(1382)에 왜구가 석성현에 쳐들어왔다〉

○조선 선조(宣祖) 29년(1596)에 역적 이몽학이 반란을 일으켰는데 그 세력이 매우 컸었다. 도원수 권율(權慄)이 전라 감사 이하의 여러 장군들을 거느리고 려산(礪山)을 경유하여 니산(尼山)으로 나아갔다. 또 영남에 전령을 보내 항복한 일본군들을 수습하여 데려오도록 하였다. 호남 군대가 석성에 주둔하자 역적들이 놀라서 잠자고 있던 이몽학의 목을 베어 항복하였

으므로 나머지 역적들은 이리저리 흩어졌다〉

6. 은진현(恩津縣)

「연혁」(沿革)

본래 백제의 덕근지(德近支)인데 뒤에 득안(得安)이라고 고쳤다. 당나라는 백제를 멸망시키고 덕안도독부(德安都督府)를 설치하였다.

신라 경덕왕 16년(757)에 덕은군(德恩郡)이라고 고쳐〈영현이 셋인데 시진(市津), 여량(礪良), 운제(雲梯)이다〉 전주에 예속되었다. 고려 태조 23년(940)에 덕은군이라고 고쳤고, 고려 현종 9년(1018)에 공주에 예속시켰다.

조선 태조 6년(1397)에 시진현이 합해져서 덕은 감무가 되었다. 태종 13년(1413)에 덕은 현감으로 고쳤다. 세종 원년(1418)에 은진현(恩津縣)으로 고쳤다. 인조 24년(1646)에 은진·니산·연산현을 합하여 1개의 현으로 하였고, 은산현(恩山縣)이라고 불렀다.〈자세한 것은 연산현 조를 보라〉

효종 7년(1656)에 3개의 현을 각각 복구시켰다.〈옛날의 읍치가 동남쪽으로 12리에 있다〉

「관원」(官員)

현감이 1인이다.〈공주진관병마절제도위를 겸하였다〉

「고읍」(古邑)

시진(市津)〈읍치로부터 서북쪽으로 10리에 있는 황화산(皇華山) 서남쪽에 있다. 본래 백제의 가지내(加知乃)인데 다른 명칭으로는 갈내(乫乃)나 또는 신포(薪浦)라고 불렀다. 경덕왕 16년(757)에 시진현으로 고쳐서 덕은군의 영현이 되었다. 고려 현종 9년(1018)에 공주에 소속되었다. 조선 태조 6년(1397)에 은진현에 합병되었다〉

「방면」(坊面)

두상면(豆上面)〈읍치로부터 동남쪽으로 20리에서 시작되어 30리에서 끝난다〉

두하면(豆下面)〈읍치로부터 동남쪽으로 10리에서 시작되어 30리에서 끝난다〉

죽본면(竹本面)〈읍치로부터 동쪽으로 5리에서 시작되어 10리에서 끝난다〉

대조곡면(大鳥谷面)〈읍치로부터 동쪽으로 3리에서 시작되어 7리에서 끝난다〉

도곡면(道谷面)〈읍치로부터 남쪽으로 5리에서 시작되어 10리에서 끝난다〉

화산면(花山面)〈읍치로부터 남쪽으로 5리에서 시작되어 10리에서 끝난다〉

구자곡면(九子谷面)〈읍치로부터 남쪽으로 10리에서 시작되어 20리에서 끝난다〉

성본면(城本面)〈읍치로부터 서쪽으로 5리에서 시작되어 10리에서 끝난다〉

김포면(金浦面)〈읍치로부터 서쪽으로 10리에서 시작되어 20리에서 끝난다〉

갈마동면(渴馬洞面)〈읍치로부터 동쪽으로 20리에서 시작되어 30리에서 끝난다〉

가야곡면(可也谷面)〈읍치로부터 동쪽으로 15리에서 시작되어 20리에서 끝난다〉

화지산면(花之山面)〈읍치로부터 북쪽으로 5리에서 시작되어 15리에서 끝난다〉

송산면(松山面)〈읍치에서 시작하여 동쪽으로 5리에서 끝난다〉

채운면(彩雲面)〈읍치에서 서남쪽으로 20리에서 시작되어 30리에서 끝난다. 본래는 채운향이었다〉

『산수』(山水)

건지산(乾止山)〈읍치에서 북쪽으로 2리에 있다〉

마야산(摩耶山)〈읍치에서 동남쪽으로 24리에 있다〉

불명산(佛明山)〈읍치에서 동남쪽으로 33리에 있는데 고산군과 경계이다. 쌍계사(雙溪寺)가 있다〉

반야산(般若山)〈읍치로부터 북쪽으로 7리에 있다. ○관촉사(灌燭寺)〈절 앞에 미륵 석불이 있는데 높이가 54척(尺)이다. 고려 광종때 혜명(慧明)스님이 만들었으며, 우뚝하고 늠름한 모습으로 큰 벌판에 임하였다〉

소호산(蘇湖山)〈마산(馬山)이라고도 부른다. 읍치로부터 남쪽으로 10리에 있는데 동쪽에 약수터가 있다〉

어상산(御床山)〈읍치로부터 서북쪽으로 10리에 있다〉

황화대(皇華臺)〈읍치로부터 서북쪽으로 10리에 있다. 큰 바위가 있는데 평평하고 매우 넓어서 강물을 멀리서도 감상할 수 있다. 백제 의자왕이 그 바위 위에서 잔치를 베풀고 놀았다〉

강경대(江景臺)〈읍치로부터 서쪽으로 20리에 있다. 한 조그마한 산이 넓은 들 가운데 있어 강가로 쑥 나왔는데 앞에는 큰 시내가 있고 우측으로는 큰 강을 끼고 충청도와 전라도의 두 도에 걸치어 있다. 바다와 육지의 요충지로서 어부들과 협객들이 출몰하고 문물을 교역하기 위한 선박들이 몰려들어 화물을 사고 판다. 금강남쪽의 커다란 도시이다〉

「영로」(嶺路)

향령(香嶺)〈읍치로부터 동남쪽으로 30리에 있고 고산현과 통하는 곳이다〉

○백마강(白馬江)〈부여 백강(白江)의 하류로 읍치로부터 서쪽으로 25리에 있다〉

증산포(甑山浦)〈읍치로부터 서남쪽으로 20리에 있다. 여산(礪山)땅에서 나와서 독자천(篤子川)이 되고 서쪽으로 흘러 강경대를 경유하여 백강으로 들어간다〉

시진포(市津浦)〈논산포(論山浦)라고도 부른다. 읍치로부터 북쪽으로 12리에 있다. 진안(鎭安)의 주줄산(珠崒山) 북쪽에서 나와 서쪽으로 흘러 고산현(高山縣)의 용계(龍溪)가 되고 양양소천(陽良所川)을 지나 불명산(佛明山)을 경유하여 갈마동(渴馬洞)을 지나 연산현의 거사리동시천(居斯里同市川)이 되고 북쪽으로 흘러 사진(私津)이 되고 우측에서 초포(草浦)를 만나 서남쪽으로 흘러 황산교(黃山橋)를 경유하여 강경대 북쪽을 감아 돌고 백강으로 들어간다〉

사진(私津)〈읍치로부터 북쪽으로 12리에 있다. 연산현의 포천(布川)과 초포(草浦)의 합류처이다〉

율령천(栗嶺川)〈읍치보부터 동쪽으로 10리에 있다. 누하면(豆下面)에서 나와 북쪽으로 흘러 사진(私津)으로 들어간다〉

○풍계촌(風溪村)〈읍치로부터 남쪽으로 12리에 있다. 후백제왕 견훤(甄萱)의 무덤이 있다〉

『성지』(城池)

시진고성(市津古城)〈황화산에 있다. 성의 둘레가 1,650척(尺)이고 우물이 두 곳이고 예전에는 창고가 있었다〉

마야산고성(摩耶山古城)〈읍치로부터 동남쪽으로 20리에 있다. 성의 둘레가 5,710척(尺)이다. 우물이 두 곳이 있고, 성 아래에 2리쯤에 큰 우물이 있는데 민간에서 전해오기는 고국어정(古國御井)이라고 한다. 서쪽에 쇠호산(衰虎山)이 있고 동쪽에 쇠용곶(衰龍串)이 있다. ○생각건대, 이곳은 백제 때의 읍성인데 옛날 명칭이 전해지지는 않는다〉

『봉수』(烽燧)

황화대(皇華臺)

강경대(江景臺)

『창고』(倉庫)

읍창

강창〈강경포에 있다〉

○노성·연산의 두 읍에 강창(江倉)이 있다.〈시진포의 북쪽 강가에 있다〉

『교량』(橋梁)

조암교(潮岩橋)〈증산포(甑山浦)에 있다. 다리 아래에 바위가 있는데 조수가 물러가면 볼 수가 있으므로 이름을 조암(潮岩)이라고 부른다〉

논산포교(論山浦橋)〈시진포(市津浦)이다〉

【구로현(九老峴) 동남쪽 증산포(甑山浦) 아래에 나암교(羅岩橋)가 있다. 남천(南川)은 향잠(香岑)에서 나와 서북쪽으로 흘러 은진현 남쪽을 경유하여 시진(市津)으로 들어간다. 미라교(彌羅橋)가 있다】

『토산』(土産)

철(鐵)·화살대[전죽(箭竹)]·뱅어[백어(白魚)]·숭어[수어(秀魚)]·위어(葦魚)·붕어[즉어(鯽魚)]·게[해(蟹)]·감[시(柿)]

『장시』(場市)

읍내장은 1일과 6일이다. 격교(格橋)장은 2일과 7일이다. 논산(論山)장은 3일과 8일이다. 강경(江景)장은 4일과 8일이다.

『누정』(樓亭)

채운정(采雲亭)은 강경에 있고, 인봉정(引鳳亭)은 읍내에 있다.

『전고』(典故)

신라 문무왕 3년(663)에 김흠순(金欽純) 등이 덕안성(德安城)을 공격하여 1,070명을 죽였다.

○고려 우왕 8년(1382) 왜구가 덕은(德恩)과 시진(市津)에 쳐들어왔다.

7. 노성현(魯城縣)

『연혁』(沿革)

본래 백제의 열야산(熱也山)인데 당나라가 노산주(魯山州)로 고쳤다.〈영현이 6곳인데 노산·당산(唐山)·순지(淳遲)·지모(支牟)·오잠(烏蠶)·아착(阿錯)이다〉 신라 경덕왕 16년(757)에 니산(尼山)이라고 고쳤고 웅주의 영현이 되었다.

고려 현종 9년(1018)에 그대로 공주에 소속되었다. 조선 태종 13년(1413)년에 현감으로 고쳤고, 동왕 14년(1414)에 석성현을 합쳐 니성현(尼城縣)이라고 불렀다. 동왕 16년(1416)에 다시 석성현과 니산현으로 나누었다. 인조 24년(1646)에 은진현과 연산현 그리고 니산현을 하나의 현으로 하여 은산현(恩山縣)이라고 불렀다. 효종 7년(1656)에 세 현으로 각각 복구되었다. 정조 병신년(1776)에 니성현으로 고쳤다가 후에 다시 노성현(魯城縣)으로 고쳤다.

「읍호」(邑號): 노산(魯山)

「관원」(官員)

현감 1인이다.〈공주진관병마절제도위를 겸하였다〉

『방면』(坊面)

현내면(縣內面)〈읍치로부터 시작하여 5리에서 끝난다〉

상도면(上道面)〈읍치로부터 동쪽으로 5리에서 시작하여 10리에서 끝난다〉

하도면(下道面)〈읍치로부터 동쪽으로 5리에서 시작하여 10리에서 끝난다〉

월우동면(月牛洞面)〈읍치로부터 남쪽으로 5리에서 시작하여 10리에서 끝난다〉

두사천동면(豆寺泉洞面)〈읍치로부터 남쪽으로 5리에서 시작하여 10리에서 끝난다〉

소사면(素沙面)〈읍치로부터 서쪽으로 10리에서 시작하여 20리에서 끝난다〉

득윤면(得尹面)〈읍치로부터 서쪽으로 10리에서 시작하여 20리에서 끝난다〉

화곡면(禾谷面)〈읍치로부터 서쪽으로 5리에서 시작하여 10리에서 끝난다〉

광석면(廣石面)〈읍치로부터 서남쪽으로 10리에서 시작하여 20리에서 끝난다〉

장구동면(長久洞面)〈읍치로부터 북쪽으로 5리에서 시작하여 10리에서 끝난다〉

『산수』(山水)

노산(魯山)〈읍치로부터 북쪽으로 5리에 있다. 성산(城山) 또는 탑산(塔山)이라고도 부른다〉

접기산(接技山)〈읍치로부터 북쪽으로 3리에 있다〉

국사봉(國士峯)〈읍치로부터 동쪽으로 10리에 있다. 계룡산의 남쪽 지맥이다〉

고랑원(高浪原)〈읍치로부터 남쪽으로 3리에 있다. 큰 언덕이 크게 솟아 도로가 그 위에서부터 시작한다〉

죽산(竹山)〈읍치로부터 서남쪽으로 15리에 있다〉

○대천(大川)〈읍치로부터 동쪽으로 5리에 있다. 공주 판치(板峙)에서 시작하여 남쪽으로 흘러 초포(草浦)가 되고 시진포(市津浦)에서 합친다〉

석교천(石橋川)〈읍치로부터 북쪽으로 6리에 있다. 화곡면(禾谷面)에서 시작하여 서쪽으로 흘러 석성현의 수양천(水陽川)으로 들어간다〉

장자지(長者池)〈읍치로부터 서남쪽으로 15리에 있다. 둘레가 760척(尺)으로 관개면적이 매우 넓다〉

병정(並井)〈읍치로부터 남쪽으로 8리에 있다. 비가 와도 샘물이 맑게 나온다〉

초포(草浦)〈읍치로부터 남쪽으로 10리에 있다. 돌다리가 있으며 남쪽의 대로로 통한다〉

『성지』(城池)

노산고성(魯山古城)〈성의 둘레가 1,950척(尺)이고 우물이 4곳이 있다〉

『봉수』(烽燧)

성산(城山)

『창고』(倉庫)

읍창

강창(江倉)〈읍치에서 서남쪽으로 30리에 있다. 은진현의 시진포(市津浦) 북쪽 강변이다〉

『토산』(土産)

철·붕어[즉어(鯽魚)]·게[해(蟹)]

『사원』(祠院)

노강서원(魯岡書院)〈숙종 을묘년(1675)에 세웠고 동왕 임술년(1682)에 사액되었다〉

윤황(尹煌)〈자는 덕요(德耀)이고 호는 팔송(八松)인데 본관은 파평(坡平)이다. 관직은 이조참의까지 지냈으며 영의정에 증직되었고 시호는 문정(文正)이다〉

윤문거(尹文擧)〈자는 여망(汝望)이고 호는 석호(石湖)이다. 윤황의 아들이며 관직은 이조참판까지 지냈는데 좌찬성에 증직되었다. 시호는 충경(忠敬)이다〉

윤선거(尹宣擧)〈교하현조에 자세히 적혀있다〉

윤증(尹拯)〈자는 자인(子仁)이고, 호는 명재(明齋)이며 윤선거의 아들이다. 관직은 우의정을 지냈는데 시호는 문성(文成)이다〉

『전고』(典故)

고려 우왕 4년(1378)에 왜구가 니산에 쳐들어왔다.

8. 연산현(連山縣)

『연혁』(沿革)

본래 백제의 황등야산(黃等也山)이다. 신라 경덕왕 16년(757)에 황산군(黃山郡)으로 고쳤다.〈영현이 2곳인데 진령(鎭嶺)과 진주(珍周)이다〉 고려 태조 23년(940)에 연산(連山)으로 고쳤고 고려 현종 9년(1018)에 공주에 소속되었고 후에 감무를 두었다.

조선 태종 13년(1413)에 현감으로 고쳤다. 인조 24년(1646)에 은진현, 니산현, 연산현을 합쳐 하나의 현(縣)으로 하여 이름을 은산현(恩山縣)이라고 하였다.〈유탁(柳濯) 등이 반란을 일으켰기 때문이다. ○세개 현이 합쳐진 읍치는 평천역(平川驛)의 서쪽이다〉

효종 7년(1656)에 다시 각각의 현으로 복귀되었다.

「관원」(官員)

현감 1인이 있다.〈공주진관병마절제도위를 겸하였다〉

『고읍』(古邑)

거사물(居斯勿)〈본래 백제의 거사물인데 당나라가 융화(隆化)라고 고쳐 지심주(支潯州)의 영현이 되었다. 신라때에는 거사물정(居斯勿停)을 설치하였다가 뒤에 병합되었다. ○지금의 외성면이다.

『방면』(方面)

현내면(縣內面)〈읍치에서 시작하여 10리에서 끝난다〉

대곡면(代谷面)〈읍치로부터 동쪽으로 10리에서 시작하여 40리에서 끝난다〉

두마면(豆磨面)〈읍치로부터 북쪽으로 15리에서 시작하여 20리에서 끝난다〉

외성면(外城面)〈읍치로부터 서쪽으로 10리에서 시작하여 15리에서 끝난다〉

부인처면(夫人處面)〈읍치로부터 서쪽으로 15리에서 시작하여 30리에서 끝난다〉

식한면(食漢面)〈읍치로부터 북쪽으로 5리에서 시작하여 30리에서 끝난다〉

백석면(白石面)〈읍치로부터 서북쪽으로 5리에서 시작하여 20리에서 끝난다〉

적사곡면(赤寺谷面)〈읍치로부터 남쪽으로 5리에서 시작하여 20리에서 끝난다〉

모촌면(茅村面)〈읍치로부터 동남쪽으로 5리에서 시작하여 20리에서 끝난다〉

【광염부곡(廣焰部曲)은 지금 두마촌(豆磨村)이다】

『산수』(山水)

계룡산(鷄龍山)〈읍치로부터 북쪽으로 30리에 있다. 공주조에 자세하다. 조선 태조 2년(1393)에 계룡산 남쪽에 도읍을 옮기고자 친히 어가를 몰고 와 살펴보고 길지를 점쳐 도읍터를 정하고 공사에 들어갔으나 조운로가 멀다는 이유로 그만 두었다. 지금도 신도(新都)라고 부르며 도랑과 초석들이 아직도 있다. 정종 원년(1399) 9월에 상왕인 태조가 신도(新都)에 간 일이 있다.

○봉림동(鳳林洞)에 큰 바위가 있는데 절구처럼 되어있다. 물줄기가 그 가운데를 흘러넘치면 폭포가 된다.

○용천동(龍泉洞)은 혹 잠연(潛淵)이라 하는데 양쪽 봉우리가 열리는 곳에 큰 바위가 있는데 거북이 모양같다. 구멍이 있는데 절구 같으며 그 넓이가 30여 척이 된다. 산의 물줄기가 넘쳐흐르고 깊어 바닥이 보이지 않는다.

천호산(天護山)〈황산(黃山)이라고도 한다. 고려시대에 천호산이라고 이름지었다〉

읍치로부터 동쪽으로 5리에 있다. 백제 장군 계백(階伯)이 신라군과 황산벌에서 처절하게 싸우다 죽었는데 이곳이 바로 그곳이다.

○개태사(開泰寺)는 고려 태조가 19년(936)에 창건하였다. 5년 걸려서 지었다. 절에 큰 솥이 있었는데 지금은 신도에 옮겨놓았다. 후백제의 견훤이 이곳에서 죽었다. ○고운사(孤雲寺)가 있다.

도솔산(兜率山)〈읍치로부터 동쪽으로 15리에 있다〉

대둔산(大芚山)〈읍치로부터 동쪽으로 30리에 있는데 진산과의 경계이다〉

마고평(馬皐坪)〈읍치로부터 서쪽으로 20리에 있다. 북쪽으로는 노성에 이르고 남쪽으로는 은진과 접해 있는데 토지가 비옥하다〉

「영로」(嶺路)

개태치(開泰峙)〈진잠로(鎭岑路)에 있다〉

황산령(黃山嶺)〈진산로(珍山路)에 있다〉

나이치(羅移峙)〈남로(南路)에 있다〉

살포치(乷浦峙)〈노성로(魯城路)에 있다〉

사현(沙縣)〈공주의 경천역로(敬天驛路)에 있다〉

장고치(長古峙)〈대곡현(代谷縣) 또는 방현(方縣)이라고 부르는데 진산과의 경계에 있다〉

양정치(羊丁峙)〈북로(北路)에 있다〉

이치(梨峙)〈동로(東路)에 있고 진산과의 경계이다〉

당돌치(唐突峙)〈남로에 있고 전주의 양양소(良陽所)와 경계이다〉

○포천(布川)〈사교천(沙橋川)이라고도 부르는데 읍치로부터 서쪽으로 25리에 있다〉

거사리천(居斯里川)〈읍치로부터 서쪽으로 10리에 있다. 포천과 거사리천은 은진현의 시

진포(市津浦)에 상세하게 설명되어 있다〉

두마천(豆磨川)〈읍치로부터 북쪽으로 20리에 있다. 계룡산 남쪽에서 시작하여 동남쪽으로 흘러 진잠(鎭岑)으로 흘러 들어간다〉

한삼천(漢三川)〈읍치로부터 동쪽으로 13리에 있다. 대둔산에서 시작하여 북쪽으로 흘러 두마천으로 들어간다〉

사계(沙溪)〈읍치로부터 서쪽 2리에 있다. 계룡산의 남쪽에서 시작하여 남쪽으로 흐르다가 다시 꺽여 서쪽으로 흘러 초포(草浦)로 들어간다〉

초포(草浦)〈읍치로부터 서쪽으로 20리에 있다. 상세한 내용은 은진현과 노성현을 참고하라〉

『성지』(城池)

북산고성(北山古城)〈읍치로부터 북쪽으로 3리에 있다. 성의 둘레가 1,740척이고 우물 한 개 있는데 매우 험준하다〉

이례성(尒禮城)〈도솔산에 있다. 성터가 있는데 민간에 전해지기는 이리성(伊里城)이라고 부른다. ○신라 무열왕 7년에 왕이 백제를 멸망시키고 철수하다가 태자와 함께 군사들을 이끌고 이례성을 공격하여 성을 빼앗았다. 이에 백제의 20여 개 성이 매우 놀라 모두 항복하였다〉

대둔산고성(大芚山古城)〈사면이 절벽이고 깎아 세운 듯 둘러싸서 성(城)을 이루고 있기 때문에 하늘에서 만들어준 성이라고 할 수 있다. 성중에는 수만명의 군대를 수용할 수 있는데 우물과 샘이 많지 않다. 민간에서는 달리성(達里城)이라고 부른다〉

『창고』(倉庫)

읍창

강창(江倉)〈은진현의 시진포(市津浦) 북쪽 강가에 있다〉

『역참』(驛站)

평천역(平川驛)〈읍치 서쪽 10리에 있다〉

사교역(沙橋驛)〈거사리천 하류의 남북대로에 있다〉

『토산』(土産)

철(鐵)·모시[저(苧)]·닥나무·칠(漆)·감·밤[율(栗)]·벌꿀[봉밀(蜂蜜)]·쏘가리[금린어(錦鱗魚)]·붕어[즉어(鯽魚)]·게[해(蟹)]·도루묵[은구어(銀口魚)]

『장시』(場市)

읍내장(邑內場)은 3일과 8일이다. 두마장(豆磨場)은 1일과 6일이다. 사교장(沙橋場)은 5일과 10일이다.

『사원』(祠院)

돈암서원(遯岩書院)〈인조 갑술년(1634)에 건립하고 현종 경자년(1660)에 사액되다〉에 김장생(金長生)〈문묘(文廟)조를 보라〉, 김집(金集)〈태묘(太廟)조를 보라〉, 송준길(宋浚吉), 송시열(宋時烈)〈모두 문묘(文廟)조를 보라〉을 봉안하였다.

『전고』(典故)

고려 태조 19년(936)에 왕이 장차 신검(神劍)을 정벌하려고〈후백제의 왕 견훤의 아들인데 아버지를 내쫓고 왕위를 빼앗았다〉 먼저 장자 무(武)〈후에 혜종〉를 파견하였다. 태자 무는 날랜 기병 1만을 거느리고 천안부(天安府)로 향하였다. 태조왕이 3군을 이끌고 천안에 이르러 합류하여 진격하다가 우술군(雨述郡)〈지금의 회덕(懷德)〉에 주둔하였다. 신검도 군대로 맞섰는데 일이천(一利川)을 사이에 두고 진을 쳤다. 태조는 견훤과 더불어 군사를 정돈하여 점거하니 기병과 보병이 77,500명이었다. 군대를 11대로 나누어 서로 도우며 북을 치면서 앞으로 나아갔다. 적병들이 크게 패하여 흩어졌다. 포로로 잡은 장군과 참모들만 3,200인이었으며 5,700여 명을 죽였다. 적군이 변절하여 서로 싸우므로 고려군대가 쫓아가 황산군의 유탄령(踰炭嶺)〈고산현에 있다〉에 이르러 영마성(營馬城)에 주둔하였다.〈고산현의 용계고성이다〉 신검은 그의 동생 양검(良劍)과 용검(龍劍)과 함께 문무관료들을 거느리고 항복해 왔다. 태조가 신검을 죽이는 것을 면제하고 관직를 하사하자 견훤은 근심과 불만으로 종기가 터져 수일만에 황산의 절에서 죽었다. 태조왕은 백제의 도성〈전주이다〉에 들어가서 조금도 재산 등을 범하지 아니하므로 주현들이 안도하였다. 우왕 2년(1376)에 왜구들이 석성현으로부터 연산현으로 나아가 개태사를 유린하였다. 양광도 도원수 박인계(朴仁桂)가 왜구를 맞아 싸웠으나 말에서 떨어져 죽었다. 동왕 4년(1378) 왜구가 연산현을 쳐들어 왔으며, 창왕 때에는 왜구가 연산현 개태사까지 쳐들어왔다.

【『고려사』를 살펴보건대, 우술군(雨述郡)을 일선군(一善郡)으로 잘못 말하고 있다. 일선(一善)은 지금의 선산(善山)이다. 일리천(一利川)은 두마천(豆磨川)이다】

9. 진잠현(鎭岑縣)

『연혁』(沿革)

본래 백제 진현(眞峴)인데 신라 경덕왕 16년(757)에 진령(鎭嶺)이라고 고쳐 황산군의 영현(領縣)이 되었다. 고려 태조 23년(940)에 진잠으로 고쳤고 현종 9년(1018)에 공주에 소속되었다가 후에 감무(監務)를 두었는데 조선 태종 13년(1413)에 현감으로 고쳤다.

「읍호」(邑號)

기성(杞城)

「관원」(官員)

현감이 1인이다.〈공주진관병마절제도위(公州鎭管兵馬節制都尉)를 겸하였다〉

『방면』(坊面)

동면(東面)〈읍치로부터 5리에서 시작하여 10리에서 끝난다〉

서면(西面)〈읍치로부터 시작하여 20리에서 끝난다〉

상남면(上南面)〈읍치로부터 시작하여 30리에서 끝난다〉

하남면(下南面)〈읍치로부터 5리에서 시작하여 25리에서 끝난다〉

북면(北面)〈읍치로부터 5리에서 시작하여 10리에서 끝난다〉

『산수』(山水)

계룡산(鷄龍山)〈읍치로부터 서쪽으로 15리에 있다. 상세한 것은 공주조를 참조하라〉

산장산(産長山)〈읍치로부터 서쪽으로 5리에 있다. 산봉우리의 중간지점에 바위가 있는데 계룡암이라고 부른다〉

소족산(所足山)〈읍치로부터 남쪽으로 5리에 있다〉

안평산(安平山)〈압점(押岾)라고도 부르는데 읍치로부터 남쪽으로 20리에 있고 진산과 경계하고 있다〉

삼기산(三岐山)〈읍치로부터 남쪽으로 2리에 있다〉

구봉산(九峯山)〈읍치로부터 남쪽으로 5리에 있다〉

옥산(玉山)〈읍치로부터 동남쪽으로 3리에 있다〉

금수산(錦繡山)(〈읍치로부터 서북쪽으로 7리에 있는데 계룡산의 동쪽 지맥(支脈)이다〉

분계산(分界山)〈읍치로부터 서북쪽으로 5리에 있다〉

밀암산(密岩山)〈읍치로부터 남쪽으로 15리에 있다. 바위로 된 산봉우리가 강가에 임해 있으며 벽처럼 우뚝 서있다〉

약사봉(약사봉)〈읍치로부터 서쪽으로 7리에 있다. 계룡산 동쪽 갈래에 있다〉

용태동(龍胎洞)〈읍치로부터 남쪽에 있다〉

「영로」(嶺路)

삽치(揷峙)〈읍치로부터 북쪽으로 10리에 있는데 공주와 경계하고 있으며 유성으로 통하는 길목이다〉

신치(新峙)〈읍치로부터 동쪽으로 20리에 있는데 진산과 경계하고 있다〉

○두마천(豆磨川)〈계룡산의 잠연(潛淵)에서 시작하여 동남쪽으로 흘러 연산 지역을 경유하여 한산천(漢山川)을 지나간다. 진잠현의 남쪽 5리를 경유하여 개수원(介水院)을 지나간다. 동북쪽으로 흘러 차탄(車灘)이되고 금강의 나리진(羅里津)으로 들어간다〉

용두천(龍頭川)〈읍치의 북쪽 7리에 있다〉

증산천(甑山川)〈읍치의 남쪽 15리에 있다. 진산의 대둔산에서 시작하여 북쪽으로 흘러 차탄(車灘)으로 들어간다〉

차탄(車灘)〈읍치의 남쪽 9리에 있다〉

계룡천(鷄龍川)〈계룡산에서 시작하여 동쪽으로 흘러 계탄(鷄灘)으로 흘러 들어간다〉

『성지』(城池)

밀암산고성(密岩山古城)〈옛터가 있는데 속칭 미림고성(美林古城)이라고 한다〉

『토산』(土産)

닥나무·칠(漆)·벌꿀·감

『장시』(場市)

읍내장은 3일과 8일이다.

『누정』(樓亭)

소요정(逍遙亭)이 있다.

『전고』(典故)

신라 문무왕 2년(662)에 당나라의 웅진 도독인 유인원이 백제의 부흥군을 웅진 동쪽에서 대파하였다. 지라성(支羅城)〈미상이다〉과 윤성(尹城)〈정산(定山)에 있다〉, 대산(大山)〈홍산(鴻山)에 있다〉, 사정(沙井)〈미상이다〉 등 책(柵)을 빼앗았다. 백제의 옛 장군인 고복신(高福信)이 진현성(眞峴城)〈밀암고성(密岩古城)이다〉에서 강을 배수진으로 하고 높고 험한 지형을 이용하여 군대를 증강시켜 굳게 지켰다. 유인궤(劉仁軌)가 신라군과 더불어 밤에 진현을 공격하여 격파하였다.

○고려 창왕때 왜구가 진잠에 쳐들어왔다.

10. 회덕현(懷德縣)

『연혁』(沿革)

본래 백제의 우술(雨述)이었다.〈또는 후천(朽淺)이라고도 한다〉 신라 경덕왕 16년(757)에 비풍군(比豐郡)으로 개칭하였고〈영현(領縣)이 둘이었는데 유성(儒城)과 적오(赤烏)이다〉 웅주(熊州)에 예속되었다.

고려 태조 23년(940)에 회덕으로 고쳤고, 현종 9년(1018)에 공주에 예속되었다. 명종 2년(1172)에 감무(監務)를 두었고 회인 감무(監務)까지 겸하였다. 우왕 9년(1383)에 다시 나누었다. 조선 태종 13년(1413)에 감무(監務)를 현감으로 고쳤다.

「관원」(官員)

현감 1인이 있다.〈공주진관병마절제도위(公州鎭管兵馬節制都尉)를 겸하였다〉

『방면』(坊面)

현내면(縣內面)〈읍치에서 시작하여 10리에서 끝난다〉

동면(東面)〈읍치로부터 10리에서 시작하여 20리에서 끝난다〉

서면(西面)〈읍치로부터 5리에서 시작하여 10리에서 끝난다〉

북면(北面)〈읍치로부터 10리에서 시작하여 15리에서 끝난다〉

내남면(內南面)〈읍치에서 시작하여 10리에서 끝난다〉

외남면(外南面)〈읍치로부터 15리에서 시작하여 30리에서 끝난다〉

일도면(一道面)〈읍치로부터 10리에서 시작하여 30리에서 끝난다〉

【서봉부곡(西峯部曲)은 읍치로부터 동쪽으로 20리에 있다. 흥인부곡(興仁部曲)은 동쪽으로 18리에 있다. 침이소(針伊所)는 북쪽으로 18리에 있다】

『산수』(山水)

계족산(鷄足山)〈읍치로부터 동쪽으로 3리에 있고 법천사(法泉寺)가 있다〉

식장산(食藏山)〈읍치로부터 남쪽으로 23리에 있는데 옥천과의 경계이다〉

「영로」(嶺路)

질현(質峴)〈읍치로부터 동쪽으로 12리에 있다〉

계현(鷄峴)〈읍치로부터 남쪽으로 25리에 있는데 진산과 경계하고 있다〉

동치(東峙)〈읍치로부터 동쪽으로 5리에 있다〉

원치(遠峙)〈읍치로부터 동쪽으로 15리에 있는데 옥천과 경계하고 있다〉

○갑천(甲川)〈읍치로부터 서쪽으로 5리에 있다. 아래로 내려가면 선암천(船岩川)이 되고 유성을 경유하여 금강의 신탄(新灘)으로 들어간다. 공주조에 자세하다〉

선암천(船岩川)〈읍치로부터 서쪽으로 3리에 있다〉

금강〈동쪽에서 휘감아 돌아 북쪽에 이르면 한 읍의 허리띠가 된다〉

『봉수』(烽燧)

계족산(鷄足山)〈옛 성터 내에 있다〉

『성지』(城池)

계족산고성(鷄足山古城)〈성의 둘레가 1,969척(尺)에 우물이 한개 있다〉

『역참』(驛站)

정민역(貞民驛)〈읍치로부터 서쪽으로 10리에 있다〉

『진도』(津渡)

형각진(荊角津)〈또는 이원진(利遠津)이라고 한다. 읍치로부터 북쪽으로 25리에 있다〉【신탄(新灘)이 38리에 있다】

『토산』(土産)

철(鐵)·자초(紫草)·눌어(訥漁)·쏘가리[금린어(錦鱗魚)]·감[시(柿)]

『장시』(場市)

신탄장은 3일과 8일에 열린다.

『사원』(祠院)

숭현서원(崇賢書院)〈광해군 기유년(1609)에 중건되고 같은 해에 사액되었다〉에 정광필(鄭光弼)〈태묘(太廟)조를 보라〉, 김정(金淨), 송인수(宋麟壽)〈모두 청주조를 참고하라〉, 김장생(金長生)〈문묘조를 참고하라〉, 송준길(宋浚吉)〈문묘조를 참고하라〉, 송시열(宋時烈)〈문묘조를 참고하라〉을 봉안하였다.

별사(別祠)〈현종 정미년(1667) 건축되었다〉에 이시직(李時稷), 송시영(宋時榮)〈모두 강화조를 보라〉을 봉안하였다.

『전고』(典故)

신라 문무왕 원년(676)에 백제의 부흥군들이 옹산성(瓮山城)〈미상이다〉을 근거지로 하여 대항하였다. 문무왕이 대장군과 여러 주의 총관들을 인솔하고 당나라 군대와 합세하여 고구려를 정벌하고자 웅현정(熊峴停)에 나아가 머물렀다. 군대를 진군시켜 옹산성을 포위하였다. 먼저 대책(大柵) 등을 불사르고 수천명의 목을 베게 되자 드디어 항복하고 웅현성을 쌓았다. 상주(上州)장군 품일(品日) 등이 군대를 이끌고 우술성을 공격하여 1,000여 명을 목베었다. 백제의 장군 조복(助服) 등이 투항하였다.

○고려 우왕 4년(1378)에 왜구가 회덕에 쳐들어왔다.

11. 연기현(燕岐縣)

『연혁』(沿革)

본래의 백제의 두잉지(豆仍只)였는데, 신라 경덕왕 16년(757) 연기(燕岐)로 고치고 연산군(燕山郡)의 영현(領縣)이 되었다.

고려 현종 9년(1018) 청주에 소속되었고, 명종 2년(1172) 감무(監務)를 두었는데, 뒤에 목주(木州) 감무(監務)를 겸하게 되었다. 조선 태종 6년(1406) 두 고을을 나누어 감무(監務)를 두었고, 동왕 13년(1413) 현감으로 고치고, 동왕 14년(1414) 전의(全義)에 합쳐서 전기(全岐)라고 했다. 동왕 16년(1416) 두 고을을 나누었다. 숙종 6년(1680) 문의(文義)에 합쳤다.〈이것은 고을 사람 만설(晩說)이 역모를 꾀했다가 주살 되었기 때문이다〉 동왕 11년(1685)에 현을 다시 설치하였다.

『관원』(官員)

현감 1인이다.〈공주진관병마절제도위(公州鎭管兵馬節制都尉)를 겸하였다〉

『방면』(坊面)

현내면(縣內面)〈읍치로부터 시작하여 5리에서 끝난다〉

동일면(東一面)〈읍치로부터 5리에서 시작하여 10리에서 끝난다〉

동이면(東二面)〈읍치로부터 10리에서 시작하여 20리에서 끝난다〉

남면(南面)〈읍치로부터 10리에서 시작하여 20리에서 끝난다〉

북일면(北一面)〈읍치로부터 5리에서 시작하여 10리에서 끝난다〉

북이면(北二面)〈읍치로부터 10리에서 시작하여 20리에서 끝난다〉

북삼면(北三面)〈읍치로부터 10리에서 시작하여 25리에서 끝난다〉

【사흥부곡(士興部曲)은 읍치로부터 북쪽으로 13리에 있다】

【연천소(鷰川所)는 읍치로부터 남쪽으로 10리에 있다】

『산수』(山水)

원수산(元帥山)〈읍치로부터 남쪽으로 5리에 있다. 고려시대에 한희유(韓希愈), 김흔(金忻) 등이 원나라 군대와 합단(哈丹) 군대를 정좌산(正左山) 아래에서 싸워서 크게 격파하고 이곳에 군대를 머물렀기 때문에 그래서 산의 이름을 이와 같이 정했다〉

용수산(龍水山)〈읍치로부터 남쪽으로 3리에 있다〉

정좌산(正左山)〈읍치로부터 북쪽으로 15리에 있다〉

오봉산(五峰山)〈읍치로부터 북쪽으로 13리에 있는데, 청주(淸州)와 경계하고 있다〉

둔지산(屯之山)〈읍치로부터 서남쪽으로 5리에 있다〉

전월산(轉月山)〈읍치로부터 남쪽으로 10리에 있다. 원수산의 남쪽이며, 산 위에 신령스러운 샘이 있다〉

팔봉산(八峰山)〈읍치로부터 동쪽으로 15리에 있는데, 청주(淸州)와 경계하고 있다〉

대박산(大朴山)〈읍치로부터 북쪽으로 5리에 있다〉

운주산(雲住山)〈읍치로부터 서쪽으로 15리에 있다. 공주(公州)와 경계하고 있다〉

소학동(巢鶴洞)〈원수산(元帥山)의 남쪽에 있다〉

양인동(養仁洞)〈팔봉산(八峰山)의 서쪽에 있다〉

「영로」(嶺路)

의랑치(儀郞峙)〈읍치로부터 서남쪽으로 5리에 있다. 공주 가는 길이다〉

대치(大峙)〈읍치로부터 북쪽으로 20리에 있는데, 전의로 가는 길이다〉

○동진강(東津江)〈읍치로부터 동쪽 5리에 있다. 청주의 부탄(浮灘)아래로 흘러 용당(龍塘)의 서쪽에 이르고 금강(錦江)의 나리진(羅里津)에 들어간다〉

남천(南川)〈전의현(全義縣)의 비암치(碑岩峙) 남쪽에서 나와서 현의 남쪽 1리를 지나서 동쪽으로 흘러 동진(東津)으로 들어간다〉

용당(龍塘)〈팔봉산(八峰山)의 서쪽 지맥이 끝나는 곳으로 강변이다〉

『성지』(城池)

고성(古城)〈읍치의 동쪽 1리에 있다. 성산이라고도 부르며, 성의 둘레는 2,671척(尺)이다〉

『역참』(驛站)

금사역(金沙驛)〈읍치의 남쪽 5리에 있다〉

『진도』(津渡)

동진(東津)〈읍치의 동쪽 5리에 있는데, 문의(文義)와 회인(懷仁)으로 통한다〉

나리진(羅里津)〈읍치의 남쪽 20리에 있는데, 유성(儒城)과 진잠(鎭岑)으로 통한다〉

『토산』(土産)

눌어(訥魚)·쏘가리[금린어(錦鱗魚)]·게[해(蟹)]

『장시』(場市)

읍내장은 2일과 7일에 열린다.

『사원』(祠院)

봉암서원(鳳岩書院)〈효종 신묘년(1651)에 세웠고, 현종 을사년(1665)에 사액되었다〉에 한충(韓忠)〈청주조를 봐라〉, 김장생(金長生)〈문묘조를 봐라〉, 송준길(宋浚吉)〈문묘조를 봐라〉, 송시열(宋時烈)〈문묘조를 봐라〉을 봉안하였다.

『전고』(典故)

고려 충렬왕 17년(1291)에 원나라 장군 설도우(薛闍于)가 대군을 거느리고 도와주려고 왔는데 아군과 합세하여 합단(哈丹)을 연기의 정좌산(正左山)아래에서 크게 격파하고 공주하

(公州河)〈나리진(羅里津)이다〉까지 추격하였다. 깔려있는 시체가 30여 리에 달했고, 물에 빠져 죽은 자가 심히 많았다.

12. 전의현(全義縣)

『연혁』(沿革)

본래 백제의 구지(仇知)였는데, 당나라가 구지(久遲)로 고쳐서 동명주(東明州)의 영현(領縣)이 되었다. 신라 경덕왕 16년(757)에 금지(金池)로 고쳐서 대록군(大麓郡)의 영현(領縣)이 되었다. 고려 태조 23년(940)에 전의라고 고쳤고, 현종 9년(1018)에 청주에 소속되었다. 조선 태조 4년(1395)에 감무(監務)를 두었고, 태종 13년(1413)에 현감으로 고쳤으며, 동왕 14년(1414)에 연기와 합병하여 전기(全岐)라고 불렀다. 동왕 16년(1416)에 두 현을 다시 나누었다.

「관원」(官員)

현감 1인이다.〈공주진관병마절제도위(公州鎭管兵馬節制都尉)를 겸하였다〉

『방면』(坊面)

동면(東面)〈읍치에서 시작하여 20리에 끝난다〉

남면(南面)〈읍치에서 시작하여 15리에 끝난다〉

대서면(大西面)〈읍치에서 시작하여 10리에 끝난다〉

소서면(小西面)〈읍치에서 시작하여 20리에 끝난다〉

북면(北面)〈읍치에서 시작하여 13리에 끝난다〉

【대부향(大部鄕)이 읍치로부터 북쪽으로 6리에 있다】

【갈정처(乫井處)가 북쪽으로 5리에 있다】

『산수』(山水)

용자산(龍子山)〈읍치로부터 동쪽 15리에 있으며, 청주와 경계하고 있다〉

운주산(雲住山)〈읍치로부터 동쪽으로 10리에 있고, 증산(甑山), 고산(高山)과 함께 세 산이 정립(鼎立)해 있다〉

월조산(月照山)〈읍치로부터 북쪽 10리에 있다〉

고려산(高麗山)〈읍치로부터 서쪽 10리에 있다〉

사기산(沙器山)〈읍치로부터 서쪽으로 15리에 있다〉

「영로」(嶺路)

율치(栗峙)〈읍치로부터 동쪽 14리에 있고, 청주로 가는 길이다〉

송현(松峴)〈읍치로부터 남쪽으로 15리에 있고, 연기(燕岐)로 가는 길이다〉

대치(大峙)〈청주와 연기(燕岐) 두 고을로 가는 길에 있다〉

비암치(碑岩峙)〈읍치로부터 서남쪽에 있는데, 공주(公州)로 가는 길이다〉

○고려원천(高麗院川)〈읍치로부터 동쪽 13리에 있는데, 율치(栗峙)에서 시작하여 서쪽으로 흘러서, 생졸천(生拙川)과 합친다〉

생졸천(生拙川)〈읍치로부터 서남쪽 5리에 있다. 공주의 망현(芒峴)에서 시작하여 현의 남쪽에 도달하고 고계성(古季城)의 작은 개울과 합쳐져서 남쪽으로 흘러 호암(狐岩)을 지난다. 또, 대부천(大部川)과 합쳐지는데 현은 두 강의 사이에 있다〉

대부천(大部川)〈읍치의 북쪽 5리에 있는데, 목천(木川)의 굴운치(屈雲峙)에서 시작하여 고산(高山)의 작은 시내와 합쳐져서 호암(狐岩)을 지나 생졸천(生拙川)으로 들어간다. 고려원천(高麗院川), 생졸천, 대부천 세 강은 합쳐져서 연기(燕岐)에 도달하여 동진강(東津江)으로 들어간다〉

『성지』(城池)

증산고성(甑山古城)〈읍치의 서북쪽 5리에 있는데, 성의 둘레가 932척(尺)이고, 우물이 하나 있다〉

고산고성(高山古城)〉읍치로부터 동쪽 8리에 있으며, 성의 둘레는 5,132척(尺)이고, 우물이 셋이 있다〉

운주산북성(雲住山北城)〈운주산(雲住山)의 북쪽 봉우리에 있으며, 성의 둘레는 1,184척(尺)이고, 우물이 하나있으며, 그 가운데가 텅비어 널직하다. ○고려 태사였던 이도(李棹)가 살던 곳이기 때문에 이성(李城)이라고도 부른다〉

운주산남성(雲住山南城)〈읍치로부터 동남쪽 8리에 있는데, 성의 둘레는 1,528척(尺)이고, 우물이 10개 있다. 민간에서는 금성산성(金城山城)이라고 부른다〉

『역참』(驛站)

「혁폐」(革廢)

포곡역(浦谷驛)〈읍치로부터 동쪽으로 18리에 있다〉

『장시』(場市)

유수기(柳藪岐)장은 1일과 6일이다.

13. 정산현(定山縣)

『연혁』(沿革)

본래 백제의 두량윤성(豆良尹城)〈두릉윤성(豆陵尹城), 두솔성(豆率城), 윤성(尹城), 열이(悅已)라고도 한다〉 신라 경덕왕 16년(757) 열성(悅城)이라고 고쳐 부여군(扶餘郡)의 영현(領縣)이 되었다. 고려 태조 23년(940) 정산(定山)이라고 고쳤다. 고려 현종 9년(1018) 공주(公州)에 소속되었고, 뒤에 감무(監務)를 뒤었다. 조선 태종 13년(1413)에 현감으로 고쳤다. 현종 5년(1664)에 청양군(青陽郡)과 합쳐졌다가 동왕 15년(1674)에 나누었다.〈윤성(尹城)때에 옛 성터가 있는데, 계봉산(鷄鳳山)아래 백곡리(白谷里)에 있다〉

「관원」(官員)

현감 1인이다.〈공주진관병마절제도위(公州鎭管兵馬節制都尉)를 겸하였다〉

『방면』(坊面)

목동면(木東面)〈읍치로부터 동쪽 5리에서 시작하여 20리에서 끝난다〉

청소면(青所面)〈읍치로부터 동남쪽 10리에서 시작하여 20리에서 끝난다〉

적곡면(赤谷面)〈읍치로부터 서쪽으로 10리에서 시작하여 20리에서 끝난다〉

피현면(皮峴面)〈읍치로부터 북쪽으로 15리에서 시작하여 30리에서 끝난다〉

백곡면(白谷面)〈읍치로부터 시작하여 남쪽 10리에서 끝난다〉

대박곡면(大朴谷面)〈읍치로부터 시작하여 북쪽 10리에서 끝난다〉

장촌면(場村面)〈읍치의 15리에서 시작하여 20리에서 끝난다〉

잉화달면(仍火達面)〈읍치에서부터 5리에서 시작하여 20리에서 끝난다〉

『산수』(山水)

대박산(大朴山)〈읍치로부터 북쪽 7리에 있는데, 사인봉(舍人峰)이 있다〉

계봉산(鷄鳳山)〈백곡산(白谷山)이라고도 하며 읍치로부터 동남쪽 9리에 있다〉

칠갑산(七甲山)〈읍치로부터 서쪽 16리에 있는데, 청양(靑陽)과 경계하고 있다.○정혜사(定慧寺)가 있다〉

광생산(光生山)〈읍치로부터 남쪽 3리에 있다〉

오동산(梧桐山)〈읍치로부터 서쪽 10리에 있다〉

성주산(聖住山)〈읍치로부터 동북쪽 15리에 있다〉

미륵당평(彌勒堂坪)〈읍치로부터 서남쪽으로 12리에 있는데, 들이 넓고 땅이 비옥하다〉

「영로」(嶺路)

송치(松峙)〈읍치로부터 북쪽 15리에 있는데, 공주(公州)와의 경계이며, 유구(幽仇)로 가는 길이다〉

호치(狐峙)〈읍치로부터 동쪽 3리에 있다〉

장항치(獐項峙)〈읍치로부터 서쪽 5리에 있는데, 청양(靑陽)으로 가는 길이다〉

직현(直峴)〈읍치로부터 서남쪽 20리에 있는데, 부여(扶餘)와의 경계이며, 은산(恩山)으로 가는 역로이다〉

대현(大峴)〈읍치로부터 서쪽 15리에 있는데, 청양(靑陽)과의 경계이다〉

○금강(錦江)〈읍치로부터 남쪽 25리에 있는데, 공주(公州)의 웅진(熊津) 하류이고, 아래는 백마강(白馬江)이다〉

금강천(錦江川)〈읍치의 서쪽 30리에 있다. 청양(靑陽)의 얼항천(乻項川)을 참고하거나 부여(扶餘)와 청양을 참고하라〉

남천(南川)〈장항치(獐項峙)에서 시작하여 동쪽으로 흘러 현의 남쪽을 지나 금강(錦江)으로 들어간다〉

『성지』(城池)

계봉산고성(鷄鳳山古城)〈옛 읍성인데, 성의 둘레가 1,200척(尺)이고, 우물이 하나 있다〉

고성(古城)〈칠갑산(七甲山)에 있는데, 본래는 두솔성(豆率城) 혹은 자비성(慈悲城)이다〉

『창고』(倉庫)

읍창(邑倉)

강창(江倉)〈금강(錦江)의 북쪽 강가에 있다〉

『역참』(驛站)

유양역(楡楊驛)〈읍치의 동쪽 5리에 있다〉

『진도』(津渡)

왕지진(王之津)〈읍치의 남쪽 26리에 있는데, 부여(扶餘)로 통하는 길목이다〉

『토산』(土産)

모시[저(苧)]·닥나무[저(楮)]·칠(漆)·철(鐵)·벌꿀[봉밀(蜂蜜)]·눌어(訥魚)·쏘가리[금린어(錦鱗魚)]·게[해(蟹)]

『장시』(場市)

읍내장은 2일과 7일이다. 오산(五山)장은 5일과 10일이다.

『누정』(樓亭)

달해정(達海亭)은 읍치로부터 남쪽으로 20리에 있다.

『전고』(典故)

신라 문무왕 3년(663) 장군을 보내 두릉윤성(豆陵尹城)을 공격하여 함락하였다.〈공주조에 자세하다〉 백제의 여러 성들이 몰래 부흥운동을 도모하여 두솔성(豆率城)에 모여서 왜(倭)나라에 원병을 요청하였다. 문무왕이 김유신 등의 여러 장군들을 거느리고 웅진주(熊津州)에 머물렀다. 당나라 유인원(劉仁願)과 함께 군대를 합치어 두솔성(豆率城)에 이르렀다. 백제인과 왜인(倭人)들이 합세하여 출진하니, 신라 군대들이 힘껏 싸워 크게 격파하여 백제인과 왜인들의 모두 항복하였다. 문무왕 8년(668) 백제의 부흥군들이 사비성(泗沘城)을 공략해왔다. 문무왕은 여러 장군들에게 명하여 가서 구원하게 하였다. 이찬 품일(品日)이 먼저 두량윤성(豆良尹城) 남쪽에 이르러 지형을 살펴보는데 백제인들이 급습하여 뜻하지 않은 공격에 신라군들은 크게 놀라 붕괴될 뿐이었다. 대군이 고사비성(古泗沘城) 밖에 주둔하고, 두량윤성을 공격하여 36일동안 싸웠으나 이기지 못하자 퇴각하여 장군과 군사들이 빈골량(賓骨梁)〈위치를 알 수 없다〉에 이르러 백제군을 만나 서로 싸웠으나 패하여 물러났다. 또, 각산(角山)에서 만나 공격하여 이기고, 드디어 백제군의 군사요새에 들어가 2,000명의 목을 베었다. ○고려 우왕 3년(1377), 동왕 6년(1380)에 왜구가 정산(定山)에 쳐들어왔다. ○조선 선조 29(1596)년에 이몽학(李夢學)이 반란을 일으켜서 정산(定山)을 함락하였다.

14. 홍주목(洪州牧)

『연혁』(沿革)

본래 백제의 주류성(周留城)인데(주류성은 지라성(支羅城)이라고도 한다), 당나라가 지심주(支潯州)로 고쳤다.〈영현(領縣)이 9인데, 지심(支潯)·이문(已汶)·마진(馬津)·우래(于來)·해례(解禮)·고로(古魯)·평이(平夷)·산호(珊瑚)·융화(隆化)이나〉 신라는 임성군(任城郡)에 합쳤다. 고려 태조가 나누어서 운주(運州)를 설치하였다. 고려 성종 14년(995)에 도단련사(都團練使)를 두어, 하남도(河南道)에 예속시켰다. 고려 현종 3년(1012)에 지주사(知州事)로 고쳤고, 동왕 9년(1018)에 홍주(洪州)로 고쳤다.〈영군(領郡)이 셋인데, 대흥(大興)·혜성(槥城)·결성(結城)이고, 영현(領縣)이 11곳인데, 고구(高邱)·흥양(興陽)·여양(驪陽)·신평(新平)·보령(保寧)·청양(青陽)·덕풍(德豊)·이산(伊山)·당진(唐津)·정해(貞海)·여미(餘美)이다〉 공민왕 5년(1356)에 목(牧)으로 승격되었다.〈왕사인 중 보우(普雨)의 고향이기 때문이었다〉 동왕 17년(1368)에 지주사(知州事)로 강등되었고, 동왕 20년(1371)에 다시 목으로 승격되었다. 조선에서도 목을 설치하였으며, 세조때에는 진(鎭)을 두었다.〈관할하는 고을이 19곳이었다〉 현종때에는 홍양현(洪陽縣)으로 강등되었다가 바로 다시 승격되었다. 순조때에는 현(縣)으로 강등당하였다가 뒤에 다시 목(牧)으로 승격되었다.

「읍호」(邑號)

해풍(海豐)〈고려 성종때 정해진 것이다〉

안평(安平)

해흥(海興)

「관원」(官員)

목사가 1인이다.〈홍주진병마첨절제사(洪州鎭兵馬僉節制使)를 겸하였다〉

『고읍』(古邑)

여양(驪陽)〈읍치로부터 남쪽 37리에 있다. 본래 백제의 사시량(沙尸良)이었는데, 신라때에 사라정(沙羅停)을 설치하였다. 경덕왕 16년(757)에 신양(新良)으로 고쳐서 결성군(潔城郡)의 영현(領縣)이 되었다. 고려 태조 23년(940)에 여양현으로 고쳤다〉

신평(新平)〈읍치로부터 동북쪽 90리에 있는데, 면천군(沔川郡)의 동쪽 경계이다. 본래 백제 땅인데, 신라 신문왕 6년(686)에 사평현(沙平縣)을 두었다. 경덕왕 16년(757)에 신평(新平)으로 고쳐 혜성군(槥城郡)의 영현(領縣)이 되었다〉

고구(高邱)〈읍치로부터 서쪽으로 30리에 있다. 본래 백제의 우견(牛見)이다. 신라 경덕왕 16년(757)에 목우(目牛)로 고쳐 이산군(伊山郡)의 영현(領縣)이 되었다. 고려 태조 23년(940))에 고구((高邱)로 고쳤다〉

홍양(興陽)〈읍치로부터 서남쪽 50리에 있다. 본래 백제의 구시파지(仇尸波知)였는데, 당나라가 안원(安遠)으로 고쳐서 웅진도독부(熊津都督府)의 영현(領縣)이 되었다. 또는 원군(遠軍)이라고도 부른다. 신라 때에 홍양(興陽)으로 고쳐서 결성군(潔城郡)의 영현(領縣)이 되었다. ○여양(驪陽), 신평(新平), 고구(高邱), 홍양(興陽)의 네 읍은 현종 9년(1018)에 홍주목(洪州牧)에 소속되었다〉

합덕(合德)〈읍치로부터 동북쪽 50리에 있다. 본래 덕풍현(德豐縣)의 합덕부곡(合德部曲)이었는데, 고려 충렬왕 24년(1298)에 이 마을의 환관 황석량(黃石良)이 원나라에 들어가 총애를 받았으므로 현으로 승격되었고, 뒤에 홍주목(洪州牧)에 소속되었다〉

『방면』(坊面)

주남면(州南面)〈읍치에서 시작하여 10리에서 끝난다〉

주북면(州北面)〈읍치에서 시작하여 10리에서 끝난다〉

성지면(城枝面)〈읍치로부터 남쪽으로 20리에서 시작하여 30리에서 끝난다〉

오사면(烏史面)〈본래 오사소(烏史所)였는데, 읍치로부터 서남쪽으로 20리에서 시작하여 30리에서 끝난다〉

번천면(蕃川面)〈읍치로부터 남쪽으로 10리에서 시작하여 20리에서 끝난다〉

용천면(湧川面)〈본래 용천부곡(龍川部曲)이며, 읍치로부터 서남쪽으로 30리에서 시작하여 50리에서 끝난다〉

고남면(高南面)〈읍치로부터 서쪽으로 10리에서 시작하여 30리에서 끝난다〉

고북면(高北面)〈읍치로부터 서북쪽 30리에서 시작하여 50리에서 끝난다. 고남면(高南面)과 고북면(高北面)의 두 면은 고구(高邱)의 옛 현이있다〉

운천면(雲川面)〈본래 운천향(雲川鄕)이었는데, 읍치로부터 북쪽으로 50리에서 시작하여 60리에서 끝난다. 서산(瑞山)의 동쪽, 해미(海美) 북쪽 건너편에 있다〉

합남면(合南面)〈읍치로부터 동북쪽으로 40리에서 시작하여 50리에서 끝난다〉

합북면(合北面)〈읍치로부터 동북쪽으로 50리에서 시작하여 60리에서 끝난다. 합남면(合南面)과 합북면(合北面)은 합덕(合德)의 옛 고을이었다〉

현내면(縣內面)〈읍치로부터 동북쪽으로 80리에서 시작하여 100리에서 끝난다〉

신남면(新南面)〈읍치로부터 동북쪽으로 60리에서 시작하여 70리에서 끝난나〉

신북면(新北面)〈읍치로부터 동북쪽으로 100리에서 시작하여 110리에서 끝난다. 현내면(縣內面), 신남면(新南面), 신북면(新北面)의 세 면은 신평(新平)의 옛 고을이었다〉

송지곡면(松支谷面)〈읍치로부터 동쪽으로 5리에서 시작하여 15리에서 끝난다〉

홍안송면(洪安松面)〈읍치로부터 남쪽으로 10리에서 시작하여 20리에서 끝난다〉

유곡면(酉谷面)〈읍치로부터 남쪽으로 20리에서 시작하여 35리에서 끝난다〉

궁경면(躬耕面)〈본래 궁경부곡(窮耕部曲)이었는데, 읍치로부터 남쪽으로 20리에서 시작하여 30리에서 끝난다〉

얼방면(乽方面)〈읍치로부터 남쪽으로 40리에서 시작하여 50리에서 끝난다〉

금동면(金洞面))〈읍치로부터 동남쪽으로 10리에서 시작하여 25리에서 끝난다〉

홍천면(弘天面)〈읍치로부터 동쪽으로 5리에서 시작하여 10리에서 끝난다〉

치사면(雉寺面)〈읍치로부터 동쪽으로 10리에서 시작하여 20리에서 끝난다〉

대감개면(大甘介面)〈읍치로부터 동쪽으로 10리에서 시작하여 20리에서 끝난다〉

평리면(坪里面)〈읍치로부터 동쪽으로 10리에서 시작하여 25리에서 끝난다〉

우파면(牛坡面)〈읍치로부터 남쪽으로 50리에서 시작하여 65리에서 끝난다〉

화성면(化成面)〈본래 화성부곡(化城部曲)이었으며, 읍치로부터 남쪽으로 50리에서 시작하여 60리에서 끝난다〉

흥구향면(興口香面)〈본래 흥고향(興古鄕)이었는데, 읍치로부터 50리에서 시작하여 60리에서 끝난다〉

상전면(上田面)〈읍치로부터 남쪽으로 60리에서 시작하여 70리에서 끝난다〉

【정성향(政聲鄕)이 읍치로부터 남쪽으로 32리에 있다】

【용화향(用和鄕)이 남쪽으로 35리에 있다】

【마여소(馬餘所)가 북쪽으로 15리에 있다】

【명해소(明海所)가 신평(新平) 북쪽에 있다】

【사금소(賜金所)가 남쪽으로 27리에 있다】

【고이산소(高伊山所)가 서쪽으로 50리에 있다】

【상전소(上田所)가 있다】

『산수』(山水)

월산(月山)〈예전에는 옥산(玉山)이라고 했는데, 읍치로부터 서쪽 3리에 있다〉

기성산(己城山)〈읍치로부터 동쪽 4리에 있다〉

삼존산(三尊山)〈읍치로부터 서쪽 15리에 있다〉

팔봉산(八峰山)〈읍치로부터 북쪽 10리에 있는데, 덕산(德山)과의 경계이다. 바위 봉우리가 열지어 서있는 것이 마치 창을 세워놓은 것과 같다. ○영봉사(靈鳳寺)가 있다〉

봉수산(鳳首山)〈읍치로부터 동쪽 30리에 있으며, 대흥(大興)과의 경계이다〉

백월산(白月山)〈비봉산(飛峰山)이라고도 하는데, 읍치로부터 동남쪽 40리에 있으며, 대흥(大興)과의 경계이다〉

오서산(烏棲山)〈본래 오사산(烏史山)인데, 읍치로부터 남쪽으로 40리에 있다. 산의 형세가 둥근 하늘처럼 생겼는데, 그 위에 높고 평평하기가 마치 병풍을 펼쳐놓은 것과 같다. 서쪽으로 결성(結城)을 굽어보며 남쪽으로 보령(保寧)을 내려다 본다〉

삼봉산(三峰山)〈읍치로부터 동쪽 20리에 있고, 가운데 봉우리에는 최영사(崔瑩祠)가 있다〉

원당산(元堂山)〈읍치로부터 동북쪽으로 40리에 있다〉

【송산(松山)에 마땅한 곳이 두 곳이 있다】【청광산(青光山)이 있다】

「영로」(嶺路)

안치(雁峙)〈화성면(化城面)에 남쪽에 있으며, 보령(保寧)과 경계이고, 남포(藍浦)로 통한다〉

호동치(狐洞峙)〈읍치로부터 동쪽에 있으며, 대흥(大興)으로 통한다〉

오리치(吳里峙)〈읍치의 남쪽 45리에 있으며, 청양(青陽)과 경계하고 있다〉

대치(大峙)〈읍치로부터 북쪽 30리에 있으며, 덕산(德山), 해미(海美)의 경계가 되고, 해미와 운천면으로 통한다〉

○해(海)〈신평(新平)의 북쪽이며, 고구(高邱), 홍양(興陽)의 서쪽이다〉

금마천(金馬川)〈수원(水源)은 오서산(烏棲山)에서 시작하여, 북쪽으로 흘러서 번천(蕃川)이 되고, 우측으로는 여량천(驪良川)과 만나며 주(州)의 동쪽 5리에 이르러서 좌측으로 월산천(月山川)을 지나 동북쪽으로 흘러 금마천이 된다. 팔봉(八峰)의 동북쪽을 지나 덕산(德山)의 삽교(揷橋)에 이르고 좌측으로 꺾이어 호천(狐川)을 지나 선화천(宣化川)이 된다. 좌측으로 꺽여 대천(大川)을 지나 구만포(九灣浦)가 된다. 동쪽으로 흘러 천안(天安)의 신종면(新宗面)에 이르러서 예산(禮山)의 호두포(狐頭浦)와 합친다〉

여량천(驪良川)〈읍치의 남쪽 45리에 있으며, 오서산(烏棲山)의 동쪽과 남포(藍浦)의 성수산(聖住山) 북쪽에서 발원하여 북쪽으로 흘러 금마천(金馬川)으로 들어간다〉

월산천(月山川)〈월산(月山)에서 수원(水源)이 시작하여 동쪽으로 흘러 금마천(金馬川)으로 들어간다〉

합덕제(合德堤)〈합덕(合德) 옛 고을의 동쪽에 있으며, 제방의 길이는 500여 보(步)이고, 둘레는 20리이며, 물이 가득 차면 큰 호수가 되고, 남쪽으로는 큰 뜰이 있어서 토지가 매우 비옥하며 물을 대는 곳이 매우 넓다〉

「도서」(島嶼)

내도(內島)〈신북면(新北面)의 북쪽에 있으며, 대진(大津)의 아래에 있다〉

행담도(行擔島)〈신북면(新北面)의 동쪽에 있는 작은 섬이다. 아래에 대진(大津)이 있어서 수원(水原)으로 통하는 지름길이고 섬 가운데에 금옹암(今翁岩)이 있다. 수원조에 자세하다〉

원산도(元山島)〈보령수영(保寧水營) 서남쪽에 있으며, 남북으로 배들이 지나고 정박하는 곳이다. 수군 우후(虞侯)가 3월부터 9월까지 와서 방어하게 된다. 북쪽에 제민창(濟民倉)과 수영(水營)의 군향창(軍餉倉)이 있다. 예전에는 목장이 있었다. 당저(當宁) 계축년(1863)에 별장을 설치하였다〉

어청도(於靑島)〈잉분도(芿盆島)라고도 한다. 섬 둘레가 30리이고, 땅이 비옥하여 닥나무와 화살대가 생산되고 궁실의 옛터가 있는데, 예전에 사신들이 이곳에서 배를 타고 출발하였다〉

외안도(外安島)〈예전에는 오안도(烏安島)라고 했다. 섬 둘레가 30리이고, 화살대[전죽(箭竹)]가 난다〉

삽시도(揷時島)〈안면도(安眠島)의 서쪽에 있으며, 섬 둘레가 20리이고, 사슴을 키운다〉

유도(流島)〈흥아음도(興兒音島)라고도 하며, 섬 둘레가 20리이다〉

고도도(古道島)〈고태도(古台島)라고도 하며, 섬 둘레가 20리이다〉

장고도(長鼓島)〈고도도(古道島)와 서로 마주보고 있다〉

인도(人島)

어초대도(於草代島)〈화살대[전죽(箭竹)]가 난다〉

횡간도(橫看島)〈읍치의 서남쪽에 있으며, 어청도(於靑島)와 마주보고 있다〉

오도(烏島)

오도(梧島)

청도(靑島)

내소도(內所島)

외소도(外所島)〈내소도(內所島)와 외소도(外所島)는 안면도(安眠島)의 서쪽에 있다〉

효자미도(孝子味島)〈원산도(元山島)의 동쪽에 있다〉

불모도(佛母島)

호도(狐島)〈외소도(外所島)의 서쪽에 있다〉

녹도(鹿島)

용도(龍島)〈길산도(吉山島)의 남쪽에 있다〉

길산도(吉山島)〈호도(狐島)의 남쪽에 있다〉

눌도(訥島)

마차도(麻次島)〈삽시도(揷時島)의 남쪽에 있다〉

효죽도(殽竹島)〈안면도(安眠島)의 남쪽에 있다〉

말응도(末應島)〈원산도(元山島)의 남쪽에 있다〉

여읍도(女邑島)〈눌도(訥島)의 서쪽에 있으며, 효죽도(骰竹島)의 남쪽이다〉

여염도(呂焰島)〈장고도(長鼓島)의 서쪽에 있다〉

율도(栗島)〈여읍도(女邑島)의 서쪽에 있다〉

거아도(居兒島)

안도(鞍島)

달월도(達月島)

소도(蔬島)

목도(木島)

대야도(大也島)〈흥양곶(興陽串)의 서쪽에 있다〉

간월도(看月島)〈고구(高邱)의 서쪽이며, 서산의 화변(禾邊)의 남쪽에 있다. 어업에 종사하는 어민들이 많이 살고 있으며, 백련암(白蓮岩)이 있고, 달의 경치가 아주 아름답다〉

죽도(竹島)

안면도(安眠島)〈서산(瑞山), 태안(泰安), 홍주(洪州) 세 고을을 나누는 경계이다. 홍주목(洪州牧)의 봉산(封山)이 두 곳이 있는데, 서산군(瑞山郡) 조에 상세하다〉

【전죽도(箭竹島)가 읍치로부터 1리에 있다】

【황도(黃島)가 횡간(橫看)으로부터 4리에 있다】

【파라도(波羅島)가 녹도(鹿島) 서쪽에 있다】

『형승』(形勝)

서쪽으로 큰 바다에 둘러 쌓여 있고, 바다에 인접해있는 고을이 10곳이다. 홍주목(洪州牧)이 그 중심에 있다. 평야가 넓고, 산맥이 서로 교차되어 있으며, 벼농사, 고기잡이, 염전(鹽田)이 충청도에서 제일이다.〈10개의 읍(十邑)이 비슷하다〉

『성지』(城池)

읍성(邑城)〈옛날에 주류성(周留城)인데, 성의 둘레가 5,850척(尺)이고, 우물이 세 곳이며, 문이 4곳이며, 곡성(曲城)이 8곳이다〉

월산고성(月山古城)〈고려 태조 11년(928)에 운주의 옥산(玉山)에 성을 쌓고 군대를 주둔

시켰다. 성의 둘레는 9,700척(尺)이고 우물이 하나 있다〉

여양고성(驪陽古城)〈성을 둘레가 6,040척(尺)이고 우물이 2개이다〉

고구고성(高邱古城)〈지금은 성산(城山)이라고 부르며, 옛 유적지가 있다〉

흥양고성(興陽古城)〈옛 유적지가 있다〉

합덕고성(合德古城)〈옛 유적지가 있다〉

『영아』(營衙)

전영(前營)〈인조때에 설치하였다. ○전영장이 1인이다. ○소속된 읍은 홍주(洪州)·서천(舒川)·임천(林川)·보령(保寧)·한산(韓山)·청양(青陽)·정산(定山)·홍산(鴻山)·비인(庇仁)·남포(藍浦) 등이다〉

『봉수』(烽燧)

흥양곶(興陽串)〈고현(古縣)의 서쪽에 있다〉

고구성산(高邱城山)〈고성(古城)내에 있다〉

원산도(元山島)

외연도(外烟島)〈외안도(外安島)이다〉

어청도(於青島)〈원산도(元山島), 외연도(外烟島), 어청도(於青島)의 세 곳은 임시로 설치한 봉수이다〉

『창고』(倉庫)

읍창(邑倉)

신평창(新平倉)〈북창(北倉)이다〉

운천창(雲川倉)

원산창(元山倉)

용천창(湧川倉)〈서창(西倉)이다〉

제민창(濟民倉)〈원산도(元山島)에 있다〉

금정창(金井倉)

『역참』(驛站)

용곡역(龍谷驛)〈읍치의 남쪽 45리에 있고, 금정찰방(金井察訪)을 이곳으로 옮겼다〉

세천역(世川驛)〈읍치로부터 남쪽 15리에 있다〉

【폐목장(廢牧場)이 원산도(元山島) 홍양곶(興陽串)에 있다】

『장시』(場市)

읍내장은 1일과 6일이다. 아산장은 2일과 7일이다. 역장은 3일과 8일이다. 입치(廿峙)장은 1일과 6일이다. 대교(大橋栘)장은 3일과 8일이다. 예전(芮田)장은 4일과 9일이다. 거산(巨山)장은 5일과 10일이다.

『누정』(樓亭)

은와루(恩臥樓)·사달정(四達亭)이 있다.

『토산』(土產)

어물(魚物)이 20여 종과 새우[하(蝦)]·조개[합(蛤)]·게[해(蟹)]·철(鐵)·대나무·감·왕골[완초(莞草)]

『사원』(祠院)

노은서원(魯恩書院)〈숙종 병진년(1700)에 세웠고, 숙종 임신년(1712)에 사액되었다〉

박팽년(朴彭年)

성삼문(成三問)

이개(李塏)

유성원(柳誠源)

하위지(河緯之)

유응부(兪應孚)〈위의 사람들은 과천조(果川)조를 보라〉

성승(成勝)〈성삼문(成三問)의 아버지. 세조 병자년(1456)에 대신과 더불어 같이 순국하였고, 벼슬은 도총관(都摠管)이었다. 좌찬성(左贊成)에 증직(贈職)되었고, 시호(諡號)는 충숙(忠肅)이며, 별사(別祠)에 모셔졌다〉

『전고』(典故)

신라 무열왕 7년(660)에 태자 법민(法民)〈문무왕(文武王)이다〉이 소정방(蘇定方)을 보고, 왕에게 보고하고 군대를 이끌고, 사라지정(沙羅之停)〈여양(驪陽)이다〉에 이르렀다. 문무왕 2년(662)에 백제의 왕족이었던 복신(福信)이 중 도침(道琛)과 함께 주류성(周留城)을 근거로 하여 옛 왕자였던 부여풍(扶餘豊)을 맞아들여서 왕으로 삼았다. 백제의 유민들이 모두 호응하였다. 그러나 후에 왕자 풍(豊)이 복신(福信)을 죽이고, 왜(倭)나라에 요청하여 당나라와 신라 군대에 대항하였다. 동왕 3년(663)에 당나라의 손인사(孫仁師)와 신라군들이 주류성(周留城)을 공격하여 빼앗자, 부여풍(扶餘豊)은 몸만 빠져나가 고구려로 도망갔다.〈공주(公州)와 정산(定山)조에 자세하다〉

○고려 태조 10년(927) 3월에 왕이 운주(運州)로 들어가 그 성주인 긍준(兢俊)을 성 아래에서 꿇렸다. 동왕 17년(934)에 왕이 스스로 운주(運州)를 정벌하려 하였는데 견훤(甄萱)이 갑사(甲士) 5,000명을 선발하여 도착하자 유금필(庾今弼)이 날랜 기병 5,000명으로 돌격하여 목을 벤 자가 3,000여 명이다. 웅진(熊津)이북의 30여 군현이 풍문을 듣고 스스로 항복해 왔다. 원종 13년(1272) 삼별초〈강화(江華)조를 보라〉가 고란도(孤蘭渡)〈지금의 고만도(高灣島)이다〉에 쳐들어와 전선 6척을 불사르고 홍주부사(洪州府使) 이행검(李行儉)과 결성(結城)·남포(藍浦)의 감무(監務)들을 잡아갔다. 충렬왕 18년(1292)에 원(元)나라에서 합단족(哈丹族)의 아리독(阿里禿) 대왕을 잉분도(芿盆島)에 유배보냈다.【공민왕 9년 왜구가 신평(新平)을 노략질하였다】 공민왕 13년(1364)에 전라도 도순어사(都巡御使) 김횡(金鋐)이 조운선(漕運船)을 이끌고 내포(內浦)〈대진(大津)이남을 통칭 내포라고 한다〉에 이르러 왜적과 싸워서 패배하여 대부분이 죽었다. 동왕 19년(1370)에 왜구가 내포(內浦)에 쳐들어와 병선(兵船) 30여 척을 격파하고 여러 고을에 곡식을 약탈해갔다. 동왕 21년(1372)에 왜구가 홍주(洪州)에 쳐들어 왔으며, 우왕 3년(1377)에는 왜구가 신평현(新平縣)에 쳐들어오자 양광도도순문사 홍인계(洪仁桂)가 격파하였다. 왜구들은 홍주를 불사르고, 목사(牧使)의 아내를 죽이고 판관(判官)과 처자들을 포로로 잡아갔다. 원수 왕안덕(王安德)등이 왜구와 더불어 노현(蘆峴)에서 싸웠으나 패배하였다. 동왕 4년(1378)에 왜구가 합덕(合德)에 쳐들어왔다. 동왕 6년(1380)에는 왜선 100여 척이 홍주(洪州)에 쳐들어왔다.

○조선 선조 29년(1596) 7월에 역적 이몽학(李夢學)이 군대 수만 명을 일으켜 임천(林川)·홍산(鴻山)·청양(靑陽)·정산(定山)·대흥(大興) 등의 고을을 함락시켰다. 병사 이시언(李

時彦)이 토벌하려 했지만, 관군이 다시 궤멸당했다. 이몽학은 후에 석성(石城)에서 목이 베어졌지만, 그 무리인 한현(韓玄)이 수천명을 이끌고 홍주(洪州)에 주둔하여 서울로 가겠다고 큰 소리치자, 서울이 인심이 흉흉하고 두려워하였다. 병사 이시언과 홍주목사 홍가신(洪可臣)이 토벌하여 평정하였다. 순조 32년(1832) 7월에 서양의 상선(商船) 호하미(胡夏米) 등이 고도도(古道島)에 도착하여 그 지방의 토산물을 헌납하였다.〈그 나라는 합애란국(合愛蘭國), 사객란국(斯客蘭國), 영길리국(英吉利國)인데, 대영국(大英國)이라고 칭하고 배 가운데의 사람들은 67인이었다. 그 배에는 큰 칼 30개(個), 총(銃) 30정(錠), 창(槍) 24개(個), 화포(火砲) 8문(門)이 있었다. 그 나라 서울의 지명이 란돈(蘭墩)인데, 둘레는 75리이고, 왕의 성은 위씨(威氏)라고 부르며, 그 나라의 토산품은 대니단(大呢緞)으로 홍색, 청흑색, 포도색 각 1필이고, 우모단(羽毛緞)은 홍색, 청흑색, 포도색, 종려나무색 각 1필이고, 양포(洋布)가 4필이고, 천리경(千里鏡)이 2개이며, 파려기(玻瓈器) 6건(件)이고, 화전주구(花全紬扣)가 6배(排)이고, 본국도리서(本國道理書)가 26종인데, 이런 것이 홍주목에 남겨져있다〉

15. 면천군(沔川郡)

『언혁』(沿革)

본래 백제의 혜산(槥山)인데, 신라 경덕왕 16년(757)에 혜성군(槥城郡)으로 고치고〈영현(領縣)이 3인데, 당진(唐津), 여읍(餘邑), 신평(新平)이다〉 웅주(熊州)에 예속되었다.

고려 현종 9년(1018)에 홍주(洪州)에 소속되었고, 후에 감무(監務)를 두었다. 충렬왕 19년(1293)에 지면주사(知沔州事)로 승격되었다.〈면천현인(沔川縣人)이었던 복규(卜奎)가 합단병(哈丹兵)을 방어하였기 때문이다〉

조선 태종 13년(1413)에 면천군(沔川郡)으로 고쳤다.

【복규(卜奎)는 원주(原州) 전고(典故)에 보인다】

「읍호」(邑號)

마산(馬山)

해종(海宗)

「관원」(官員)

군수가 1인이다.〈홍주진관병마동첨절제사를 겸하였다〉

『방면』(坊面)

읍내면(邑內面)〈읍치에서 시작하여 7리에서 끝난다〉

마산면(馬山面)〈읍치에서부터 남쪽으로 5리에 시작하여 10리에서 끝난다〉

죽림면(竹林面)〈읍치에서부터 동쪽으로 6리에 시작하여 13리에서 끝난다〉

덕두면(德豆面)〈읍치에서부터 북쪽으로 10리에 시작하여 20리에서 끝난다〉

가화면(嘉火面)〈읍치에서부터 동쪽으로 15리에 시작하여 20리에서 끝난다〉

범천면(泛川面)〈읍치에서부터 동남쪽으로 20리에서 시작하여 30리에서 끝난다〉

손동면(孫洞面)〈읍치에서부터 동북쪽으로 20리에 시작하여 30리에서 끝난다〉

정계면(淨界面)〈읍치에서부터 북쪽으로 10리에 시작하여 15리에서 끝난다〉

초천면(草川面)〈읍치에서부터 북쪽으로 30리에 시작하여 40리에서 끝난다〉

중흥면(中興面)〈읍치에서부터 북쪽으로 30리에 시작하여 50리에서 끝난다〉

감천면(甘泉面)〈읍치에서부터 북쪽으로 30리에 시작하여 55리에서 끝난다〉

송산면(松山面)〈읍치에서부터 북쪽으로 30리에 시작하여 40리에서 끝난다〉

승선면(昇仙面)〈읍치에서부터 북쪽으로 15리에 시작하여 30리에서 끝난다〉

송암면(松岩面)〈읍치에서부터 서북쪽으로 5리에 시작하여 20리에서 끝난다〉

【가리저부곡(加里渚部曲)이 읍치에서 동쪽으로 20리에 있는데 지금 가라기(加羅岐)이다】

【온월부곡(溫月部曲)이 동쪽으로 23리에 있다】

【도촌소(桃村所)가 북쪽으로 20리에 있다】

『산수』(山水)

신암산(申岩山)〈읍치로부터 북쪽으로 20리에 있다〉

몽산(蒙山)〈읍치로부터 북쪽으로 4리에 있다〉

마산(馬山)〈읍치로부터 남쪽으로 8리에 있다〉

봉서산(鳳棲山)〈읍치로부터 동쪽으로 2리에 있다〉

다불산(多佛山)〈읍치로부터 서북쪽으로 15리에 있다〉

아미산(蛾眉山)〈읍치로부터 북쪽으로 8리에 있다〉

【남산(南山)이 있다】

【의송산(宜松山)이 11곳 있다】

「영로」(嶺路)

노은치(老隱峙)〈읍치로부터 서쪽 15리에 있으며, 당진(唐津)과 경계하고 있으며, 당진으로의 통로이다〉

○해(海)〈읍치로부터 북쪽 15리에 있다〉

군전천(郡前川)〈마산(馬山)에서 수원(水源)이 시작하여, 군의 남쪽을 경유하고 북쪽으로 흘러 승선천(昇仙川)에 흘러 들어간다〉

승선천(昇仙川)〈읍치로부터 북쪽으로 30리에 있는데, 고산(高山)에서 수원(水源)이 시작하여 동남쪽으로 흘러 군전천(郡前川)과 만나서 동쪽으로 흘러 대진(大津) 상류로 들어간다〉

강문포(江門浦)〈범천면(泛川面) 돈곶포(頓串浦) 하류에 있으며, 주민들이 뻘이 생기는 곳에 축대를 쌓았다. 제언(堤堰)을 참고하라〉

『성지』(城池)

읍성(邑城)〈성의 둘레가 3,002척(尺)이고, 우물이 2곳이다〉

몽산고성(蒙山古城)〈성의 둘레가 1,314척(尺), 우물이 2곳이다〉

『봉수』(烽燧)

창택산(倉宅山)〈고산(高山)이라고도 하는데, 읍치로부터 북쪽 50리에 있다. 바다에 접하고 있으며, 동쪽으로는 양성(陽城)의 괴태곶(槐台串)과 마주보고 있다〉

『창고』(倉庫)

읍창(邑倉)

북창(北倉)〈창택산(倉宅山)의 서쪽 해변에 있다〉

해창(海倉)〈읍치로부터 동남쪽 27리인 범천면(泛川面)에 있다〉

○조창(漕倉)〈지금의 해창(海倉)인데, 옛날에는 공주(公州)와 홍주(洪州)가 관할하는 조창이었다. 성종 9년(1478)에 뻘이 생겨 수심이 낮아져 아산(牙山)의 공세곶(貢稅串)으로 옮겼다〉

『역참』(驛站)

순성역(順成驛)〈읍치로부터 동쪽 4리에 있다〉

『도신』(土産)

감[시(枾)]·자초(紫草)·소금·어물(魚物) 10여 종·굴[석화(石花)]·게[해(蟹)]·새우[하(蝦)]·조개[합(蛤)]

『장시』(場市)

읍내장은 2·5·7·10일로 한 달에 12번 열린다. 명오리(鳴五里)장은 2일과 7일이다. 범근내(犯斤乃)장은 1일과 6일 열린다. 기지(機池)장은 1·3·6·8일로 한 달에 12번 열린다.

『목장』(牧場)

창택목장(倉宅牧場)은 폐지되었다.

『누정』(樓亭)

반월루(伴月樓)·원기루(遠寄樓)가 있다.

『전고』(典故)

백제시대에는 창고를 석두(石頭) 동쪽에 두고,〈지금의 가리저(加里渚)다〉 곡식을 쌓아 수군의 식량을 삼았다. 후에 당나라 군대가 바다를 건너와 전란(戰亂)의 원인이 되었기 때문에 창고를 폐쇄하였다. 신라가 백제를 평정하고 창고를 옛터에다가 다시 설치하였다. 또, 혜산(槥山)의 동쪽 언덕에 객관(客館)을 설치하고 곡식을 많이 쌓아두었는데, 백성들은 수관(稼館)이라고 불렀다. 대개 당나라에 배로 가는 사신과 상인들이 모두 이 관에서 머물렀다. 신라인들 중에 중국에 사신으로 다녀온 자들은 모두 이 길로 나아갔기 때문에 대진(大津)이라고 불렀고, 인물이 이곳 경계와 같은 곳이 없는데 견훤의 난리 때에 모두 견훤의 수중에 들어갔다.

○고려 태조 16년(933)에 후백제의 왕 견훤이 혜산성(槥山城)의 아불진(阿弗鎭)〈지금의 가화(嘉禾)다〉 등을 약탈하였다. 태조가 유금필(庾黔弼)을 보내 장사 8,000여 인을 선발하여, 차탄(槎灘)〈어딘지 모른다〉에 이르러 견훤군을 괴멸시켰다. 유금필(庾黔弼)이 신라에 이르러

7일을 머물러 돌아가는 길에 신검(神劍) 등을 자도(子道)〈어딘지 모른다〉에서 만나 싸워서 크게 이겼다. 공민왕 7년(1358) 왜구가 면천(沔川)·신평(新平)·용성(龍城)〈수원(水原)의 남쪽 경계이며 속현이다〉에 쳐들어 왔다. 지주사였던 곽충용(郭翀龍)이 왜구와 싸워 적선 2척을 포획하였다. 동왕 18년(1369) 왜구가 영주(寧州)〈천안(天安)〉, 온수(溫水)〈온양(溫陽)〉, 예산(禮山)·면주(沔州) 등의 조운선(漕運船)을 약탈하였다.

16. 서산군(瑞山郡)

『연혁』(沿革)

본래에는 백제의 기곡(基谷)인데, 신라 경덕왕 16년(757)에 부성군(富城郡)으로 고쳐〈영현(領縣)이 2인데, 지육(地育)과 소태(蘇泰)이다〉 웅주(熊州)에 예속시켰다. 고려시대에도 그대로 따랐는데, 고려 인종 22년(1144)에 현령으로 고쳤다.〈속현이 2인데, 지곡(地谷), 소태(蘇泰)이다. ○고려 명종 12년(1182)에 고을 사람들이 수령을 핍박하여 내쫓아 유사(有司)가 주청하여 관호를 없앴다〉 충렬왕 10년(1284)에 서주군(瑞州郡)으로 승격되었다.〈고을 사람 정인경(鄭仁卿)의 공이 있었기 때문이다. ○신창(新昌)조를 봐라〉 동왕 34년(1289)에 서주목(瑞州牧)으로 승격되고, 충선왕 2년(1310)에 서령부(瑞寧府)로 강등되었다.〈여러 목(牧)을 줄였기 때문이다〉 후에 지서주사(知瑞州事)로 강등되었다가, 조선 태종 13년(1413)에 서산군으로 고쳤다. 숙종 21년(1695)에 현으로 강등되었다.〈노비가 주인을 살해했기 때문이다〉 동왕 39년(1713)에 복구되었고, 영조 9년(1733)에 현으로 강등되었다.〈고을 사람이 역모를 꾀하였기 때문이다〉 동왕 18년(1742)에 복구되었다. 정조 병신년(1776)에 현으로 강등되었다가 동왕 9년(1785)에 복구되었다.

「관원」(官員)

군수가 1인이다.〈홍주진관병마동첨절제사를 겸하였다〉

『고읍』(古邑)

지곡(地谷)〈읍치로부터 북쪽으로 30리에 있다. 본래 백제의 지육(知六)이었는데, 신라 경덕왕 16년(757)에 지육(地育)으로 고치고 부성군(富城郡)의 영현(領縣)이 되었다. 고려 태조

23년(940)에 지곡(地谷)으로 고치고, 고려 현종 9년(1018)에 서산군에 소속되었다〉

『방면』(坊面)

군내면(郡內面)〈읍치로부터 시작하여 5리에서 끝난다〉

대사동면(大寺洞面)〈읍치로부터 남쪽으로 5리에서 시작하여 15리에서 끝난다〉

두치면(豆峙面)〈읍치로부터 동쪽으로 10리에서 시작하여 15리에서 끝난다〉

오산면(吳山面)〈읍치로부터 남쪽으로 10리에서 시작하여 20리에서 끝난다〉

화변면(禾邊面)〈본래 화변소(禾邊所)였고, 읍치로부터 남쪽으로 20리에서 시작하여 50리에서 끝난다〉

마산면(馬山面)〈읍치로부터 서쪽으로 10리에서 시작하여 20리에서 끝난다〉

노지면(蘆旨面)〈읍치로부터 북쪽으로 15리에서 시작하여 20리에서 끝난다〉

영풍면(永豊面)〈읍치로부터 북쪽으로 15리에서 시작하여 20리에서 끝난다〉

대산면(大山面)〈본래 홍주(洪州)의 대산부곡(大山部曲)이 였고, 읍치로부터 북쪽으로 30리에서 시작하여 60리에서 끝난다〉

율곶면(栗串面)〈읍치로부터 동쪽으로 5리에서 시작하여 10리에서 끝난다〉

인정면(仁政面)〈본래 인정부곡(인정부곡)이였고, 읍치로부터 남쪽으로 10리에서 시작하여 15리에서 끝난다〉

문지현(文知峴)〈읍치로부터 북쪽으로 15리에서 시작하여 30리에서 끝난다〉

지곡면(地谷面)〈고읍(古邑)이었고, 읍치로부터 북쪽으로 20리에서 시작하여 30리에서 끝난다〉

성연면(聖淵面)〈본래 성연부곡(聖淵部曲)이였고, 읍치로부터 동북쪽으로 15리에서 시작하여 25리에서 끝난다〉

동암면(銅岩面)〈읍치로부터 동남쪽으로 20리에서 시작하여 30리에서 끝난다〉

【광지향(廣地鄕)은 읍치로부터 남쪽으로 90리에 있다】

【정소부곡(井所部曲)은 북쪽으로 10리에 있다】

『산수』(山水)

성왕산(聖旺山)〈읍치로부터 북쪽 8리에 있다〉

문수산(文殊山)〈읍치로부터 동쪽 30리에 있다. 해미(海美)의 상왕산(象王山)의 북쪽 갈래이다. ○개심사(開心寺)가 있다〉

팔봉산(八峰山)〈읍치로부터 서북쪽 15리에 있다. 바닷가에는 바위 봉우리들이 빽빽하게 서있다.○운암사(雲岩寺)있다〉

금강산(金剛山)〈읍치로부터 동남쪽 30리에 있다. 해미(海美)와 경계하고 있다〉

도비산(都飛山)〈읍치로부터 남쪽 40리에 있고, 화변면(禾邊面) 해변에 있다〉

연화산(蓮花山)〈읍치로부터 서북쪽 30리에 있다〉

망일산(望日山)〈읍치로부터 북쪽 50리에 있다〉

「영로」(嶺路)

무릉현(武陵峴)〈읍치로부터 동북쪽 40리에 있고, 당진(唐津)과 경계이다〉

【갈현(葛峴)이 읍치로부터 서쪽으로 15리에 있다】

○해(海)〈읍치로부터 북쪽 90리에서 남쪽 50리까지 이른다〉

용유천(龍遊川)〈읍치로부터 동쪽 18리에 있는데, 수원(水源)은 성왕산(聖旺山)에서 시작하여 남쪽으로 흘러 바다로 들어간다〉

판교천(板橋川)〈읍치로부터 남쪽 6리에 있다〉

흥인교천(興仁橋川)〈읍치로부터 서쪽으로 20리에 있는 태안(泰安) 경계에 있다. 수원(水源)이 팔봉산(八峰山)에서 시작하여 남쪽으로 흘러 바다로 들어간다〉

성연포(聖淵浦)〈읍치로부터 북쪽 15리에 있는데, 계항(溪港)이기 때문에 조수가 통하면 상선들이 모이는 곳이다〉

왜현포(倭縣浦)〈읍치로부터 남쪽 50리에 있으며, 화변면(禾邊面)의 끝이다〉

창포(倉浦)〈읍치로부터 서쪽 20리있고, 태안(泰安)과의 경계이다〉

대산곶(大山串)〈본래 조립부곡(助立部曲)이며, 읍치로부터 북쪽 50여 리에 있다〉

백사정(白沙汀)〈읍치로부터 북쪽 70리에 있고, 대산곶(大山串)에 있으며 둘레가 10여 리(里)인데 가운데에 연못이 있다〉

위포곶(葦浦串)〈본래 위포소(葦浦所)이었으며, 읍치로부터 남쪽 15리에 있다〉

안면곶(安眠串)〈본래 안면소(安眠所)였고, 읍치로부터 서남쪽 140여 리에 있어 서산군(瑞山郡)의 끝이다. 태안(泰安) 남쪽 경계로부터 소포(小浦)를 넘어 평평한 언덕의 모습이 읍대(挹帶)와 같고 바다로 들어간다. 길이가 70리이고, 넓이가 20-30리로 남쪽으로 40리는 서산군

(瑞山郡)소속이고, 북쪽으로 20리는 홍주(洪州)소속이다. 태안(泰安)은 예전에 태안군(泰安郡)의 관리가 감영에 의견을 내어 바다와 육지가 연결되는 곳을 뚫어서 하나의 섬이 되게 하였고 지금의 이름은 굴포도(掘浦島)라고 한다. 크고 작은 산봉우리들이 계곡과 골자기에 둘러 쌓여 있는 곳이 심히 많으면, 바닷물이 들어왔다 나가는 곳의 경치가 심히 아름답고, 금모래가 있고 석웅(石雄)과 황청색의 마름이 나며 어민들의 호수(戶數)가 수천이다. 남북으로 배가 다닐 때에는 반드시 이 곶(串)으로 다녀야하는데, 남쪽은 요아량(要兒梁)이고, 동쪽에는 원산도(元山島)가 있고, 남쪽으로는 효죽도(殽竹島)와 마주보고 있으며, 곶(串) 가운데는 신서리(新嶼里)의 중장(中場) 의전(衣店)등이 있다. 고려 때부터 지금까지 궁궐이나 배를 만드는 재료는 모두 이 곳에서 채취한다. ○서산군(瑞山郡)의 봉산(封山)이 51곳이다〉

「도서」(島嶼)

웅도(熊島)

금도(金島)

초혼도(招魂島)

저도(楮島)〈모두 읍치로부터 서북쪽 30리의 바다 가운데에 있는 환약만한 작은 섬들이다〉

나배도(羅拜島)

두지도(豆知島)〈두 섬은 읍치로부터 남쪽 바다 가운데 있다〉

『성지』(城池)

읍성(邑城)〈둘레가 2,717척(尺)이고, 우물이 3곳이며, 서쪽에 작은 시내가 있어 성내로 흘러 들어온다〉

지곡고성(地谷古城)〈성의 둘레가 1,027척(尺)이다〉

북산고성(北山古城)〈읍치로부터 북쪽으로 3리에 있고, 성의 둘레가 1,680척(尺)이고 우물이 3곳이다〉

『진보』(鎭堡)

평신진(平薪鎭)〈옛날에 조립부곡(助立部曲)이며, 지금의 대산곶(大山串)이다. 읍치로부터 북쪽으로 60리에 있다. 대산곶(大山串)의 끄트머리에 90리의 평평한 언덕이 있는데, 그 한 갈래가 바다 속으로 들어간다. 둘레가 100여 리이다. 파지포만호(波知浦萬戶)를 이곳으로 옮겨

첨사(僉使)를 승격시켰다. 정조 갑인년(1794)에 독진(獨鎭)이 되었다.○수군첨절제사 겸 총리관둔아병파총(摠理管屯牙兵把摠)이 한 사람이다.○목장이 있는데, 둘레가 20여 리이다. 정조 갑인년(1794)에 목장을 파함으로써 따라서 첨사겸감물관(僉使兼監物官)을 없앴다〉

『혁폐』(革廢)

파진포진(波知浦鎭)〈읍치로부터 북쪽 38리에 있다. 중종 11년(1516)에 성을 쌓았는데 1,337척(尺)이고 우물이 하나이고, 만호가 있었다. 후에 평신진(平薪鎭)에 합쳤다〉

고파지도수(古波知島戍)〈파지도만호(波知島萬戶)가 군사를 나누어서 지켰었다〉

요아량수(要兒梁戍)〈안면곶(安眠串)의 남쪽 갈래가 바다로 들어가는 곳에 있다. 수군절도사가 군사를 나누어 지켰었다〉

『봉수』(烽燧)

도비산 (都飛山)

북산(北山)

『창고』(倉庫)

읍창(邑倉)

해창(海倉)〈왜현포(倭縣浦)에 있다〉

해창(海倉)〈성연면(聖淵面)의 명천(鳴川)에 있다. 고려시대 영풍창(永豊倉)의 옛터이다〉

『역참』(驛站)

풍전역(豊田驛)〈읍치로부터 서쪽으로 6리에 있다. 정종 2년(1400)에 다시 설치했으며, 해미현(海美縣)의 득웅역(得熊驛)을 폐지하고 이 역과 합쳤다〉

『교량』(橋梁)

홍인교(興仁橋)〈읍치로부터 서쪽으로 20리에 있는데, 태안(泰安)가는 대로상에 있다〉

대교(大橋)〈읍치로부터 동쪽으로 20리에 있고, 해미(海美)로 가는 대로상에 있다〉

『토산』(土産)

모시[저(苧)]·철(鐵)·감[시(柹)]·대나무[죽(竹)]·어물(魚物) 10여 종·소금·새우[하(鰕)]·조개[합(蛤)] 등 잡물(雜物)

『장시』(場市)

읍내장날은 2·4·7·9일인데 한 달에 12번 열린다. 취오개(翠五介)장날은 1일과 6일이다. 방길(方吉)장날은 5일과 10일이다. 평촌(坪村)장날은 3일과 8일이다. 장문(場門)장날은 1일과 6일이다.

『사원』(祠院)

성암서원(聖岩書院)〈숙종 을해년(1695)에 세웠고, 경종 신축년(1721)에 사액되었다〉

유숙(柳淑)〈자(字)는 순부(順夫)이고, 호(號)는 사암(思庵)이며, 본관(本貫)은 서산(瑞山)이다. 공민왕 무신년(1368)에 신돈(辛旽)에게 해를 입었다. 관직은 찬성(贊成) 예문제학(藝文提學) 서령군(瑞寧君)이르렀으며, 시호는 문희(文僖)이다〉

김홍욱〈자는 문숙(文叔)이고, 호는 학주(鶴州)이며, 본관은 경주(慶州)이고, 효종 갑오년(1654)에 화를 입었다. 관직은 황해감사(黃海監司)에 이르렀으며, 증직으로 이조판서(吏曹判書)이며, 시호는 문정(文貞)이다〉

『전고』(典故)

고려 공민왕 원년(1352)에 서주(瑞州) 방호소(防護所)에서 왜선 1척을 포획하여 섬멸하였다. 우왕 원년(1375), 동왕 4년(1378), 7년(1381)에 왜구가 서주(瑞州)로 쳐들어왔다.

○조선 단종 즉위년(1452)에 서산(瑞山)에 성을 쌓는 일을 중지하였다.

17. 태안군(泰安郡)

『연혁』(沿革)

본래 백제의 성대혜(省大兮)인데 신라 경덕왕 16년(757)에 소태(蘇泰)로 고쳤고, 부성군

(富城郡)의 영현(領縣)이 되었다. 고려 현종(顯宗) 9년(1018)에 홍주(洪州)에 소속되었다. 충열왕(忠烈王) 때에 지태안군사(知泰安郡事)로 승격되었다.〈태안현(泰安縣)의 환자(宦者)인 이대순(李大順)이 원나라에서 총애를 받았기 때문이다〉 공민왕(恭愍王) 22년(1373) 왜구의 화를 입었는데 심히 처참하여 군수가 서산군(瑞山郡)으로 임시 옮겨 거처하였다. 우왕(禑王) 9년(1383)에 또 다시 예산현(禮山縣)으로 옮겼다. 공양왕(恭讓王) 2년(1390)에 왜구의 피해가 조금 덜해지자 서산군(瑞山郡)의 순제성(蓴堤城)으로 돌아와 보존하였다. 조선 초에 순성진녕지군절제사(蓴城鎭令知郡節制事)라고 불렀다. 태종(太宗) 16년(1416)에 옛 읍치로 돌아갔다. 세조(世祖) 12년(1466)에 군수로 고쳤다.

【철종 3년(1852) 방어사(防禦使)로 고쳤다】

「관원」(官員)

군수 1인이다.〈홍주진관병마동첨절제사(洪州鎭管兵馬同僉節制事)를 겸하였다〉

『방면』(坊面)

군내면(郡內面)〈읍치로부터 5리에서 시작하여 20리에서 끝났다〉

동일도면(東一導面)〈읍치로부터 남쪽 15리에서 시작하여 30리에서 끝났다〉

동이도면(東二導面)〈읍치로부터 동쪽 12리에서 시작하여 20리에서 끝났다〉

남면(南面)〈읍치로부터 20리에서 시작하여 60리에서 끝났나〉

근서면(近西面)〈읍치로부터 서남쪽 10리에서 시작하여 40리에서 끝났다〉

원일도면(遠一導面)〈읍치로부터 서쪽 10리에서 시작하여 20리에서 끝났다〉

원이도면(遠二導面)〈읍치로부터 서쪽 20리에서 시작하여 40리에서 끝났다〉

북일도면(北一導面)〈읍치로부터 시작하여 70리에서 끝났다〉

북이도면(北二導面)〈읍치로부터 시작하여 40리에서 끝났다〉

【복평향(福平鄕)이 읍치로부터 서쪽으로 15리에 있다】

【양골소(梁骨所)가 남쪽으로 13리에 있다】

【오산소(吳山所)가 남쪽으로 15리에 있다】

『산수』(山水)

백화산(白華山)〈읍치로부터 북쪽 3리에 있다. 사면이 모두 바위이다. 읍치로부터 북쪽 13

리에 또 백화산(白華山)이 있는데 역시 사면이 모두 바위이다. 두 산은 서로 닮았다〉

내산(奈山)〈읍치로부터 서쪽 23리에 있다〉

금골산(金骨山)〈읍치로부터 북쪽 13리에 있다〉

수철산(水銕山)〈읍치로부터 동쪽 10리에 있다〉

지영산(知靈山)〈읍치로부터 서쪽 25리에 있다〉

망산(望山)〈읍치로부터 남쪽 10리에 있다〉

두솔산(兜率山)

【의송산(宜松山)이 4곳이 있다】

【관평(官坪)이 읍치로부터 남쪽에 있다】

「영로」(嶺路)

석정치(石井峙)〈읍치로부터 남쪽 20리에 있다. 안면도로 들어가는 소로(小路)이다〉

○해(海)〈삼면이 모두 바다이고, 동쪽만 한 가닥의 갈로 연결되어 있다〉

남굴포(南掘浦)〈우측으로 안면도로 들어가는 한가닥의 갈이 육지와 연결되어 있었는데, 뒤에 바다로 들어가는 곳은 파서 섬이 되었다. 서산(瑞山)조에 자세하다〉【남굴포(南掘浦) 동쪽에 대암(大岩)이 있다】

동굴포(東掘浦)〈읍치에서 동쪽으로 12리에 있다. 서산과 경계이다. 남북 양변이 모두 바다인데 포구(浦口)를 끼고 있는 그 사이에 육지에 연결된 것이 10리도 안된다. 고려 인종 때에 안흥(安興)수로가 매우 험하여 정습명(鄭襲明)을 파견하여 장정 수천 명을 동원해서 팠지만 완성하지 못하였다. 뒤에 종실(宗室)이었던 왕강(王康)이 건의하기를 "태안과 서주 지역에 탄포(炭浦)가 있는데 남쪽을 따라 흘러가면 흥인교(興仁橋)까지 약 80여 리이고, 창포(倉浦)는 북쪽을 따라 흘러가면 순제성(蓴堤城) 아래까지 70리입니다. 두 포구 사이에 예전에 준설 한 곳이 있는데 많이 판 곳은 10여 리나 됩니다. 아직 파지 못한 것은 불과 7리밖에 안 됩니다. 만약에 굴착을 마쳐 바닷물을 써서 유통(流通)하게 한다면 매년 조운(漕運)을 안흥양(安興梁) 4백여 리의 험한 곳을 건너지 않아도 됩니다. 바라옵건데 7월에 역(役)을 시작하여 8월에 끝나게 하려 한다면 장정들을 징발(徵發)하여 준설토록 하십시오. 바위가 물밑에 있고 또 바다의 조수가 왕래하여 수시로 뚫리기도 하고 막히기도 하니 공사를 하기가 쉽지 않습니다." 이 일을 끝내 이루지 못하였다. 조선 세조 때 안철손(安哲孫)을 파견하여 시행하였으나 역시 완성시키지 못하였다.

부포(釜浦) 〈읍치로부터 서쪽 30리에 있다. 신라의 애장왕(哀莊王) 3년(802)에 부포의 물이 변하여 핏색이 되었다는데 바로 이 곳이다〉

개시포(開市浦)〈읍치로부터 북쪽 40리에 있다〉

창포(倉浦)〈읍치로부터 동쪽 10리에 있으며 서산과의 경계이다〉

【소근포(所斤浦), 독진포(禿津浦)가 있다】

대소산곶(大小山串)〈읍치로부터 서쪽 25리에 있다〉

이산곶(梨山串)〈읍치로부터 북쪽 40리에 있다〉

신곶(薪串)〈읍치로부터 30리에 있다〉

안면곶(安眠串)〈읍치로부터 남쪽 65리에 있다. 봉산(封山)이 20곳인데, 서산조에 상세하다〉

【만대곶(萬岱串)이 읍치로부터 북쪽 70리에 있다】

백사정(白沙汀)〈읍치로부터 서북쪽 30리에 있다. 바닷가 모래가 둘레가 10여 리인데 가운데 큰 연못이 있는데 순채가 난다. 못의 좌우에는 해당화(海棠花)가 흐드러지게 피어있다. 바닷바람을 막아주고 새 순은 나물 맛의 향이 심히 아름답다〉

안흥양(安興梁)〈읍치로부터 서쪽 35리에 있다. 안흥진(安興鎭)의 북쪽 3리인데 관장서(冠丈嶼)이다. 옛날에는 난행양(難行梁)라고 불렀다. 물밑에는 돌이 많으며 물 가운데 쌍둥이 바위가 조금 올라와 있어 배들이 두 바위 사이를 따라서 지나가야 하기 때문에 뱃길이 매우 위험하여 조운선(漕運船)들이 여러 번 실패하였다〉

「도서」(島嶼)

파도지도(波濤只島)〈소근포(所斤浦) 서쪽 바닷 가운데 있으며 섬의 길이는 30리이고 넓이는 4,5리이다. 안흥진(安興鎭)에서부터는 40리 떨어져 있다〉

방이도(防伊島)〈파도지도(波濤只島)의 북쪽에 있는 작은 섬 12개다. 한 줄로 배열되어 있어 마치 가야금의 기러기 발 같다. 대방도(大坊島), 여방도(呂坊島) 등의 섬이 있는데 심히 기이하고 특별하다〉

형제도(兄弟島)

갈항도(葛項島)

죽도(竹島)

미응개도(未應介島)

가의도(賈誼島)〈본래 가외도(加外島)이다〉

토도(兎島)

상산도(上山島)

굴도(屈島)

하초도(下草島)

옹부도(瓮浮島)

적점도(積岾島)

거아도(居兒島)

간음산도(間音山島)

나치도(羅治島)

독도(獨島)

흑도(黑島)

마도(馬島)〈송봉산(松封山)이 있다〉

삼봉도(三峰島)

마도(麻島)

경도(鏡島)〈경초(鏡草)가 있다〉

삼도(三島)

화사도(花似島)〈궁사도(弓射島)라고도 한다〉

병풍도(屛風島)

전횡도(田橫島)

황금도(黃金島)

만대서(萬岱嶼)

관문서(冠文嶼)

거문서(巨文嶼)

정족서(鼎足嶼)

은서(隱嶼)

분지초(分之草)〈이상의 여러 섬들은 만대곶(萬岱串)에서부터 안면곶(安眠串)에 이르기까지 별처럼 펼쳐져 있고, 바둑처럼 펼쳐져 있다. 혹은 크고, 혹은 작으며 멀기도 하고 가깝기도 하여 바라보면 마치 손자들 같다〉

【가오리도(加五里島)·황도(黃島)·이작도(伊作島)·청도(靑島)·물이도(勿伊島)·오도(梧島)·선갑도(仙甲島)·압희도(押喜島)가 있다】

【전죽도(箭竹島)〈화살대가 산출되는 섬/역자주〉 3곳이 있다】

【의송산(宜松山) 4곳이 있다】

【의송산(宜松山) 3곳이 있다】

『성지』(城池)

읍성(邑城)〈태종 17년(1417)에 쌓았다. 성의 둘에는 1561척(尺)이고 우물이 4개이다〉

백화산고성(白華山古城)〈성의 둘레가 2,042척(尺)이고 우물이 1개이다. ○성안에 태일전(太一殿)의 옛 터가 있다. 성종 10년(1479) 의성현(義城縣)으로부터 이 곳으로 태일전(太一殿)을 옮겨왔고 후에 폐지하였다〉

『진보』(鎭堡)

소근포진(所斤浦鎭)〈후근이포진(朽斤伊浦鎭)이라고도 한다. 읍치로부터 서쪽 30리에 있다. 중종(中宗) 9년(1514)에 성을 쌓았는데 둘레가 2,165척(尺)이고 우물이 1개 있다. ○수군첨절제사(水軍僉節制使) 1인이다〉

안흥진(安興鎭)〈읍치로부터 서쪽으로 40리에 있다. 안흥양수(安興梁戍)와 소근포(所斤浦)는 첨사(僉使)가 군사를 나누어 지킨다. 효종(孝宗) 4년(1653)에 화정도(花亭島)로 옮겨 설치하였고, 동왕(同王) 6년(1655)에 그 지방사람 김석견(金石堅)이 진(鎭)을 세울 것을 청하여 설치하였다. 성의 둘레가 3,621척(尺)이다. 현종(顯宗) 10년(1669)에 본진(本陣)으로 환원(還元)시켰다. 제승루(制勝樓), 대변정(待變亭), 태국사(泰國寺)가 있고, 창고 3개가 있다. ○수군첨절제사(水軍僉節制使) 1인을 두었다〉

○순성진(蓴城鎭)〈읍치로부터 동쪽 14리에 있다. 공양왕(恭讓王) 2년(1390)에 순제(蓴堤)로 환원시켜 바다로 침입(侵入)하는 도적들을 막도록 하였다. 태종(太宗) 17년(1417)에 옛 치소(治所)로 환원시키고, 본진(本陣)을 폐지하였다. 성의 둘레가 1,353척(尺)이다〉

【속칭 고태안(古泰安)이라 한다】

『봉수』(烽燧)

백화산(白華山)〈옛 성내에 있다〉

『창고』(倉庫)

읍창(邑倉)

해창(海倉)〈읍치로부터 북쪽 10리의 바다 입구에 있다〉

『역참』(驛站)

하천역(下川驛)〈읍치로부터 동쪽 12리에 있다〉

『목장』(牧場)

이산곶장(梨山串場)

○지령산곶(知靈山串), 대소산곶(大小山串), 신곶(薪串)〈세 곳은 폐지하였다〉

『토산』(土産)

어물이 10여 종과 해삼(海蔘)·감곽(甘藿)·김[해의(海衣)]·황각(黃角)·세모(細毛)·소금·감[시(柿)]·대나무

『장시』(場市)

읍내장날은 3·5·8·10일로 한 달에 12번 열린다.

『누정』(樓亭)

경이정(憬夷亭)이 있다.

『전고』(典故)

고려 공민왕 22년(1373)에 왜구가 태안을 함락(陷落)하였다. 우왕 4년(1378)에 왜구가 태안을 침입하였다.〈고려 말에 왜구가 태안군을 크게 침입하여 왜구 왕래(往來)의 요충(要衝)이라 경계를 온통 가시나무와 개암나무로 심어 놓았다. 조선 태종 16년(1416)에 행차하여 강무

(講武)를 행하였고, 옛 읍치를 환원시키도록 하였으며 성을 쌓았다〉

18. 서천군(舒川郡)

『연혁』(沿革)

본래 백제의 설림(舌林)인데, 신라에서 설리정(舌利停)을 설치하였다. 경덕왕 16년(757)에 서림군(西林郡)으로 개칭〈영현(領縣)이 2인데, 남포(藍浦), 비인(庇仁)이다〉하고, 웅주(熊州)에 예속시켰다. 고려 현종 9년(1018)에 가림현(嘉林縣)에 소속되고, 후에 감무(監務)를 두었다. 충숙왕 원년(1314)에 지서주사(知西州事)로 승격되었다.〈고을 사람 이언충(李彦忠)이 충선왕에게 공로가 있었기 때문이다〉 조선 태종 13년(1413)에 서천군(舒川郡)으로 개칭하였다.

「읍호」(邑號)

서천(舒川)

남양(南陽)

「관원」(官員)

군수가 1인이다.〈홍주진관병마동첨절제사를 겸임하였다〉

『방면』(坊面)

관곡면(關谷面)〈읍치로부터 시작하여 동쪽으로 3리에서 끝난다〉

동부면(東部面)〈읍치로부터 7리에서 시작하여 15리에서 끝난다〉

서부면(西部面)〈읍치로부터 10리에서 시작하여 15리에서 끝난다〉

남부면(南部面)〈읍치로부터 10리에서 시작하여 30리에서 끝난다〉

마길면(馬吉面)〈읍치로부터 남쪽으로 15리에서 시작하여 20리에서 끝난다〉

문장면(文長面)〈읍치로부터 북쪽으로 15리에서 시작하여 20리에서 끝난다〉

장항면(獐項面)〈읍치로부터 서쪽으로 7리에서 시작하여 15리에서 끝난다〉

판산면(板山面)〈읍치로부터 동쪽으로 10리에서 시작하여 15리에서 끝난다〉

초처면(草處面)〈읍치로부터 북쪽으로 10리에서 시작하여 15리에서 끝난다〉

두산동면(豆山東面)〈읍치로부터 북쪽으로 20리에서 시작하여 30리에서 끝난다〉

【문조향(文照鄕)이 읍치로부터 동쪽으로 21리에 있다】

【임술소(林述所)가 읍치로부터 북쪽으로 14리에 있는데 지금 장항촌(獐項村)이다】

『산수』(山水)

오산(烏山)〈군의 북쪽성이 그 위로 이어져 있다〉

운은산(雲銀山)〈읍치로부터 남쪽 7리에 있다〉

영취산(靈鷲山)〈읍치로부터 남쪽 6리에 있다〉

천방산(千方山)〈읍치로부터 동쪽 20리에 있다〉

부소산(扶蘇山)〈읍치로부터 북쪽 30리에 있으며, 비인(庇仁)과 경계하고 있다〉

봉림산(鳳林山)〈읍치로부터 동북쪽 20리에 있으며, 대수산(大藪山)이라고도 한다〉

【의송산(宜松山)이 5곳 있다】

「영로」(嶺路)

저령(猪嶺)〈읍치로부터 북쪽으로 40리에 있는데, 홍산(鴻山)과 경계하고 있다〉

금복현(金福縣)〈읍치로부터 북쪽으로 20리에 있는데, 홍산(鴻山)으로 가는 길목이다〉

부소치(扶蘇峙)〈비인(庇仁)으로 가는 길목이다〉

○해(海)〈읍치로부터 서쪽으로 15리에 있다〉

장교천(長橋川)〈수원(水源)이 부소산(扶蘇山)에서 시작하여, 비인(庇仁)을 경유하여, 남쪽으로 흘러, 군의 서쪽 5리를 지내 바다로 들어간다〉

박포(泊浦)〈읍치로부터 남쪽 10리에 있다. 장교천(長橋川)으로부터 도랑을 파서 동쪽으로 흘러 군의 남쪽을 지나 길산포(吉山浦)로 흐른다. 관개(灌漑)하는 곳이 심히 넓어 사람들이 수보(受洑)라고 칭한다〉

길산포(吉山浦)〈읍치로부터 동쪽으로 13리에 있는데, 수원(水源)이 저령(猪嶺) 남쪽에서 시작하여 진포(鎭浦)로 들어간다〉

아포(芽浦)〈읍치로부터 동남쪽으로 15리에 있는데, 길산포(吉山浦)가 진포(鎭浦)로 들어가는 곳이다. 한산(韓山)조를 보라〉

진포(鎭浦)〈읍치로부터 남쪽으로 25리에 있는데, 백마강(白馬江)이 바다로 들어가는 입구에 있다. 예전에는 장암진(長岩津)이 있어서 진포(鎭浦)라고 불렀다. 임천(林川), 한산(韓山)이하에서는 통칭으로 부르는 이름이다. 포의 이남은 전라도 땅이다〉

백사정(白沙汀)〈읍치로부터 서남쪽 13리의 바닷가에 있다〉

「도서」(島嶼)

가야소도(伽倻所島)

아항도(牙項島)

장도(獐島)

죽도(竹島)〈전죽(箭竹)이 생산된다〉

노항도(蘆項島)〈위의 섬들은 모두 서해에 있다〉

【전죽도(箭竹島)가 1곳 있다】

【가야소도(加耶所島)가 있다】

『성지』(城池)

읍성(邑城)〈성의 둘레가 3,525척(尺)이고, 샘이 5군데, 연못이 2곳이고, 치성(雉城)이 27곳이며, 동문·남문이 있다〉

고읍성(古邑城)〈영취산(靈鷲山)의 목덜미에 있다. 성의 둘레가 1,545척(尺)이고, 우물이 1개 있다. 세종시대에 그 땅이 기울고 험해서 지금의 읍치로 옮기었다. 그 남쪽에 옛 읍터가 있는데, 토성(土城)의 유지(遺址)가 있다〉

『진보』(鎭堡)

서천포진(舒川浦鎭)〈읍치의 서남쪽 35리에 있다. 본래 고려의 장암진(長岩鎭)이었는데, 중종 9년(1514)에 진을 설치하고 성을 쌓았다. 그 성의 둘레가 1,311척(尺)이다. ○수군 만호 1인이 있다〉

【전죽도(箭竹島)가 2곳 있다】

『봉수』(烽燧)

운은산(雲銀山)

『창고』(倉庫)

읍창(邑倉)

해창(海倉)〈읍치로부터 서쪽 10리에 있다〉

『역참』(驛站)

두곡역(豆谷驛)〈읍치로부터 남쪽으로 10리에 있다〉

『진도』(津渡)

용당진(龍堂津)〈읍치로부터 남쪽으로 25리에 있다. 옛날에는 장암진(長岩津)이라고 불렀는데, 옥구현(沃溝縣)과 통했다. 진의 서남쪽으로부터 고군산진(古群山鎭)에 이르기까지 100리인데, 남쪽으로 군산진(群山鎭)이 10리이고, 서북쪽으로 마량진(馬梁鎭)이 30리이다. 이상은 모두 바닷길로써 가야소도(伽倻所島)와 전라도의 오죽도(烏竹島)가 앞에 있다〉

『교량』(橋梁)

장교(長橋)〈읍치로부터 서쪽으로 5리에 있다〉

길산포교(吉山浦橋)〈돌로 만들었으며, 한산대로(韓山大路)로 통한다〉

『토산』(土産)

어물(魚物)·전복[복(鰒)]·조개[합(蛤)] 등 20여 종과, 모시[저(苧)]·대나무[죽(竹)]·감[시(柿)]·김[해의(海衣)]·황각(黃角)

『장시』(場市)

읍내장날은 2일과 7일이다. 길산(吉山)장날은 4일과 9일이다. 대조(大棗)장날은 5일과 10일이다.

『단유』(壇壝)

용당진단(龍堂津壇)〈읍치로부터 남쪽으로 24리에 있다. 고려시대에는 웅진명소단(熊津溟所壇)이라고 불렀다. 소사(小祀)로 기록되어있고, 조선시대에는 서천군에 명하여 봄·가을로 제사지내게 하였다〉

○상조음거서(上助音居西)〈신라의 사전(祀典)에는 서림군(西林郡)에 있다고 되어있고, 명

산(名山)으로써 소사(小祀)에 기록되어 있는데, 지금을 알 수가 없다〉

『사원』(祠院)

건암서원(建岩書院)〈현종 임인년(1662)에 세워졌고, 숙종 계미년(1703)에 사액되었다〉

이산보(李山甫)〈자는 중거(仲擧)이고, 호는 명곡(鳴谷)이고, 본관은 한산(韓山)이다. 관직은 이조판서까지 올랐으며, 영의정 한산부원군(韓山府院君)에 증직되었다. 시호는 충간(忠簡)이다〉

조헌(趙憲)〈김포(金浦)조를 보라〉

조수륜(趙守倫)〈자는 경지(景止)이고, 호는 풍옥헌(風玉軒)이며, 본관은 한양(漢陽)이고, 광해군 임자년(1612)에 화를 입었다. 관직은 호조좌랑에 올랐으며, 병조참판에 증직되었다〉

조속(趙涑)〈광주조를 보라〉

『전고』(典故)

고려 원종 4년(1263)에 일본 관선(官船)인 여진(如眞) 등이 장차 송나라에 가려고 했는데, 바람을 만나 표류하여, 중과 민간인등 230명이 가야소도(伽倻所島)에 정박하였고, 260인은 군산도(群山島)와 추자도(楸子島)에 도착하였다. 동왕 14년(1273)에 삼별초에 연루되어, 〈강화(江華)조를 보라〉 서해도(西海道) 전선(戰船) 20척이 가야소도(伽倻所島)에 이르렀는데, 대풍을 만나 크게 패하였다. 경상도 전선 27척도 크게 패하였다. 공민왕 9년(1360)에 왜구들을 잡도록 명하여, 김휘남(金暉南)으로 하여금 왜군들을 막게 하였으나, 싸우지 못하고 물러났다. 드디어 서강(西江)으로 돌아와 여러 장수들이 왜구와 더불어 싸울 것을 청하여 착양(窄梁), 안흥(安興), 장암(長岩) 등에서 적선 1척을 포획했다. 동왕 12년(1363)에 양광도도순문사(楊廣道都巡問使) 이순(李珣)이 장암(長岩)으로 싸우러 나갔다. 우왕 2년(1376)에는 왜구가 진포(鎭浦)로 쳐들어왔다.

동왕 4년(1378), 6년(1380)에 왜구가 서주에 쳐들어오므로 나세(羅世), 심덕부(沈德符), 최무선(崔茂宣) 등이 진포(鎭浦)에서 왜구를 격파하여 이기고, 포로로 잡힌 자 234명을 빼앗았다. 동왕 13년(1387)에 왜구가 서주로 쳐들어왔고, 동왕 14년(1388)에는 왜구의 80여 척이 진포(鎭浦)에 정박하여 인근의 주군(州郡)을 노략질하였다.

19. 온양군(溫陽縣)

『연혁』(沿革)

본래 백제의 탕정(湯井)인데, 신라 문무왕 11년(671)에 탕정주(湯井州)로 승격되었고, 총관(摠管)을 두었으며, 탕정정(湯井停)이라고 불렀다. 경덕왕 16년(757)에 탕정군(湯井郡)〈영현(領縣)은 음봉(陰峰), 신양(新梁), 평택(平澤)이다〉으로 강등되어서, 웅주(熊州)에 예속되었다.

고려 태조 23년(940)에 온수(溫水)로 개칭되었다. 고려 현종 9년(1018)에 천안군(天安郡)에 소속되었다. 고려 명종 2년(1172)에 감무(監務)를 두었다.

조선 태종 14년(1414)에 신창(新昌)에 합쳐져 온창(溫昌)이라고 불렀다. 동왕 16년(1416)에 두 현을 나누어 온수현감(溫水縣監)을 두었다. 세종 24년(1442)에 왕이 온천에 행행(行幸)하고 온양군(溫陽郡)으로 승격되었다.

「관원」(官員)

군수 1인이다.〈홍주진관병마동첨절제사를 겸했다〉

『방면』(坊面)

읍내면(邑內面)〈읍치로부터 시작하여 5리에서 끝난다〉

동면(東面)〈읍치로부터 5리에서 시작하여 20리에서 끝난다〉

서면(西面)〈읍치로부터 시작하여 10리에서 끝난다〉

남군내면(南郡內面)〈읍치로부터 5리에서 시작하여 10리에서 끝난다〉

남상면(南上面)〈읍치로부터 15리에서 시작하여 20리에서 끝난다〉

남하면(南下面)〈읍치로부터 5리에서 시작하여 15리에서 끝난다〉

일북면(一北面)〈읍치로부터 동북쪽으로 10리에서 시작하여 20리에서 끝난다〉

이북면(二北面)〈읍치로부터 5리에서 시작하여 10리에서 끝난다〉

【개흥부곡(開興部曲)은 읍치로부터 서쪽으로 14리이다】

【상곡부곡(上谷部曲)은 읍치로부터 남쪽으로 13리이다】

【목촌부곡(木村部曲)은 읍치로부터 동쪽으로 10리이다】

【임산부곡(林山部曲)은 읍치로부터 남쪽으로 12리이다】

【독촌부곡(禿村部曲)은 읍치로부터 북쪽으로 10리이다】

【난산부곡(卵山部曲)은 읍치로부터 동쪽으로 20리이다】

『산수』(山水)

연산(燕山)〈읍치로부터 북쪽으로 2리에 있다〉

배방산(排方山)〈읍치로부터 동쪽으로 8리에 있다. 산꼭대기에 4개의 봉우리가 나란히 솟아있어 매우 기이하다. 민간에서는 과안봉(過雁峰)이라고 부른다〉

설아산(雪峨山)〈서달산(西達山)이라고도 부르며, 읍치로부터 남쪽으로 8리에 있다. 바위로 된 봉우리가 우뚝 솟아 높고 준수하다〉

송악산(松岳山)〈읍치로부터 서남쪽으로 30리에 있으며, 예산(禮山)과 경계하고 있다〉

광덕산(廣德山)〈읍치로부터 동남쪽으로 15리에 있으며, 천안(天安)의 태화산(泰華山)의 서쪽 갈래이다〉

백운산(白雲山)〈설아산(雪峨山)의 남쪽 갈래이며, 공주(公州)와 경계하고 있다〉

「영로」(嶺路)

각흘치(角屹峙)〈읍치로부터 남쪽으로 30리에 있으며, 공주(公州)의 유구역(維鳩驛)과 통한다〉

금곡치(金谷峙)〈읍치로부터 동남쪽으로 10리에 있으며, 천안(天安)의 풍세(豐歲)와 공주(公州)의 궁원(弓院)쪽으로 통한다〉

갈현(葛峴)〈광덕산(廣德山)의 남쪽 지맥이며, 공주(公州)의 마곡(麻谷)쪽으로 통한다〉

소솔치(小率峙)〈읍치로부터 서남쪽으로 20리에 있으며, 예산(禮山)과 경계하고 있다〉

【광현(廣峴)이 있다】

○포천(布川)〈읍치로부터 동쪽으로 15리에 있으며, 공주의 차령(車嶺)과 쌍령(雙嶺)에서 수원(水源)이 시작하여 북쪽으로 흘러, 천안(天安)의 풍세(豐歲)를 경유한다. 또, 서쪽으로 흘러, 포천(布川)과 봉천(烽川)이 되고, 좌측으로 꺾여 기천(岐川)을 지나 차륜탄(車輪灘)이 된다. 신창(新昌)조를 보라〉

기천(岐川)〈가리천(加里川)이라고도 한다. 각흘치(角屹峙), 광현(廣峴), 소솔치(小率峙)에서 수원(水源)이 시작하여 북쪽으로 흘러, 시흥역(時興驛)을 지나서 군의 동북쪽을 돌아서 봉천(烽川)으로 들어간다〉

봉천(烽川)〈읍치로부터 동북쪽으로 10리에 있으며, 포천(布川)의 하류이다〉

온천(溫泉)〈읍치로부터 서북쪽으로 7리에 있으며, 수원(水源)이 많고, 심히 뜨거워 병을 치료하는 데 효과가 있다〉

『성지』(城池)

탕정고성(湯井古城)〈배방산(排方山)에 있으며, 성의 둘레가 3,513척(尺)이고, 우물이 2개이다〉

『역참』(驛站)

시흥역(時興驛)〈읍치로부터 남쪽으로 8리에 있으며, 예전에는 리흥(理興)이라고 불렀고, 역승(驛丞)이 있다. 조선에 들어와서는 역승이 찰방(察訪)으로 승격되었고, 금정도(金井道)로 옮겼다〉

『토산』(土産)

칠(漆)·감·대추

『장시』(場市)

읍내장날은 1일과 6일이다. 입석장날은 2일과 7일이다.

『궁실』(宮室)

온천행궁(溫泉行宮)〈온천(溫泉)에 있으며, 역대 왕들이 이곳에 와서 머물렀다〉

『전고』(典故)

백제 온조왕 36년(18)에 탕정성(湯井城)을 쌓았고, 대두성(大豆城)의 백성들을 나누어 살게 하였다. ○고려 태조 10년(927)에 탕정군(湯井郡)에 행행(行幸)하고 유금필(庾黔弼)에게 명하여 성을 쌓았다. 고려 문종 36년(1082)에 온수군(溫水郡)에 행행(行幸)하였다.〈9월에 남쪽으로 순행(巡幸)하고 10월에 개경으로 돌아왔다〉 고려 고종 23년(1236)에 몽고군이 온수군(溫水郡)을 포위하자, 군리(郡吏)였던 현려(玄呂) 등이 성문을 열고 나아가 싸웠으나 크게 패하였다. 2사람의 목을 베었다. 화살과 돌에 맞아 죽은 자가 200여 명이고, 노획(虜獲)한 무기가 매우 많았다. 동왕 43년(1256)에 장군 이천(李阡)이 몽고병과 더불어 온수현(溫水縣)에서 싸워서, 수십명의 목을 베고, 포로로 잡힌 남녀 100여 명을 빼앗았다. 우왕 3년(1377), 4년(1378)에 왜구가 온수현(溫水縣)에 쳐들어왔다. ○조선 태조 2년(1393)에 온천(溫泉)에 행행(行幸)하였다. 세종 24년(1442)에 온천(溫泉)에 행행하였다. 세조 9년(1463)에 임금이 보은(報恩)의 속리산(俗離山)으로부터 온양(溫陽)으로 행행하였을때, 신정(神井)〈온천(溫泉)곁에 있다〉이 솟아올라 그 찬 기운이 얼음 같았고, 맛은 달고, 톡 쏘았다. 팔도(八道)에서 표(表)를 올려 하례(賀禮)하였고, 왕비〈정희왕후(貞熹王后)〉, 왕세자(예종대왕(睿宗大王))이 수행하였었다. 동왕 13년(1467)에 온천(溫泉)에 행행하였다. 성종 14년(1483)에 정희대왕대비(貞熹大王大妃)가 온천에 행행하였고, 두 대비〈덕종왕비(德宗王妃)인 소혜왕후(昭惠王后) 한씨(韓氏)와 예종(睿宗)의 왕비인 안순왕후(安順王后) 한씨(韓氏)였다〉가 수행하였다. 대왕대비는 행궁(行宮)에서 돌아가셨다. 현종 6년(1665)에 온천에 행행하였다. 동왕 7년(1666)에는 왕이 왕대비〈효종왕비(孝宗王妃)인 인선왕후(仁宣王后) 장씨(張氏)〉를 모시고 온천에 행행하였다. 동왕 8년(1667)에 온천에 행행하였다. 동왕 9년(1668)에도 온천에 행행하였다. 동왕 10년(1669)에는 왕대비를 모시고 온천에 행행하였다. 왕비〈명성왕후(明聖王后) 김씨(金氏)〉와 네 공주〈대비가 낳은 공주들〉가 수행하였다. 숙종 43년(1717)에 온천에 행행하였다. 영조 26년(1750)에 온천에 행행하였다. 동왕 36년(1760)에 장헌세자(莊獻世子)가 온천에 행행하였다.

20. 대흥군(大興郡)

『연혁』(沿革)

본래 백제의 지삼촌(只彡村)이었는데, 당나라가 지심(支潯)이라고 고치고 지심주(支潯州)의 영현(領縣)이 되었다. 신라 경덕왕 16년(757)에 임성군(任城郡)〈영현(領縣)이 2인데, 청정(靑正), 고산(孤山)〉이라고 고치고 웅주(熊州)에 예속되었다. 고려 태조 23년(940)에 대흥(大興)이라고 고치고, 고려 현종 9년(1018)에 홍주(洪州)에 소속되었으며, 고려 명종 2년(1172)에 감무(監務)를 두었다. 조선 태종 13년(1413)에 현감이라고 고쳤다. 숙종 7년(1681)에 현종의 태실(胎室)을 묻었으므로 군으로 승격되었다.

「읍호」(邑號)

금주(今州)

「관원」(官員)

군수가 1인이다.〈홍주진관병마동첨절제사를 겸했다〉

『방면』(坊面)

읍내면(邑內面)〈읍치로부터 시작하여 7리에서 끝난다〉

일남면(一南面)〈읍치로부터 7리에서 시작하여 20리에서 끝난다〉

이남면(二南面)〈읍치로부터 6리에서 시작하여 20리에서 끝난다〉

거변면(居邊面)〈읍치로부터 동쪽으로 17리에서 시작하여 30리에서 끝난다〉

근동면(近東面)〈읍치로부터 7리에서 시작하여 20리에서 끝난다〉

원동면(遠東面)〈읍치로부터 10리에서 시작하여 25리에서 끝난다〉

내북면(內北面)〈읍치로부터 10리에서 시작하여 19리에서 끝난다〉

외북면(外北面)〈읍치로부터 서북쪽으로 10리에서 시작하여 20리에서 끝난다〉

『산수』(山水)

봉수산(鳳首山)〈읍치로부터 서쪽으로 5리에 있다〉

사자산(獅子山)〈읍치로부터 동쪽으로 21리에 있는데, 청양(靑陽)과 경계이다〉

백월산(白月山)〈읍치로부터 서남쪽으로 20리에 있는데, 홍주(洪州), 청양(靑陽), 대흥(大興)과의 경계이며, 바둑판처럼 걸쳐있는 바위가 매우 넓다〉

금롱산(金籠山)〈읍치로부터 남쪽으로 16리에 있다〉

당산(堂山)〈읍치로부터 동쪽으로 20리에 있다〉

박산(朴山)〈읍치로부터 동쪽으로 12리에 있다〉

가차산(加次山)〈읍치로부터 동북쪽으로 11리에 있다〉

송림산(松林山)〈읍치로부터 동쪽으로 19리에 있다〉

「영로」(嶺路)

비도현(飛到峴)〈읍치로부터 동쪽으로 14리에 있다〉

차유령(車踰嶺)〈읍치로부터 동쪽으로 30리에 있으며, 홍주(洪州)등의 10여 개 읍과 통하

며, 공주(公州)로 가는 대로가 있다〉

○내천(奈川)〈수원(水源)이 백월산(白月山)에서 시작하여, 북쪽으로 흘러, 군의 동쪽에 이르러서 내천(奈川)이 되고, 그 아래에는 경결천(京結川)이 되고, 죽천천(竹遷川), 달천(達川), 격양천(擊壤川) 등과 만나 예산(禮山)의 서쪽에 이르러 무근성천(無根城川)이 된다〉

죽천천(竹遷川)〈읍치로부터 동쪽으로 17리에 있으며, 수원(水源)이 사자산(獅子山)에서 시작하며, 굽이굽이 돌아서 북으로 흐른다〉

달천(達川)〈죽천천(竹遷川)의 하류이다〉

격양천(擊壤川)〈읍치에서 동쪽으로 15리에 있으며, 수원(水源)이 예산(禮山)의 납운치(納雲峙)에서 시작하여, 남쪽으로 흘러 달천(達川)과 합쳐진다〉

『성지』(城池)

읍성(邑城)〈성의 둘레가 1,115척(尺)이고 우물이 3개 있다〉

임존성(任存城)〈봉수산(鳳首山)에 있으며, 성의 둘레가 5,194척(尺)이고, 우물이 3개있다. ○백제의 고복신(高福信)과 흑치상지(黑齒常之)가 당나라의 유인궤(劉仁軌)와 맞서서 여기서 싸웠다〉

『창고』(倉庫)

읍창(邑倉)

해창(海倉)〈예산(禮山)의 신예원(新禮院)의 북쪽, 호두포(狐頭浦)에 있다〉

『역참』(驛站)

광시역(光時驛)〈읍치에서 남쪽으로 19리에 있다〉

『장시』(場市)

읍내장날은 2일과 7일이다. 광시(光時)장날은 5일과 10일이다. 신양(新陽)장날은 4일과 9일이다.

『사원』(祠院)

소도독사(蘇都督祠)〈대금도(大芩島)에 있으며, 고려시대부터 봄·가을로 나라에서 향축(香祝)을 내려 제사를 지냈다〉

소정방(蘇定方)〈당나라 고종때 사람으로 백제를 멸망시켰다〉을 모셨다.

『전고』(典故)

신라 무열왕 7년(660)에 백제의 옛 신하였던 좌평(佐平) 정무(正武)가 무리를 모아 두시원(豆尸院)〈어딘지 모른다〉에서 당나라와 신라 사람들을 약탈하였다. 또, 임존성(任存城)에 대책(大柵)〈임존성은 공주목(公州牧)의 전고(典故)항에 자세하다〉을 공격하였으나 군대가 많고 땅이 험하여 이기지 못하고 단지 소책(小柵)만 공격하여 격파하였다.

○고려 태조 8년(925)에 유금필(庾黔弼)이 연산진(燕山鎭)〈문의(文義)〉으로부터 후백제의 임존성(任存城)을 공격하여 형적(刑積) 등 3,000명을 죽이거나 포로로 잡았다. 고려 고종 23년(1236)에 몽고가 대흥성(大興城)을 수일간 공격하였는데, 성중에서 성문을 열고 나가 싸워 대패시켰다. ○조선 선조 29년(1596)에 이몽학(李夢學)이 대흥(大興)을 함락시켰다.

21. 덕산군(德山郡)

『연혁』(沿革)

본래 백제의 마시산(馬尸山)인데, 신라 경덕왕 16년(757)에 이산군(伊山郡)〈영현(領縣)이 2인데, 금무(今武), 목우(目牛)〉으로 고쳐 웅주(熊州)에 예속시켰다. 고려 현종 9년(1018)에 홍주(洪州)에 소속되었고, 후에 감무(監務)를 두었다. 조선 태종 5년(1405)에 덕풍현(德豐縣)〈이산(伊山)은 사람이 적고 고을이 피폐하였기 때문이다〉과 합쳐 덕산(德山)이라고 고쳤다. 동왕 13년(1413)에 현감으로 고쳤다. 순조 28년(1828)에 군수로 승격되었다.〈고려 공민왕때 최영(崔瑩)이 도절제사영(都節制使營)을 이산현(伊山縣)에 설치할 것을 건의하였다. 조선 태종 2년(1402)에 병마절도사영(兵馬節度使營)이라 고쳤고, 동왕 16년(1416)에 태안군(泰安郡)에 행행하였을 때, 해미현(海美縣)으로 병영을 옮길 것을 명하였고, 그렇기 때문에 이산의 구영(舊營)은 덕산현의 치소(治所)가 되었다〉【헌종(憲宗)의 태를 봉안하였기 때문에 승격되었다】

「관원」(官員)

군수가 1인이다.〈홍주진관병마동첨절제사를 겸하였다〉

『고읍』(古邑)

덕풍(德豐)〈읍치로부터 북쪽으로 13리에 있다. 본래 백제의 금물(今勿)이었는데, 당나라가 기문(己汶)이라고 고쳐서 지심주(支潯州)의 영현(領縣)으로 삼았다. 신라 경덕왕 16년(757)에 금무(今武)라고 고치고 이산군(伊山郡)의 영현(領縣)이 되었다. 고려 태조 23년(940)에 덕풍(德豐)이라고 고쳤고, 고려 현종 9년(1018)에 홍주(洪州)에 소속되었으며, 고려 명종 5년(1175)에 감무(監務)를 두었다. 조선 태종 5년(1405)에 덕산(德山)에 소속되었다〉

『방면』(坊面)

현내면(縣內面)〈읍치로부터 시작하여 15리에 끝난다〉

나박소면(羅朴所面)〈예전에 내박소(乃朴所)이었는데, 읍치로부터 남쪽으로 15리에서 시작하여 20리에서 끝난다〉

대덕산면(大德山面)〈읍치로부터 남쪽 5리에서 시작하여 10리에서 끝난다〉

내야면(內也面)〈읍치로부터 북쪽으로 5리에서 시작하여 10리에서 끝난다〉

외야면(外也面)〈읍치로부터 북쪽으로 10리에서 시작하여 30리에서 끝난다〉

고현내면(古縣內面)〈읍치로부터 북쪽으로 10리에서 시작하여 15리에서 끝난다〉

대조지면(大鳥旨面)〈읍치로부터 동북쪽으로 5리에서 시작하여 10리에서 끝난다〉

장촌면(場村面)〈읍치로부터 동쪽으로 15리에서 시작하여 20리에서 끝난다〉

도용면(道用面)〈읍치로부터 동쪽으로 7리에서 시작하여 20리에서 끝난다〉

고산면(高山面)〈읍치로부터 동북쪽으로 15리에서 시작하여 20리에서 끝난다〉

거등면(居等面)〈읍치로부터 동쪽으로 20리에서 시작하여 25리에서 끝난다〉

비방곶면(非方串面)〈읍치로부터 동쪽으로 30리에서 시작하여 40리에서 끝난다. 홍주(洪州)의 합덕(合德) 동쪽 건너편에 있다〉

『산수』(山水)

가야산(伽倻山)〈읍치로부터 서쪽으로 10리에 있고, 해미(海美)와의 경계이다. 웅장하고 높고 크며 가야동(伽倻洞)의 용연(龍淵), 수렴동(水簾洞)의 암폭(岩瀑), 강당동(講堂洞)의 수석(水石)등이 있다. ○가야사(伽倻寺), 용연사(龍淵寺)가 있다〉

상왕산(象王山)〈가야산(伽倻山)의 북쪽 갈래이며, 해미(海美)와의 경계이다. 예전에 상왕사(象王寺)가 있었다〉

팔봉산(八峰山)〈읍치로부터 남쪽으로 10리에 있는데, 홍주(洪州)조를 참조하라〉

덕숭산(德崇山)〈읍치로부터 남쪽으로 12리에 있다. ○수덕사(修德寺)가 있다〉

대덕산(大德山)〈루산(樓山)이라고 부르며, 읍치로부터 남쪽으로 8리에 있는데, 들 가운데의 작은 산이다〉

앵산(鶯山)〈읍치로부터 북쪽으로 4리에 있다〉

대성산(大聖山)〈가야산(伽倻山)의 남쪽 갈래이다〉

삽외산(揷外山)〈읍치로부터 동쪽으로 15리에 있다〉

「영로」(嶺路)

대치(大峙)〈읍치로부터 서쪽으로 18리에 있으며, 해미(海美)와의 경계이고, 해미와 서산(瑞山)으로 통하는 길목이다〉

슬치(瑟峙)〈읍치로부터 동북쪽에 있으며, 면천(沔川)하고 통한다〉

○둔곶포(頓串浦)〈비방곶면(非方串面)에 있으며, 덕산(德山)의 선화천(宣化川)과 예산(禮山)의 호두포(狐豆浦)가 합쳐져서 북쪽으로 흐른다. 『동국여지승람(東國與地勝覽)』에는 "정포도(井浦渡)가 후에 이름이 바뀌어 유궁포(由宮浦)가 되었고, 그 하류는 미륵천(彌勒川), 소사하(素沙河) 등과 합쳐져서 북쪽으로 흘러, 대진(大津)이 되고 바다 속으로 들어간다"고 쓰여있다. ○탁한 조수가 매우 짜고, 물의 세기가 빨라서 조수가 가득 찰 때까지 기다리지 않으면 배가 다닐 수가 없다. 둔곶포의 좌우에 큰 들을 끼고 있고, 상하 100여 리에 뻘을 따라 제방을 쌓아서 서울과 지방의 장사배들이 많이 모여든다〉

선화천(宣化川)〈읍치로부터 동쪽으로 17리에 있으며, 홍주(洪州)의 금마천(金馬川)하류이다. 동북쪽으로 흘러 천안(天安)의 신종(新宗)을 지나, 돈곶포(頓串浦)로 들어가는데, 내의 좌우는 모두 평야이다〉

화척탄(禾尺灘)〈읍치로부터 동쪽으로 16리에 있는데, 선화천(宣化川)의 하류이다〉

구만포(九灣浦)〈거등면(居等面)에 있으며, 화척탄(禾尺灘)의 하류이고 그 아래는 천안(天安)의 지역이다〉

호천(狐川)〈읍치의 남쪽으로 5리에 있으며, 수원(水源)이 대치(大峙)에서 시작하여 동쪽으로 흘러 선화천(宣化川)으로 들어간다〉

대천(大川)〈읍치로부터 동쪽으로 10리에 있으며, 상왕산(象王山)에서 수원이 시작하여 동남쪽으로 흘러 선화천(宣化川)의 하류로 들어간다〉

온천(溫泉)〈읍치의 남쪽 5리에 있다〉

용추(龍湫)〈가야동(伽倻洞)에 있다〉

『성지』(城池)

읍성(邑城)〈성의 둘레가 2,655척(尺)이고, 우물이 2개 있다〉

가야고성(伽倻古城)〈가야산(伽倻山)의 북쪽 갈래에 있으며, 성터는 거의 무너졌고, 오직 돌문만 남아있다〉

『창고』(倉庫)

읍창(邑倉)

해창(海倉)〈비방곶면(非方串面)에 있다〉

『역참』(驛站)

급천역(汲泉驛)〈읍치로부터 동쪽으로 8리에 있다〉

『진도』(津渡)

돈곶진(頓串津)〈읍치로부터 동쪽으로 40리에 있는데, 신창(新昌)으로 통한다〉

○삽교(揷橋)〈읍치로부터 동쪽으로 15리에 있는데, 선화천(宣化川)의 대로상에 있다. 고려시대에는 신교천(薪橋川)이라고 불렀다〉

『토산』(土産)

자초(紫草)·칠(漆)·붕어[즉어(鯽魚)]·숭어[수어(秀魚)]·게[해(蟹)·감[시(柿)]·포초(浦草)

『장시』(場市)

읍내장날은 2일과 7일이다. 봉종리(峯從里) 장날은 4일과 9일이다. 삽교(揷橋)장날은 1일과 6일이다. 대천(大川)장날은 3일과 8일이다.

『단유』(壇壝)

가야산단(伽倻山壇)〈신라때에는 가야갑악이서진(伽倻岬岳以西鎭)이라고 불렀고, 중사(中祀)에 수록되어있다. 조선시대에는 덕산현(德山縣)에 명하여 봄·가을로 제사지내게 하였다〉

『전고』(典故)

고려 명종 7년(1177)에 공주(公州)의 망이(亡伊)가 다시 반란을 일으켜, 가야사(伽倻寺)에 쳐들어왔다. 우왕 3년(1377)에 왜구가 이산영(伊山營)을 불살랐다. 인해(印海) 원수가 신교(薪橋)〈삽교(揷橋)〉에서 싸워서, 밤중에 왜적이 사방을 포위하여 공격을 해와서 장졸들이 많이 죽거나 다쳤다. 동왕 4년(1378)에 왜구가 덕풍(德豊)을 노략질하고 도순문사영(都巡問使營)을 불살랐다. 동왕 7년(1381)에 왜구가 이산수(伊山戍)에 쳐들어왔다. 양광도(楊廣道)의 도순문사(都巡問使)였던 오언(吳彦)이 싸워 물리쳤고, 9명을 사로잡아 목을 베었다.

22. 홍산현(鴻山縣)

『연혁』(沿革)

본래 백제의 대산(大山)인데, 신라 경덕왕 16년(757)에 한산(翰山)이라고 고치고, 가림군(嘉林郡)의 영현(領縣)이 되었다. 고려 태조 23년(940)에 홍산(鴻山)이라고 고쳤고, 고려 현종 9년(1018)에 그대로 임천(林川)에 소속되었다. 고려 명종 5년(1175)에 한산감무(韓山監務)가 겸직하였다. 조선 태종 13년(1413)에 현감으로 고쳤다.

「관원」(官員)

현감 1인이다.〈홍주진관병마절제도위를 겸하였다〉

『방면』(坊面)

현내면(縣內面)〈읍치로부터 시작하여 5리에서 끝난다〉

상동면(上東面)〈읍치로부터 5리에서 시작하여 15리에서 끝난다〉

하동면(下東面)〈읍치로부터 15리에서 시작하여 25리에서 끝난다〉

남면(南面)〈읍치로부터 8리에서 시작하여 20리에서 끝난다〉

상서면(上西面)〈읍치로부터 7리에서 시작하여 20리에서 끝난다〉

하서면(下西面)〈읍치로부터 5리에서 시작하여 15리에서 끝난다〉

내북면(內北面)〈읍치로부터 15리에서 시작하여 30리에서 끝난다〉

외북면(外北面)〈읍치로부터 30리에서 시작하여 50리에서 끝난다〉

해안면(海岸面)〈읍치로부터 동쪽으로 15리에서 시작하여 20리에서 끝난다〉

대야곡면(大也谷面)〈읍치로부터 북쪽으로 7리에서 시작하여 15리에서 끝난다〉

【비력소(非力所)는 옛날에는 홍참(鴻站)이라 하였고, 읍치로부터 북쪽으로 41리에 있다】

【오합소(吾合所)는 읍치로부터 남쪽으로 6리에 있다】

『산수』(山水)

비홍산(飛鴻山)〈읍치로부터 서쪽으로 2리에 있다〉

구산(龜山)〈읍치로부터 북쪽으로 2리에 있다〉

월명산(月明山)〈읍치로부터 북쪽으로 9리에 있다〉

천보산(天寶山)〈읍치로부터 북쪽으로 13리에 있다〉

아미산(蛾眉山)〈읍치로부터 북쪽으로 35리에 있다〉

성태산(星台山)〈읍치로부터 북쪽으로 50리에 있다〉

양음산(陽陰山)〈읍치로부터 서쪽으로 18리에 있다. 아미산(蛾眉山), 성태산(星台山), 양음산(陽陰山)은 남포(藍浦)와의 경계이다〉

거차산(居次山)〈황산(荒山)이라고도 하는데, 읍치로부터 북쪽으로 25리에 있다〉

만수산(萬壽山)〈읍치로부터 북쪽으로 45리에 있다. ○무량사(無量寺)가 있다〉

망록산(望綠山)〈읍치로부터 동쪽으로 20리에 있으며, 부여(扶餘)와의 경계이다〉

「영로」(嶺路)

율현(栗峴)〈읍치로부터 북쪽 15리에 있으며, 청양(靑陽)으로 가는 길이다〉

【마령(馬嶺)이 있다】

조치(鳥峙)〈읍치로부터 서쪽 10리에 있으며, 남포(藍浦)와의 경계이다〉

구절판(九折坂)〈읍치로부터 서쪽 10리에 있으며, 남포(藍浦)와의 경계이다〉

○미조천(彌造川)〈읍치로부터 동쪽 15리에 있으며, 월명산(月明山)에서 수원(水源)이 시작하여 동쪽으로 흘러, 구랑포(九浪浦)로 들어간다. 임천(林川)과 부여(扶餘)조를 참고하라〉

금천(金川)〈양음산(陽陰山)에서 수원(水源)이 시작하여, 동쪽으로 흘러 현의 남쪽 3리를 지나 미조천(彌造川)과 합친다〉

종침연(鐘沈淵)〈읍치로부터 북쪽 35리에 있으며, 만수산(萬壽山)의 남쪽인데, 임수대(臨水臺)가 있다. 남포(藍浦)조를 참고하라〉

【신교(薪橋)가 금천(金川)에 있다】

『성지』(城池)

읍성(邑城)〈읍치로부터 남쪽 1리에 있으며, 성의 둘레가 1,020척(尺)이고, 우물이 2곳이다〉

아미고성(蛾眉古城)〈아미산(蛾眉山)의 남쪽에 있으며, 석성으로 만든 옛터가 있다〉

『역참』(驛站)

숙홍역(宿鴻驛)〈읍치로부터 동쪽 5리에 있으며, 옛날의 명칭은 비웅역(非熊驛)이었다. 태종 원년(1401)에 지금의 명칭으로 고쳤다〉

『토산』(土産)

칠(漆)·모시[저포(苧布)·감[시(柿)]

『장시』(場市)

읍내장은 2일과 7일에 열리고 마정장은 1일과 6일에 열린다. 노은치장은 3일과 8일에 열리고 임수대장은 1일과 6일에 열린다.

『사원』(祠院)

청일서원(淸逸書院)〈광해군 신유년(1621)에 세웠고, 숙종 갑신년(1704)에 사액되었다〉에 김시습(金時習)〈양주(楊州)조를 참고하라〉을 봉안하였다.

○창열서원(彰烈書院)〈숙종 정유년(1717)에 세웠고, 경종 신축년(1721)에 사액되었다〉에 윤집(尹集)〈강화(江華)조를 참고하라〉, 홍익한(洪翼漢)〈강화(江華)조를 참고하라〉, 오달제(吳達濟)〈광주(光州)조를 참고하라〉를 봉안하였다.

『전고』(典故)

고려 우왕 2년(1376)에 판삼사(判三司)인 최영(崔瑩) 등이 여러 장군을 거느리고 홍산(鴻山)에 이르렀는데, 왜구가 먼저 험악한 지형을 점거하고 있었다. 이에 최영이 단신으로 먼저 나아가자, 장군과 병졸들이 힘써 싸워 이겼다. 포로와 목 벤 자의 수를 헤아릴 수 없었다. 동왕 3년(1377), 6년(1380), 13년(1387)에 왜구가 홍산에 쳐들어왔다.

○조선 선조 27년(1594)에 홍산에서 송유진(宋儒眞)이 무리를 모아 격문(檄文)을 띄우고 약탈하다가 후에 모두 토벌되었다. 이몽학(李夢學)이 홍산을 함락시키고, 현감 윤영현(尹英賢)을 포로로 잡았다.〈자세한 것은 홍주(洪州)조를 참고하라〉

23. 청양현(青陽縣)

『연혁』(沿革)

본래 백제의 고량부리(古良夫里)인데, 당나라가 인덕(麟德)으로 고쳐 웅주도독부(熊州都督府)의 영현(領縣)으로 삼았다. 신라때, 고량부리정(古良夫里停)을 설치하고, 경덕왕 16년(757)에 청무(青武)로 고치고 임성군(任城郡)의 영현(領縣)이 되었다. 고려 태조 23년(940)에 청양(青陽)으로 고쳤고, 고려 현종 9년(1018)에 홍주(洪州)에 소속되었다. 조선 태조 4년(1395)에 감무(監務)를 두고, 태종 13년(1413)에 현감으로 고쳤다. 현종 5년(1664)에 혁파(革罷)하여 정산(定山)에 소속시켰으나, 동왕 15년(1674)에 다시 나누어 설치하였다.

「관원」(官員)

현감이 1인이다.〈홍주진관병마절제도위를 겸했다〉

『방면』(坊面)

현내면(縣內面)〈읍치로부터 시작하여 5리에서 끝난다〉

동상면(東上面)〈읍치로부터 10리에서 시작하여 20리에서 끝난다〉

동하면(東下面)〈읍치로부터 7리에서 시작하여 20리에서 끝난다〉

남상면(南上面)〈읍치로부터 5리에서 시작하여 10리에서 끝난다〉

남하면(南下面)〈읍치로부터 10리에서 시작하여 30리에서 끝난다〉

서상면(西上面)〈읍치로부터 서북쪽으로 15리에서 시작하여 20리에서 끝난다〉

서하면(西下面)〈읍치로부터 5리에서 시작하여 15리에서 끝난다〉

북상면(北上面)〈읍치로부터 5리에서 시작하여 20리에서 끝난다〉

북하면(北下面)〈읍치로부터 동북쪽 20리에서 시작하여 30리에서 끝난다〉

○영수부곡(永壽部曲)〈수(壽)는 다른 곳에서는 신(新)이라고도 한다. 읍치의 북쪽 25리에 있다. 또, 본부곡(本部曲)은 읍치로부터 북쪽 20리에 있고, 횡천소(橫川所)는 읍치로부터 동쪽 18리에 있다〉

『산수』(山水)

우산(牛山)〈기룡산(騎龍山)이라고도 하는데, 읍치로부터 북쪽 1리에 있다〉

칠갑산(七甲山)〈읍치로부터 동쪽 15리에 있는데, 정산(定山)과의 경계이다. ○장곡사(長谷寺)가 있다〉

백월산(白月山)〈비봉산(飛峰山)이라고도 하는데, 읍치로부터 서북쪽 19리에 있고, 대흥(大興)과 경계이며, 동쪽에 월산동(月山洞)이 있다. ○월산사(月山寺)가 있다〉

구봉산(九峯山)〈읍치로부터 서쪽 5리에 있다〉

두타산(頭陀山)〈읍치로부터 남쪽 10리에 있다〉

사자산(獅子山)〈읍치로부터 동북쪽으로 20리에 있으며, 대흥(大興)과의 경계이며, 남쪽에 운곡사(雲谷寺)가 있다〉

묘산(猫山)〈읍치로부터 북쪽 13리에 있다〉

남산(南山)〈관비산(官婢山)이라고도 하며, 읍치로부터 남쪽 1리에 있다〉

수석동(水石洞)〈읍치로부터 동쪽 7리에 있고, 경치가 아주 좋다〉

「영로」(嶺路)

여도현(餘道峴)〈읍치로부터 서남쪽 10리에 있으며, 보령(保寧)으로 통한다〉

대현(大峴)〈읍치로부터 동쪽 15리에 있으며, 정산(定山)으로 가는 길목이다〉

오리현(吾里峴)〈읍치로부터 서쪽 10리에 있으며, 홍주(洪州)와의 경계이다〉

나발현(羅發峴)〈읍치로부터 남쪽 10리에 있으며, 부여(扶餘)로 가는 길목이다〉

봉오령(峰五嶺)〈읍치로부터 남쪽 길인데 홍산(鴻山)으로 통한다〉

○금강천(金剛川)〈수원(水源)이 칠갑산(七甲山)에서 시작하여 서쪽으로 흘러 수석동(水石洞)에 이르러 얼항천(乻項川)이 되고, 우측으로 사자산천(獅子山川)을 지나 현 앞을 경유하여 우측으로 서천(舒川)을 지나 남쪽으로 흘러 금정역(金井驛)을 경유하여 동쪽을 꺾여서 작천(鵲川)이 된다. 우측으로 백월산천(白月山川)을 지나 사수탄(泗水灘)이 되고, 정산(定山) 남쪽 경계에 이르러서는 금강천(金剛川)이 되고, 부여(扶餘)땅을 경유하여 백마강(白馬江)으로 들어간다〉

백월산천(白月山川)〈읍치로부터 남쪽 20리에 있는데, 동쪽으로 흘러 사수탄(泗水灘)으로 들어간다〉

작천(鵲川)〈읍치로부터 남쪽 10리에 있다〉

사수탄(泗水灘)〈백월산천(白月山川)과 작천(鵲川)이 만나서 합치는 곳이다〉

서천(西川)〈오리현(吾里峴)에서 수원(水源)이 시작하여, 동쪽으로 흘러 얼항천(乻項川)으로 들어간다〉

『성지』(城池)

우산고성(牛山古城)〈성의 둘레는 2,236척(尺)이고, 우물이 2개 있다〉

『창고』(倉庫)

읍창(邑倉)

해창(海倉)〈예산(禮山)의 신예원(新禮院) 북쪽 호두포(狐頭浦)에 있다〉

『역참』(驛站)

금정도(金井道)〈읍치로부터 남쪽 10리에 있고, 소속된 역이 16개이다. ○찰방 1인이 있고,

홍주(洪州)의 용곡(龍谷)으로 옮겼다〉

『토산』(土産)

모시[(苧)·자초(紫草)·천어(川魚)

『장시』(場市)

읍내장날은 4일과 9일이다. 고정(高井) 날은 1일과 6일이다. 창어산(敞魚山) 장날은 2일과 7일이다.

『누정』(樓亭)

쌍청루(雙青樓)가 있다.

『전고』(典故)

고려 우왕 6년(1380)에 왜구가 청양(青陽)에 쳐들어왔다.

24. 비인현(庇仁縣)

『연혁』(沿革)

본래 백제의 비물(比勿)〈비중(比衆)이라고도 한다〉이었는데, 당나라가 빈문(賓汶)이라고 고쳐 웅주도독부(熊州都督府)의 영현(領縣)으로 삼았다. 신라 경덕왕 16년(757)에 비인(庇仁)으로 고쳐 서림군(西林郡)의 영현(領縣)으로 삼았다. 고려 현종 9년(1018)에 가림(嘉林)에 소속되었고, 후에 감무(監務)를 두었다. 조선 태종 13년(1413)에 현감으로 고쳤다.

「관원」(官員)

현감 1인이다.〈홍주진관병마절제도위(洪州鎭管兵馬節制都尉)를 겸하였다〉

『방면』(坊面)

현내면(縣內面)〈읍치로부터 시작하여 7리에서 끝난다〉

동면(東面)〈읍치로부터 15리에서 시작하여 30리에서 끝난다〉

서면(西面)〈읍치로부터 8리에서 시작하여 30리에서 끝난다〉

북면(北面)〈읍치로부터 10리에서 시작하여 13리에서 끝난다〉

일방면(一方面)〈읍치로부터 남쪽으로 7리에서 시작하여 20리에서 끝난다〉

이방면(二方面)〈읍치로부터 동남쪽으로 20리에서 시작하여 30리에서 끝난다〉

○옥전향(沃田鄕)

『산수』(山水)

월명산(月明山)〈읍치로부터 동쪽 7리에 있다〉

양의산(兩儀山)〈읍치로부터 동쪽 10리에 있다〉

동산(洞山)〈읍치로부터 동쪽 20리에 있다〉

월아산(月牙山)〈읍치로부터 서쪽 15리에 있다〉

부소산(扶蘇山)〈읍치로부터 동쪽 30리에 있으며, 서천(舒川)과의 경계이다〉

증산(甑山)〈읍치로부터 북쪽 10리에 있으며, 남포(藍浦)와의 경계이다〉

【의송산(宜松山)이 19곳 있다】

「영로」(嶺路)

어운현(於運峴)〈읍치의 남쪽 9리에 있다〉

둔덕치(屯德峙)〈읍치의 동쪽 5리에 있다〉

당덕치(唐德峙)〈읍치로부터 북로에 있다〉

고석현(膏石峴)〈읍치의 남쪽 3리에 있다〉

갈마현(渴馬峴)〈읍치의 동북쪽 10리에 있으며, 남포(藍浦)와의 경계이다〉

안치(雁峙)〈읍치의 북쪽 9리에 있으며, 남포(藍浦)와의 경계이다〉

○해(海)〈읍치로부터 서쪽 10리에 있다〉

종천(鐘川)〈읍치로부터 남쪽 15리에 있으며, 동북(東北) 심동리(深洞里)에서 수원(水源)이 시작하여 서남쪽으로 흘러 바다로 들어간다〉

도둔곶(都屯串)〈읍치로부터 서쪽 26리에 있다〉

장배곶(長背串)〈읍치로부터 남쪽 19리에 있다〉

「도서」(島嶼)

연도(煙島)〈마량(馬梁)의 서남수로(西南水路)쪽에 있는데, 차원도(差遠島)의 근처이다. 청어(青魚), 조기[석어(石魚)], 도미[도미어(道味魚)]가 산출된다〉

동백도(冬栢島)〈마량진(馬梁鎭)의 서쪽에 있다〉

오도도(烏刀島), 모도(茅島), 병도(幷島)〈세 섬은 조수가 물러가면 육지와 연결된다〉

하미도(河尾島)〈읍치로부터 남쪽 6리에 있다〉

【전죽도(箭竹島)가 1곳 있다】

『성지』(城池)

읍성(邑城)〈성의 둘레가 1,168보(보)이고, 옹성(甕城)이 2곳이며, 우물이 3개이고, 바다 입구까지는 160보(步)이다. 세종 3년(1421)에 명령을 내려 여러 읍군(邑軍)으로 지키게 하였다〉

고읍성(古邑城)〈읍치로부터 동쪽 25리에 있고, 성의 둘레는 537척(尺)이고, 우물이 한 개 있다〉

고성(古城)〈읍치로부터 서쪽 2리에 있으며, 성의 둘레는 828척(尺)이며, 우물이 한 개 있다〉

【의송산(宜松山)이 2곳 있다】

『진보』(鎭堡)

마량진(馬梁鎭)〈읍치로부터 서쪽 30리에 있으며, 안에 도둔곶(都屯串)이 있다. 효종 6년(1655)에 남포(藍浦)의 광암(廣岩)으로부터 이곳으로 옮겨와 설치하였다. 옛 진은 배를 감추기에 불편했기 때문이다. ○수군첨절제사(水軍僉節制使) 1인 있다. ○본 진관(鎭管)은 서천포(舒川浦)이다〉

『봉수』(烽燧)

칠지산(漆枝山)(읍치로부터 서쪽 7리에 있다〉

『창고』(倉庫)

읍창(邑倉)

해창(海倉)

○제민창(濟民倉)〈영조 계미년(1763)에 좌의정인 홍봉한(洪鳳漢)이 계문(啓文)을 올려 흉년에 구제할 양식을 갖출 것을 청하여 4곳에 설치하였는데, 비인(庇仁), 나주(羅州), 순천(順天)이다. 본 읍(邑)의 곡식은 3만 석(石)이었는데 후에 폐지하였다〉

『역참』(驛站)

청화역(青化驛)〈읍치로부터 남쪽 2리에 있다〉

『교량』(橋梁)

개복교(開福橋)〈읍치로부터 동쪽 15리에 있다〉

종천교(鐘川橋)〈읍치로부터 남쪽 15리에 있다. 위의 두 다리는 모두 돌로 만들어졌다〉

『토산』(土産)

어물(魚物) 10여 종과 전복[복(鰒)]·조개[합(蛤)]·김[해의(海衣)]·세모(細毛)·황각(黃角)·감[시(柿)]·대나무[죽(竹)]

『장시』(場市)

읍내장날은 3일과 8일이다. 송천(鍾川)장날은 1일과 6일이다. 판교(板橋)장날은 5일과 10일이다.

『누정』(樓亭)

관해정(觀海亭)이 읍내에 있다.

『전고』(典故)

고려 우왕 4년(1378), 7년(1381)에 비인현(庇仁縣)에 쳐들어왔다. 공양왕 원년(1389)에 왜구가 도둔곶(都屯串)에 쳐들어오자, 양광도(楊廣道)의 도체찰사(都體察使)인 왕안덕(王安德)이 더불어 싸웠으나 크게 패하였다. ○조선 세종 원년(1419)에 왜선 50여 척이 도둔곶을 포위하고 병선을 불살랐다. 수군만호(水軍萬戶)인 김성길(金成吉)과 그의 아들 김윤(金倫)이 대항하여 싸웠다. 김성길은 창에 맞아 물에 빠졌고, 김윤은 화살을 쏴 적 3인을 죽이고, 되돌아서 그 아버지를 보니 이미 물에 빠져 죽었으므로, 그 뒤를 따라 물에 뛰어들어 죽었다.

25. 결성현(結城縣)

『연혁』(沿革)

본래 백제의 결기(結己)였으나, 신라 경덕왕 16년(757)에 결성군(潔城郡)〈영현(領縣)이 신읍(新邑), 신량(新良), 홍양(興陽)이다〉으로 웅주(熊州)에 예속시켰다. 고려 현종 9년(1018)에 홍주(洪州)에 소속되었고, 고려 명종 2년(1172)에 결성감무(結城監務)를 설치하였다. 조선 태종 13년(1413)에 현감으로 고쳤다. 영조 9년(1733)에 혁파(革罷)하여 보령(保寧)〈아버지를 죽인 죄인이 발생했기 때문이다〉에 소속시켰다가 동왕 12년(1736)에 나누어 설치하였다.

「관원」(官員)

현감이 1인이다.〈홍주진관병마절제도위(洪州鎭管兵馬節制都尉)를 겸하였다〉

『방면』(坊面)

현내면(縣內面)〈읍치로부터 시작하여 5리에서 끝난다〉

기곡면(己谷面)〈읍치로부터 동쪽 5리에서 시작하여 10리에서 끝난다〉

가차산면(加次山面)〈읍치로부터 남쪽 7리에서 시작하여 15리에서 끝난다〉

광천면(廣川面)〈읍치로부터 동남쪽 20리에서 시작하여 30리에서 끝난다〉

두척면(斗尺面)〈읍치로부터 동쪽 10리에서 시작하여 20리에서 끝난다〉

굴항면(乫項面)〈읍치로부터 동쪽 10리에서 시작하여 17리에서 끝난다〉

화산면(花山面)〈읍치로부터 동쪽 15리에서 시작하여 25리에서 끝난다〉

고등산면(古等山面)〈읍치로부터 동쪽 10리에서 시작하여 15리에서 끝난다〉

합서면(合西面)〈읍치로부터 서쪽 5리에서 시작하여 20리에서 끝난다. ○상서면(上西面)과 하서면(下西面)이 합쳐진 것이다〉

○안흥부곡(安興部曲)〈읍치로부터 서쪽 18리에 있다〉

『산수』(山水)

형산(衡山)〈읍치로부터 북쪽 7리에 있다〉

청룡산(青龍山)〈읍치로부터 서북쪽 5리에 있다.○고산사(高山寺)가 있다〉

월산(月山)〈읍치로부터 동쪽 25리에 있는데, 홍주(洪州)와 경계하고 있다〉

벽지산(碧池山)〈읍치로부터 동쪽 13리에 있다〉

오서산(烏棲山)〈읍치로부터 동남쪽 30리에 있다. 보령(保寧)과 홍주(洪州)조를 참조하라〉

보개산(寶蓋山)〈읍치로부터 동북쪽 25리에 있다〉

녹권산(鹿眷山)〈읍치로부터 서쪽 15리에 있다〉

관노산(官奴山)〈읍치로부터 동쪽 6리에 있다〉

수음곶산(愁音串山)〈읍치로부터 서쪽 13리에 있다〉

【의송산(宜松山)이 1곳 있다】

○해(海)〈읍치로부터 서쪽 18리에 있다〉

말흘천(末屹川)〈읍치로부터 동쪽 5리에 있으며, 수원(水源)이 형산(衡山)과 벽지산(碧池山)에서 나와 합쳐져 남쪽으로 흘러 동산포(東山浦)로 들어간다〉

용골천(龍骨川)〈읍치로부터 북쪽 15리에 있으며, 수원(水源)이 덕산(德山)의 덕숭산(德崇山과 월산(月山)에서 나와 합쳐져 서쪽으로 흘러 바다로 들어간다〉

광천(廣川)〈읍치로부터 동남쪽 25리에 있으며, 수원(水源)이 홍주(洪州)의 오사면(烏史面)과 월산(月山)에서 나와서 서남쪽으로 흘러 바다로 들어간다〉

동산포(東山浦)〈읍치의 동쪽 3리에 있으며, 말흘천(末屹川)이 현(縣)의 남쪽을 돌아 다시 서쪽으로 흘러 바다로 들어가는 입구가 석곶포(石串浦)가 된다〉

모산당포(母山堂浦)〈읍치로부터 서쪽 22리에 있다〉

장포(長浦)〈읍치로부터 서쪽 20리에 있다〉

석곶포(石串浦)〈읍치로부터 서쪽 25리에 있으며, 배들이 지나고 머무는 곳이다〉

광천포(廣川浦)〈물고기와 소금의 커다란 집산지로써, 내포(內浦)의 큰 도회지(都會地)이다〉

「도서」(島嶼)

죽도(竹島)〈읍치의 서쪽 30리의 바다 가운데에 있다〉

풍류도(風流島)〈읍치의 동쪽 5리, 동산포(東山浦)앞에 있다〉

【전죽도(箭竹島)가 1곳 있다】

『성지』(城池)

읍성(邑城)〈성의 둘레가 3,325척(尺)이고, 우물이 6개이다〉

신금성(神衿城)〈읍치의 북쪽 5리에 있으며, 성의 둘레가 1,350척(尺)이다〉

『봉수』(烽燧)

고산(高山)〈청룡산(靑龍山)이다〉

『창고』(倉庫)

읍창(邑倉)

해창(海倉)〈읍치로부터 서쪽 10리에 있다〉

『역참』(驛站)

해문역(海門驛)〈읍치로부터 북쪽 5리에 있으면 조선 태종 15년(1415)에 설치하였다〉

『토산』(土産)

어물(魚物) 10여 종과 전복[복(鰒)]·게[해(蟹)]·김[해의(海衣)]·황각(黃角)·대나무

『장시』(場市)

읍내장날은 2일과 7일이다. 용천(用川)장날은 3일과 8일이다. 광천(廣川)장날은 4일과 9일이다.

『단유』(壇壝)

오서악(烏西岳)〈신라의 명산(名山)으로써 중사(中祀)에 기록되어있고, 결기군(結已郡)과 관계가 있으며, 고려시대에 강등되었다〉

『전고』(典故)

고려 우왕 원년(1375), 6년(1380)에 왜구가 결성(結城)에 쳐들어왔다. ○조선 태종 7년(1417)에 왜선들이 무산당포(毋山堂浦)에 정박해있었는데, 현감인 김비(金沘)가 싸워서 물리쳤다.

26. 보령(保寧)

『연혁』(沿革)

본래 백제의 신촌(新村)〈사촌(沙村)이라고도 한다〉이었는데, 당나라가 산곤(散昆)이라고 고쳐 웅진도독부(熊津都督府)의 영현(領縣)으로 삼았다. 신라 경덕왕 16년(757)에 신읍(新邑)이라고 고쳐 결성군(潔城郡)의 영현(領縣)으로 삼았다. 고려 태조 23년(940)에 보령(保寧)이라고 고쳤고, 고려 현종 9년(1018)에 홍주(洪州)에 소속시켰고, 고려 예종 원년(1106)에 감무(監務)를 두었다. 조선 태종 13년(1413)에 현감으로 고쳤고, 효종 3년(1652)에 도호부(都護府)로 승격시켰는데, 수군절도사(水軍節度使)가 부사(府使)를 겸하도록 하였다. 동왕 6년(1655)에 다시 현으로 강등시켜 옛날과 같이 하였다.

「관원」(官員)

현감이 1인이다.〈홍주진관병마절제도위(洪州鎭管兵馬節制都尉)를 겸하였다〉

『방면』(坊面)

장척면(長尺面)〈읍치에서 시작하여 5리에서 끝난다〉

금신면(金神面)〈원래는 금신부곡(금新部曲)이었으며, 읍치의 5리에서 시작하여 15리에서 끝난다〉

주포면(周浦面)〈읍치로부터 시작하여 남쪽 10리에서 끝난다〉

목충면(睦忠面)〈읍치로부터 동쪽 7리에서 시작하여 15리에서 끝난다〉

청라동면(靑蘿東面)〈읍치로부터 동쪽 5리에서 시작하여 20리에서 끝난다〉

오산외면(烏山外面)〈읍치로부터 동쪽 10리에서 시작하여 25리에서 끝난다〉

청소면(靑所面)〈읍치로부터 동북쪽 10리에서 시작하여 25리에서 끝난다〉

명암면(鳴岩面)〈읍치로부터 동남쪽 20리에서 시작하여 30리에서 끝난다〉

○ 현하부곡(縣河部曲)〈읍치로부터 남쪽 28리에 있다〉

보원부곡(寶院部曲)〈읍치로부터 동쪽 17리에 있다〉

건자산소(巾子山所)〈읍치로부터 북쪽 20리에 있다〉

『산수』(山水)

당산(唐山)〈읍치로부터 동북쪽 4리에 있다〉

오서산(烏棲山)〈읍치로부터 동쪽 20리에 있으며, 홍주(洪州)와 결성(結城), 두 읍의 경계이다. 산 남쪽에 청라동(青蘿洞)이 있다〉

백월산(白月山)〈읍치로부터 동쪽으로 30리에 있다. 대흥(大興)조를 참조하라〉

오대산(五臺山)〈읍치의 동남쪽 30리에 있으며, 남포(藍浦)와의 경계이다〉

조침산(助侵山)〈읍치의 서남쪽 15리에 있다〉

타고도산(打鼓島山)〈읍치의 서쪽 13리에 있다〉

【의송산(宜松山)이 27곳 있다】

「영로」(嶺路)

안치(雁峙)〈읍치의 동쪽 30리에 있으며, 홍주(洪州)와의 경계이다〉

아현(我峴)〈읍치의 서쪽 10리에 있다〉

삽현(挿峴)〈읍치의 남쪽 9리에 있다〉

우이현(牛耳峴)〈읍치의 동쪽 27리에 있다〉

학현(鶴峴)〈서로(西路)에 있다〉

○해(海)〈읍치의 서쪽 20리와 남쪽 10리에 있다〉

대천(大川)〈읍치의 남쪽 24리에 있으며, 백월산(白月山)에서 수원(水源)이 시작하여 서쪽으로 흐른다〉

화암천(花岩川)〈읍치의 동쪽 10리에 있으며, 오서산(烏棲山)에서 수원(水源)이 시작하여 남쪽으로 흘러 대천(大川)에 합친다〉

백로주(白鷺洲)〈대천(大川)과 화암천(花岩川)이 합치는 곳이다〉

회탄(檜灘)〈백로주의 하류이다〉

해소포(蟹所浦)〈회탄의 하류로 바다로 들어가는 곳인데, 현의 남쪽 24리이다〉

청소천(青所川)〈읍치의 동북쪽 20리에 있으며, 수원(水源)이 오서산(烏棲山)에서 나와서 서쪽으로 결성(結城) 광천(廣川)으로 들어간다〉

웅포(熊浦)〈읍치로부터 서쪽 10리에 있다〉

용연(龍淵)〈하나는 읍치로부터 북쪽 15리에 있고, 다른 하나는 읍치로부터 동쪽 15리에 있다〉

【옥계(玉溪)가 있다】

【적포(狄浦)가 읍치로부터 서쪽으로 10리에 있다. 전선창(戰船廠)이다】

「도서」(島嶼)

죽도(竹島)〈화살대[전죽(箭竹)]가 생산된다〉

고만도(高巒島)〈예전에 정관(亭館)이 있었는데, 이는 중국에 가는 사신들이 왕래하는 곳이다. 후에 관(館)을 해미(海美)로 옮겼다〉

해소도(蟹所島)〈죽도(竹島), 고만도(高巒島), 해소도는 현의 남쪽에 있다〉

추도(抽島)〈원산(元山)의 동쪽에 있다〉

송도(松島)〈읍치로부터 서남쪽에 있는데, 조수가 물러가면, 고만도(高灣島)와 연결된다〉

모도(茅島)〈읍치의 서북쪽에 있다〉

【전죽도(箭竹島)가 있다】

『성지』(城池)

읍성(邑城)〈조선 세종 12년(1440)에 쌓았는데, 성의 둘레가 2,109척(尺)이고, 우물이 3개 있다〉

당산고성(唐山古城)〈성의 둘레가 1,810척(尺)이고, 우물이 한 개이다〉

아현고성(我峴古城)〈성의 둘레가 745척(尺)이다〉

봉당고성(鳳堂古城)〈읍치로부터 서쪽 2리에 있다. 정종 2년(1400)에 성을 쌓았는데, 성터가 낮고 협소하다〉

고만도수(高灣島戍)〈조선 초기에 설치하였는데, 뒤에 폐지하였다〉

『영아』(營衙)

수영(水營)〈읍치의 서쪽 20리의 해변에 있다. 조선 태조 5년(1397)에 수군첨절제사(水軍僉節制使)를 두고 영(營)을 보령(保寧)에 두었다. 세종 3년(1421)에 도안무처치사(都安撫處置使)로 고쳤다. 세조 12년(1466)에 수군절도사(水軍節度使)로 고쳤다.

「관원」(官員)

충청도수군절도사(忠淸道水軍節度使)가 1인이고, 중군(中軍)〈수군우후(水軍虞侯)〉이 1인이다.

「속읍」(屬邑)

홍주(洪州)·태안(泰安)·서산(瑞山)·당진(唐津)·면천(沔川)·서천(舒川)·임천(林川)·한산(韓山)·비인(庇仁)·남포(藍浦)·보령(保寧)·결성(結城)·해미(海美)

「속진」(屬鎭)

소근포진(所斤浦鎭)·마량진(馬梁鎭)·안흥진(安興鎭)·평신진(平薪鎭)·서천포진(舒川浦鎭)

「성지」(城池)

조선 중종 5년(1510)에 쌓았으며, 성의 둘레는 3,174척(尺)이고 옹성(甕城)이 5곳이며, 문이 4개이고, 우물이 4개이며, 연못이 하나이다.

「누정」(樓亭)

영보정(永保亭)·관덕루(觀德樓)·대변루(待變樓)·능허각(凌虛閣)○고소대(姑蘇臺)·쌍오도(雙鰲島)·한산사(寒山寺)가 있다.

본 수영(水營)과 속읍(屬邑), 속진(屬鎭)에는 여러 형태의 전선들이 92척(隻)이 있다.〈나룻배가 40척이다〉

『봉수』(烽燧)

조침산(助侵山)〈읍치의 서남쪽 15리에 있다〉

망해정(望海亭)〈수영에 있다〉

『창고』(倉庫)

읍창(邑倉)

해창(海倉)〈읍치로부터 남쪽 15리에 있다〉

『역참』(驛站)

청연역(青淵驛)〈읍치로부터 남쪽 6리에 있다〉

『토산』(土産)

어물(魚物) 10여 종과 세모(細毛)·김[해의(海衣)]·감[시(柿)]·화살대[전죽(箭竹)]

『장시』(場市)

읍내장날은 1일과 6일, 수영(水營)장날은 2일과 7일, 대천(대천(大川)장날은 3일과 8일, 주교(舟橋)장날은 5일과 10일이다.

『사원』(祠院)

화암서원(花岩書院)〈광해군 경술년(1610)에 세워고, 숙종 병인년(1686)에 사액되었다〉

이지함(李之涵)〈자는 형백(馨伯)이고, 호는 토정(土亭)이며, 본관은 한산(韓山)이다. 관직은 아산현감(牙山縣監)까지 올랐으며, 이조판서에 증직되었고, 시호는 문강(文康)이다〉

이산보(李山甫)〈서천(舒川)조를 참고하라〉

이몽규(李夢奎)〈자는 창서(昌瑞)이고, 호는 천휴당(天休堂)이고, 본관은 경주(慶州)이고, 대사헌(大司憲)에 증직되었다〉

『전고』(典故)

우왕 7년(1381)에 왜구가 보령(保寧)에 쳐들어왔다.

27. 남포현(藍浦縣)

『연혁』(沿革)

본래 백제의 사포(寺浦)였는데, 신라 경덕왕 16년(757)에 남포(藍浦)로 고쳐 서림군(西林郡)의 영현(領縣)으로 삼았다. 고려 현종 9년(1018)에 가림현(嘉林縣)에 속했고 후에 감무(監務)를 두었다. 조선 태조 6년(1398)에 병마사(兵馬使) 겸 판현사(判縣事)를 두었다. 세조 12년(1466)에 진(鎭)을 설치하고 현감을 두었다.〈옛 읍터가 읍치의 남쪽 15리에 있는데, 고남포(古藍浦)라고 부른다〉

「읍호」(邑號)

마산(馬山)

「관원」(官員)

현감이 1인다.〈홍주진관병마절제도위(洪州鎭管兵馬節制都尉)를 겸하였다〉

『방면』(坊面)

심전면(深田面)〈본래 박평소(樸坪所)였으며, 읍치로부터 동쪽 30리에서 시작하여 40리에서 끝난다〉

습의면(習衣面)〈읍치로부터 동남쪽으로 35리에서 시작하여 40리에서 끝난다〉

웅천면(熊川面)〈읍치로부터 남쪽으로 10리에서 시작하여 35리에서 끝난다〉

읍내면(邑內面)(〈읍치에서 시작하여 5리에서 끝난다〉

불은면(佛恩面)〈읍치로부터 동남쪽으로 20리에서 시작하여 30리에서 끝난다〉

고읍면(古邑面)〈읍치로부터 동남쪽으로 10리에서 시작하여 20리에서 끝난다〉

신안면(新安面)〈읍치로부터 서남쪽으로 7리에서 시작하여 15리에서 끝난다〉

북면(北面)〈읍치로부터 3리에서 시작하여 15리에서 끝난다〉

○횡천소(横川所)〈읍치로부터 동쪽 21리에 있다〉

『산수』(山水)

구룡산(九龍山)〈읍치로부터 서남쪽 15리에 있다〉

옥마산(玉馬山)〈읍치로부터 동쪽 8리에 있다〉

아미산(蛾嵋山)〈읍치로부터 동쪽 25리에 있다〉

통달산(通達山)〈읍치로부터 서남쪽 33리의 해변가에 있다〉

성주산(聖住山)〈읍치로부터 동북쪽 25리에 있으며, 남북의 두 산이 합쳐져서 대동산(大洞山)이 되고, 산 가운데는 평탄하며, 계곡이 맑고 깨끗하며, 수석이 소쇄(瀟灑)하고, 골짜기 사이에는 역시 살만한 곳이 많이 있다. 산의 남쪽에 최고운(崔孤雲)의 비가 있다〉

양각산(羊角山)〈읍치로부터 동쪽으로 24리에 있으면 성주산(聖住山)의 남쪽 갈래이다.○옥계사(玉溪寺)가 있다〉

오대산(五臺山)〈읍치로부터 북쪽 15리에 있으며, 보령(保寧)과의 경계이다〉

양음산(陽陰山)〈읍치로부터 동남쪽 45리에 있으며, 홍산(鴻山)과의 경계이다〉

등경산(登檠山)〈현의 북쪽에 있다〉

마봉(馬峯)〈현의 북쪽에 있다〉

【의송산(宜松山)이 14곳 있다】

【성주사(聖住寺)와 숭암사(崇岩寺)가 있다】

「영로」(嶺路)

마치(馬峙)〈동로(東路)에 있다〉

구절판(九折坂)〈동로에 있는데, 홍산(鴻山)과의 경계이다〉

백운치(白雲峙)〈동로에 있다〉

이현(梨峴)〈남로(南路)에 있다〉

○해(海)〈읍치로부터 서쪽 7리, 남쪽 30리에 있다〉

종황연천(鐘况淵川)〈수원(水源)의 홍산(鴻山)의 거취산(居吹山)에서 나와서 서쪽으로 흘러 임수대(臨水臺)를 지나 아미산(蛾嵋山)의 북쪽에 도달하여 종황연(鐘况淵)이 된다. 서쪽으로 횡천(橫川)에 이르러 동남쪽으로 꺾여서 불은면(佛恩面)에 이르러 서쪽으로 꺾이고 남전(藍田)을 지나 웅천포(熊川浦)에 이르러 바다로 들어간다〉

대천(大川)〈읍치로부터 남쪽 20리에 있으며, 수원(水源)이 성주산(聖住山)에서 시작하여 서쪽으로 흘러 청연포(靑淵浦)로 들어간다〉

청연포(靑淵浦)〈읍치로부터 남쪽 23리에 있다〉

웅천포(熊川浦)〈읍치로부터 남쪽 25리에 있다〉

미조포(彌造浦)〈읍치로부터 남쪽 30리에 있다〉

성주포(聖住浦)〈읍치로부터 서쪽 15리에 있다〉

군입포(軍入浦)〈읍치로부터 북쪽 9리에 있으며, 수원(水源)이 성주산(聖住山)에서 나와 북서쪽으로 흘러 바다로 들어간다〉

화계(花溪)〈토지가 비옥하고, 물고기와 소금이 많다〉

「도서」(島嶼)

율도(栗島)·거차라도(巨次羅島)·죽도(竹島)·황죽도(黃竹島)·입죽도(立竹島)〈모두 읍치로부터 서남쪽의 바다에 있다〉

【전죽도(箭竹島)가 2곳 있다】

『성지』(城池)

읍성(邑城)〈성의 둘레가 950보(步)이고, 옹성(甕城)이 3개이며, 우물이 3개이다〉

『진보』(鎭堡)

마량진(馬梁鎭)〈지금은 폐지되었다. 읍치의 서남쪽 33리에 있다. 중종 5년(1510)에 성을 쌓았는데, 둘레가 1,371척(尺)이고, 우물이 한개이다. 효종 7년(1656)에 비인현(庇仁縣)으로 옮겼다〉

『봉수』(烽燧)

옥미산(玉眉山)〈읍치의 서남쪽 3리에 있다〉

『창고』(倉庫)

읍창(邑倉)

남창(南倉)〈읍치의 남쪽 35리에 있다〉

해창(海倉)〈읍치의 서남쪽 15리에 있다〉

『역참』(驛站)

남전역(藍田驛)〈읍치의 남쪽 27리에 있다〉

『토산』(土産)

연석(硯石: 벼루돌)〈성주산 서쪽에서 나오는데 색이 검고 품질이 우수하다〉, 비석(碑石)〈색이 검고, 품질이 상품(上品)이다〉 어물(魚物) 10여 종, 전복[복(鰒)]·홍합(紅蛤)·세모(細毛)·김[해의(海衣)]·대나무·감[시(柹)]·소금

『장시』(場市)

대천(大川)장날은 4일과 9일이다.

『전고』(典故)

고려 우왕 6년(1380)에 왜구 때문에 고을 사람들이 사방으로 흩어졌다. 공양왕 2년(1390)에 비로소 진성(鎭城)을 설치하고 흩어진 사람들을 불러모았다.

28. 예산현(禮山縣)

『연혁』(沿革)

본래 백제의 고산(孤山)〈烏山이라도 한다〉이었는데, 당나라가 마진(馬津)으로 고치고 지심주(支潯州)의 영현(領縣)으로 삼았다. 신라 신문왕 6년(686)에 고산현(孤山縣)을 설치하였고, 경덕왕 16년(757)에 임성군(任城郡)의 영현(領縣)으로 삼았다. 고려 태조 2년(919)에 예산현(禮山縣)〈예산진(禮山鎭)을 설치했다고 전해지기도 한다〉으로 개칭하였다. 고려 현종 9년(1018)에 천안(天安)에 소속되었고, 후에 감무(監務)를 두었다. 조선 태종 13년(1413)에 현감으로 고쳤다.

「관원」(官員)

현감이 1인이다.〈홍주진관병마절제도위(洪州鎭管兵馬節制都尉)를 겸하였다〉

『방면』(坊面)

현내면(縣內面)〈읍치에서 시작하여 5리에서 끝난다〉

술곡면(述谷面)〈읍치로부터 동남쪽 5리에서 시작하여 20리에서 끝난다〉

대지동면(大枝東面)〈본래에 입석소(立石所)였으며, 읍치의 동쪽 10리에 시작하여 20리에서 끝난다〉

김평면(金坪面)〈읍치의 북쪽 7리에서 시작하여 20리에서 끝난다〉

두촌면(豆村面)〈읍치의 북쪽 10리에서 시작하여 15리에서 끝난다〉

입암면(立岩面)〈본래 화물장(化物莊)이었다. 읍치의 서북쪽 15리에서 시작하여 20리에서 끝난다〉

거구화면(巨仇火面)〈읍치의 서쪽 10리에서 시작하여 20리에서 끝난다〉

우가산면(于加山面)〈읍치의 서쪽 7리에서 시작하여 20리에서 끝난다〉

오원면(吾元面)〈읍치의 북쪽 7리에서 시작하여 10리에서 끝난다〉

『산수』(山水)

금오산(金烏山)〈읍치의 북쪽 2리에 있다〉

남산(南山)〈읍치의 남쪽 6리에 있다〉

도고산(道高山)〈읍치의 동북쪽 20리에 있고, 신창(新昌)과의 경계이다. ○은적사(隱寂寺)가 있다〉

형제산(兄弟山)〈읍치의 남쪽 10리에 있고, 대흥(大興)과의 경계이다〉

용산(龍山)〈읍치의 서북쪽 25리에 있다. 들 가운데 높이 솟아있다〉

향로봉(香爐峰)〈읍치의 북쪽 5리에 있다〉

백월봉(白月峰)〈도고산(道高山)의 남쪽 갈래이다〉

「영로」(嶺路)

소기현(蘇機峴)〈읍치의 동북쪽 28리에 있고, 온양(溫陽)으로 통한다〉

납운치(納雲峙)〈읍치의 남쪽 10리에 있고, 대흥(大興)과의 경계이다〉

형제현(兄弟峴)〈읍치의 남쪽 10리에 있고, 대흥(大興)과의 경계이다〉

갈치(葛峙)〈읍치의 동북쪽 20리에 있고, 신창(新昌)과의 경계이다. 내포(內浦)에 있는 여러 읍에서 서울로 가는 큰 길로 통한다〉

○무근성천(無根城川)〈읍치의 서북쪽 10리에 있는데, 대흥(大興)의 내천(奈川) 하류이다. 가물면 다리로 건너고 물이 많으면 배로 건넌다〉

호두포(狐頭浦)〈읍치의 북쪽 15리에 있으며, 예전에는 이섭포(利涉浦)라고 불렀다. 무근성천(無根城川)의 하류이며, 그 아래는 돈곶포(頓串浦)가 된다〉

읍전천(邑前川)〈수원(水源)이 도고산(道高山)에서 나와 서쪽으로 흘러, 현의 남쪽을 경유하여 무근성천(無根城川)으로 들어간다〉

왕자지(王字池)〈용산(龍山)의 북쪽에 있다〉

『성지』(城池)

오산성(烏山城)〈옛 읍터인데, 지금의 읍치의 서쪽 6리에 있다. 평평한 언덕이 외롭게 솟아 있기 때문에 고산(孤山)이라고 한다. 또는 오산(烏山)이라고도 부른다. 성의 둘레는 2,002척(尺)이고, 우물이 한 개 있다〉

『창고』(倉庫)

읍창(邑倉)

해창(海倉)〈호두포(狐頭浦)에 있다. ○대흥(大興)과 청양(青陽), 두 읍의 해창은 여기에 두

었다〉

『역참』(驛站)

일흥역(日興驛)〈읍치의 서쪽 13리에 있다〉

○신예원(新禮院)〈읍치의 북쪽 10리에 있으며, 내포(內浦)의 11읍에서 서울로 가는 대로에 있다〉

『토산』(土産)

감[시(柿)]·붕어[즉어(鯽魚)]·게[해(蟹)]

『장시』(場市)

읍내장날은 5일과 10일이고, 신례원(新禮院) 장날은 3일과 8일이며, 역성(驛城)장날은 4일과 9일이다.

『사원』(祠院)

덕잠서원(德岑書院)〈숙종 을유년(1705)에 세웠고, 갑오년(1714)에 사액되었다〉

김구(金絿)〈자는 대유(大柔)이고, 호는 자암(自庵)이며, 본관은 광주(光州)이다. 관직은 부제학(副提學)까지 올랐으며, 이조판서에 증직되었고, 시호는 문의(文懿)이다〉

『전고』(典故)

고려 태조 17년(934)에 예산진(禮山鎭)에 행행(行幸)하였고, 고려 명종 6년(1176)에 공주(公州)의 반란군인 망이(亡伊)들이 예산현(禮山縣)을 함락하고 감무(監務)를 살해하였다.

29. 신창현(新昌縣)

『연혁』(沿革)

본래 백제의 굴지(屈旨)〈굴직(屈直)이라고도 부른다〉였는데, 신라 경덕왕 16년(757)에 석량(析梁)이라고 고치고, 탕정군(湯井郡)의 영현(領縣)으로 삼았다. 고려 태조 23년(940)에 신창(新昌)으로 고치고, 고려 현종 9년(1018)에 천안(天安)으로 소속시켰다. 공양왕 3년(1391)에 당성만호(溏城萬戶)를 설치하고 감무(監務)를 겸직시켰다. 조선 태조 원년(1392)에 만호를 없앴고, 태종 13년(1413)에 현감으로 고쳤다. 동왕 14년(1414)에 온수현(溫水縣)과 합쳐져 온창(溫昌)이라고 불렀다. 동왕 16년(1416)에 다시 나누어 설치하였다.【즉 지금 돌성(突城)이다】

「관원」(官員)

현감이 1인이다.〈홍주진관병마절제도위(洪州鎭管兵馬節制徒尉)를 겸하였다〉

『방면』(坊面)

현내면(縣內面)〈읍치로부터 시작하여 5리에서 끝난다〉

대동면(大東面)〈읍치로부터 5리에서 시작하여 10리에서 끝난다〉

소동면(小東面)〈읍치로부터 5리에서 시작하여 8리에서 끝난다〉

대서면(大西面)〈읍치로부터 5리에서 시작하여 15리에서 끝난다〉

소서면(小西面)〈읍치로부터 10리에서 시작하여 15리에서 끝난다〉

북면(北面)〈읍치로부터 5리에서 시작하여 12리에서 끝난다〉

남면(南面)〈읍치로부터 5리에서 시작하여 15리에서 끝난다〉

『산수』(山水)

학성산(鶴城山)〈읍치로부터 서쪽 1리에 있다〉

비파산(琵琶山)〈읍치로부터 서쪽 5리에 있다〉

마산(馬山)〈읍치로부터 동쪽 3리에 있다〉

도고산(道高山)〈읍치로부터 서남쪽 16리에 있으며, 예산(禮山)과의 경계이다. 상봉(上峰)을 국사봉(國師峰)이라고도 하는데, 자못 높고 뾰족하다〉

고산(孤山)〈읍치로부터 동쪽 10리에 있으며, 산 아래에 언덕은 짧은데 긴 호수가 있다〉

「영로」(嶺路)

대치(大峙)〈읍치로부터 서남쪽 5리에 있다. 예산대로(禮山大路)로 통한다〉

○장포(獐浦)〈읍치로부터 서쪽 15리에 있다. 수원(水源)이 도고산(道高山)에서 시작하여, 북쪽으로 흘러 돈곶포(頓串浦)의 상류로 들어간다〉

미륵천(彌勒川)〈읍치의 동쪽 12리에 있다. 온양(溫陽)의 차륜탄(車輪灘)의 하류이다. 상세한 것은 아산(牙山)조를 봐라〉

중방포(中防浦)〈단장포(丹場浦)라고도 한다. 미륵천의 하류이다〉

견포(犬浦)〈해포(蟹浦)라고도 부르며, 중방포(中防浦)의 하류이다. 읍치의 서북쪽 18리에 있다. 미륵천, 중방포, 견포 등의 세곳은 아산(牙山)과의 경계이다〉

『성지』(城池)

학성(鶴城)〈성의 둘레가 1,213척(尺)이고, 우물이 2개 있다〉

당성(溏城)〈장포(獐浦)에 있으며, 공양왕 때에 성을 쌓았다. 부근 주현(州縣)에서 세금을 걷어 조운(漕運)으로 서울로 운반한다〉

『창고』(倉庫)

읍창(邑倉)

해창(海倉)〈대서면(大西面)의 끝자락에 있다〉

『역참』(驛站)

창덕역(昌德驛)〈읍치로부터 동쪽 3리에 있다〉

『교량』(橋梁)

곡교(曲橋)〈미륵천(彌勒川)에 있는데, 가물면 다리를 놓고 물이 불면 배로 다닌다. 내포(內浦) 10여 읍에서 서울로 가는 대로와 통한다〉

『누정』(樓亭)

공북정(拱北亭)이 있다.

『토산』(土産)

감[시(柿)]·붕어[즉어(鯽魚)]·게[해(蟹)]·숭어[수어(秀魚)]·황석어(黃石魚)·세미어(細尾魚)

『장시』(場市)

읍내장날은 2일과 7일, 선장(仙藏)장날은 4일과 9일이다.

『전고』(典故)

고려 고종 44년(1257)에 몽고병이 침략하여 직산(稷山)과 신창(新昌), 두 현에 주둔하였다. 서산(瑞山)에 사는 정인경(鄭仁卿)이 밤에 공격하여 공을 세웠다. 우왕 때에 광주목사(廣州牧使) 최운해(崔雲海)가 신창(新昌)에서 왜구를 공격하였다.

30. 아산현(牙山縣)

『연혁』(沿革)

본래 백제의 아술(牙述)이었는데, 신라 경덕왕 16년(757)에 음봉(陰峰)〈음잠(陰岑)이라고도 한다〉으로 고치고 탕정군(湯井郡)의 영현(領縣)으로 삼았다. 고려 태조 23년(940)에 인주(仁州)라고 고쳤고, 고려 성종 14년(995)에 자사(刺史)를 두었다. 목종 8년(1005)에 파(罷)하였으며, 고려 현종 9년(1018)에 천안(天安)에 소속되었다. 후에 아주(牙州)라고 고치고, 감무(監務)를 두었다. 조선 태종 13년(1413)에 아산현감(牙山縣監)이라고 고쳤고, 세조 4년(1458)에 현을 없애고 나누어서 온양(溫陽), 평택(平澤), 신창(新昌)의 세 읍에 소속시켰다. 동왕 10년(1464)에 다시 현을 설치하였다.〈연산군 11년(1505)에 경기도로 옮겼다가 중종 원년(1506)에 다시 충청도로 환원되었다〉

「읍호」(邑號)

영인(寧仁)〈고려 성종때 정하였다〉

「관원」(官員)

현감이 1인이다.〈홍주진관병마절제도위(洪州鎭管兵馬節制都尉)를 겸하였다〉

『방면』(坊面)

현내면(縣內面)〈읍치로부터 10리에서 끝난다〉

일동면(一東面)〈읍치로부터 15리에서 시작하여 35리에서 끝난다〉

이동면(二東面)〈읍치로부터 15리에서 시작하여 30리에서 끝난다〉

근남면(近南面)〈읍치로부터 15리에서 시작하여 20리에서 끝난다〉

원남면(遠南面)〈읍치로부터 동남쪽으로 20리에서 시작하여 30리에서 끝난다〉

일서면(一西面)〈읍치로부터 20리에서 시작하여 30리에서 끝난다〉

이서면(二西面)〈읍치로부터 10리에서 시작하여 15리에서 끝난다〉

삼서면(三西面)〈읍치로부터 서남쪽으로 10리에서 시작하여 20리에서 끝난다〉

일북면(一北面)〈읍치로부터 10리에서 시작하여 20리에서 끝난다〉

이북면(二北面)〈읍치로부터 동북쪽으로 10리에서 시작하여 20리에서 끝난다〉

삼북면(三北面)〈읍치로부터 동북쪽으로 15리에서 시작하여 35리에서 끝난다〉

【황촌부곡(黃村部曲)이 읍치로부터 북쪽으로 15리에 있다】

【덕천향(德川鄕)이 동쪽으로 20리에 있다】

『산수』(山水)

영인산(寧仁山)〈읍치의 서쪽 5리에 있다〉

동림산(桐林山)〈읍치의 남쪽 7리에 있으며, 동북쪽 기슭에 부처가 있다. 바위가 산등성이를 타고 수리(數里)에 걸쳐서 펼쳐져있다〉

고룡산(高龍山)〈읍치의 북쪽 12리에 있다〉

동심산(東深山)〈읍치의 동쪽 5리에 있다〉

연암산(燕岩山)〈읍치의 동쪽 29리에 있다〉

입암산(笠岩山)〈읍치의 서쪽 12리에 있다〉

원둔산(元屯山)〈읍치의 북쪽 10리에 있다〉

둔전평(屯田坪)〈읍치의 북쪽 25리에 있으며, 옛 유지(遺址)가 있다〉

「영로」(嶺路)

어라항현(於羅項峴)〈지금은 어래현(御來峴)이라고 부른다. 읍치로부터 동쪽 21리에 있다. 내포(內浦) 10여 읍에서 서울 가는 도로로 통하는 곳이며, 매우 중요한 곳이다〉

【양현(美峴)이 있다】

○해(海)〈읍치로부터 서북쪽으로 10리에 있으며, 그리 넓지 않다〉

미륵천(彌勒川)〈읍치로부터 동남쪽 20리에 있으면, 수원(水源)은 공주(公州)의 차령(車

嶺)과 쌍령(雙嶺)의 북쪽에서 시작하여, 청주(淸州)의 덕평(德坪)을 지나 우측으로 양안천(良安川)을 통과하여 서북쪽으로 흘러 천안(天安)의 풍세(豐歲)에 이른다. 좌측으로 대화산(大華山)의 물을 지나 서쪽으로 흘러서 포천(布川)과 봉천(烽川)이 된다. 좌측으로 기천(岐川)을 지나 차륜탄(車輪灘)이 되고, 미륵천(彌勒川)이 되며, 우측으로 어래현(御來峴)의 후천(後川)을 지나 좌측으로 온정(溫井)의 물을 지나 단장포(丹場浦)와 견포(犬浦)가 된다. 천안(天安)의 돈의면(頓義面)을 지나 돈곶포(頓串浦)의 하류로 들어간다〉

중방포(中防浦)〈단장포(丹場浦)이며, 읍치로부터 남쪽 15리에 있다〉

견포(犬浦)〈읍치로부터 서남쪽 13리에 있으며, 소진(小津)이 있고, 모두 신창(新昌)과의 경계이다〉

봉천(烽川)〈읍치로부터 동남쪽 25리에 있으며, 미륵천(彌勒川)조를 참고하라〉

후천(後川)〈수원(水源)의 어래현(御來峴)에서 나와 서남쪽으로 흘러 미륵천(彌勒川)으로 들어간다〉

학교천(鶴橋川)〈읍치로부터 북쪽 10리에 있다. 어래현(御來峴)의 북쪽에서 수원(水源)이 시작하여 서북쪽으로 흘러, 고룡산(高龍山)의 남쪽을 지나 백석포(白石浦)로 들어간다〉

백석포(白石浦)〈읍치의 서북쪽 10리에 있다〉

둔포(屯浦)〈읍치의 동북쪽 30리에 있다. 평택(平澤)의 탁천(濁川) 하류이며, 물고기와 소금이 많이 모이는 곳이다〉

당포(堂浦)〈읍치로부터 북쪽 15리에 있으며, 시포(市浦)의 하류이다〉

시포(市浦)〈읍치로부터 북쪽 25리에 있다. 당포(堂浦)와 시포(市浦)는 작은 나루가 있으며, 수원(水原)으로 통한다.○천안(天安)의 모산창(毛山倉)이 이곳에 있다〉

우평포(牛坪浦)〈읍치의 서쪽 15리에 있다. 돈곶포(頓串浦)의 하류의 서쪽이다. 큰 들이 매우 넓어, 제방을 쌓아 관개(灌漑)를 잘하며, 벼농사가 잘된다〉

『성지』

신성(薪城)〈영인산(寧仁山)위에 있다. 옛 고성이 둘이 연달아 쌓아져있는데, 북성(北城)은 돌로 만들었으며, 성의 둘레는 480척(尺)이고, 우물이 한 개이다. 남성(南城)은 흙으로 쌓았으며, 둘레는 408척(尺)이다. 예전에는 평택(平澤) 사람들이 이곳으로 피난을 왔다. 그래서 평택성이라고 부른다〉

어라항성(於羅項城)〈요로원(要路院)에 있으며, 읍치로부터 서남쪽 5리에 있다. 성의 둘레는 364척(尺)이다〉

수한성(水漢城)〈읍치로부터 동쪽 10리에 있고, 성의 둘레가 2,420척(尺)이다〉

앵리성(鶯里城)〈읍치로부터 동쪽 20리에 있고, 성의 둘레는 655척(尺)이다. ○위에서 설명한 여러 성들은 백제시대에 국경을 지키는 성들이었다〉

『봉수』(烽燧)

연암산(燕岩山)〈읍치의 동쪽 29리에 있다〉

『창고』(倉庫)

읍창(邑倉)

조창(漕倉)〈읍치로부터 서북쪽 10리에 있다. 대내산(大迺山)의 북쪽 공세곶(貢稅串) 있으며, 공진창(貢津倉)이라고 부른다. 창고가 예전에는 면천(沔川)에 있었다. 성종 9년(1478)에 이곳으로 옮겼으며, 인조 9년(1631)에 창고에 성을 쌓았는데, 둘레가 380척(尺)이다. 예전에는 14읍의 전세(田稅)를 거두었는데, 지금은 7읍의 전세를 걷는다. 예전에는 도사(都事)로써 해운판관(海運判官)을 겸하게 하였으며, 세금납부를 관리하게 하였는데, 지금은 아산현감(牙山縣監)이 세금납부를 감독하여 모든 배마다 1,000석을 싣는다. ○근래 각 읍에서는 배를 임대해서 운반하여 납부한다〉

『역참』(驛站)

장시역(長時驛)〈읍치로부터 북쪽 2리에 있다〉

『토산』(土産)

숭어[수어(秀魚)]·황소어(黃小魚)·세미어(細尾魚)·백어(白魚)·새우·게[해[(蟹)]·소금·석회(石灰)

『장시』(場市)

읍내장은 4일과 9일이고 둔포장은 2일과 7일이다.

『사원』(祠院)

현충사(顯忠祠)〈숙종 병술년(1706)에 세웠으며, 정해년(1707)에 사액되었다〉에 이순신(李舜臣)〈자는 여해(汝諧)이고, 본관는 덕수(德水)이다. 선조 무술년(1598)에 남해의 노량에서 싸우다가 죽었다. 관직은 통제사(統制使)였으며, 좌의정 덕풍부원군(德豊府院君)에 증직되었고, 시호는 충무(忠武)이다〉, 이완(李莞)〈자는 열보(悅甫)이고, 이순신(李舜臣)의 조카이다. 인조 정묘년(1627)에 의주부윤(義州府尹)으로 순절하였으므로 병조판서에 증직되었다. 시호는 강민(剛愍)이다〉, 이봉상(李鳳祥)〈이순신의 5대손이다. 청주(淸州)조를 참고하라〉를 봉안하였다.

『전고』(典故)

고려 명종 7년(1177)에 공주의 반란군인 망이(亡伊) 등이 아주(牙州)를 함락하였다. 고려 고종 23년(1236)에 몽고병이 아주에 주둔하였다. 동왕 43년(1256)에 충주도순문사(忠州都巡問使)인 한취(韓就)가 아주해도(牙州海島)에 있으면서, 배 9척으로 몽고군을 공격하고자 하였으나, 몽고병이 반격하여 모두 죽었다. 공민왕 9년(1360)에 왜구가 아주에 침입해왔다. 동왕 18년(1369)에 아주에서 왜선 3척을 사로잡았고, 왜구 포로 2명 바쳤다. 우왕 3년(1377)에 왜구가 아주에 쳐들어오자, 왕안덕(王安德) 등 여러 장수가 아주에서 싸워 패주시켰다. 동왕 4년(1378)에 왜구가 아주에 쳐들어와서 동림사(桐林寺)에 침입하였다. 원수였던 최공철(崔公哲) 등이 공격하여 3명의 목을 베니 왜구가 도망갔다.

31. 평택현(平澤縣)

『연혁』(沿革)

본래 백제의 하팔(河八)이었는데, 신라 경덕왕 16년(757)에 평택(平澤)으로 고쳐 탕정군(湯井郡)의 영현(領縣)으로 삼았다. 고려 현종 9년(1018)에 천안(天安)에 소속되었고, 후에 감무(監務)를 두었다. 조선 태종 13년(1413)에 현감으로 고쳤다.〈연산군 11년(1505)에 충청도에서 경기도로 옮겼고, 중종 원년(1506)에 다시 충청도로 환원되었다〉 선조 29년(1596)에 혁파(革罷)하여 직산(稷山)에 소속되었다.〈왜구가 쳐들어와서 고을을 분탕질하여 쇠잔(衰殘)하여

졌기 때문이다〉 광해군 2년(1610)에 다시 설치하였다.

「읍호」(邑號)

팽성(彭城)

「관원」(官員)

현감 1인이다.〈홍주진관병마절제도위(洪州鎭管兵馬節制都尉)를 겸하였다〉

『방면』(方面)

현내면(縣內面)〈읍치로부터 동남쪽으로 1리에서 시작하여 25리에서 끝난다〉

동면(東面)〈읍치로부터 시작하여 8리에서 끝난다〉

서면(西面)〈읍치로부터 시작하여 7리에서 끝난다〉

남면(南面)〈읍치로부터 시작하여 8리에서 끝난다〉

북면(北面)〈읍치로부터 시작하여 8리에서 끝난다〉

소북면(小北面)〈읍치로부터 10리에서 시작하여 20리에서 끝난다〉

○백랑부곡(白浪部曲)

『산수』(山水)

당산(堂山)〈읍치의 북쪽 1리에 있다. 평택현은 늘 가운데 있는데, 오직 여기만 높다〉

흑석부(黑石阜)〈읍치의 북쪽 10리에 있다〉

○탁천(濁川)〈읍치의 남쪽 8리에 있는 작은 시내인데, 서쪽으로 흘러서 아산(牙山)의 둔포(屯浦)로 들어간다〉

군물포(軍勿浦)〈읍치의 동쪽 5리에 있고, 양성(陽城)의 홍경천(弘慶川)의 하류이다〉

곤지포(鵾池浦)〈읍치의 북쪽 10리에 있고, 군물포의 하류이다〉

노산포(魯山浦)〈읍치의 서북쪽 10리에 있고, 곤지포의 하류이다. 곤지포와 노산포는 배들이 모이는 곳이다〉

신덕포(新德浦)〈읍치의 서쪽 5리에 있다〉

『성지』(城池)

고성(古城)〈당산(堂山)에 있으며, 성산(城山)이라고도 부르는데, 옛 터가 있다〉

『역참』(驛站)

화천역(花川驛)〈읍치의 동쪽 5리에 있다〉

『진도』(典故)

군물진(軍勿津)〈양성(陽城)과 진위(振威)의 사잇길과 통한다〉

곤지진(鵾池津)〈소북면(小北面)과 수원(水原) 지역으로 통한다〉

『토산』(土産)

붕어[즉어(鯽魚)]·숭어[수어(秀魚)]·게[해(蟹)]

『장시』(場市)

읍내장날이 3일과 8일이다.

『사원』(祠院)

포의사(褒義祠)〈현종 신축년(1661)에 세웠고, 숙종 갑신년(1704)에 사액되었다〉

홍익한(洪翼漢)〈강화(江華)조를 봐라〉

윤집(尹集)〈강화(江華)조를 봐라〉

오달제(吳達濟)〈광주(廣州)조를 봐라〉

『전고』(典故)

고려 고종 23년(1236)에 몽고군이 평택(平澤)에 주둔하였다. 공민왕 9년(1360)에 왜구가 평택에 쳐들어왔다. 우왕 3년(1377)에 왜구가 평택에 쳐들어오자, 양광도(楊廣道) 부원수(副元帥) 인해(印海)가 더불어 싸웠으나 이기지 못하였다.

32. 당진현(唐津縣)

『연혁』(沿革)

본래 백제의 벌수지(伐首只)〈부수지(夫首只)라고도 한다〉였는데, 당나라가 우래(于來)라고 고치고 지심주(支潯州)의 영현(領縣)으로 삼았다. 신라 경덕왕 16년(757)에 당진(唐津)으로 혜성군(槥城郡)의 영현(領縣)으로 삼았다. 고려 현종 9년(1018)에 홍주(洪州)에 소속되고, 고려 예종 원년에 감무(監務)를 두었다. 조선 태종 13년(1413)에 현감으로 고쳤다.

「관원」(官員)

현감 1인이다.〈홍주진관병마절제도위(洪州鎭管兵馬節制都尉)를 겸하였다〉

『방면』(坊面)

현내면(縣內面)〈읍치로부터 시작하여 10리에서 끝난다〉

고산면(高山面)〈읍치로부터 서북쪽 10리에서 시작하여 20리에서 끝난다〉

동면(東面)〈읍치로부터 4리에서 시작하여 10리에서 끝난다〉

남면(南面)〈읍치로부터 15리에서 시작하여 30리에서 끝난다〉

대진면(大眞面)〈읍치로부터 남쪽 5리에서 시작하여 15리에서 끝난다〉

내맹면(內孟面)〈읍치로부터 서북쪽 40리에서 시작하여 50리에서 끝난다〉

외맹면(外孟面)〈읍치로부터 북쪽 30리에서 시작하여 35리에서 끝난다〉

『산수』(山水)

고산(高山)〈읍치의 서북쪽 22리에 있다〉

이배산(利背山)〈읍치의 남쪽 15리에 있다〉

삼봉산(三峰山)〈읍치의 서북쪽 30리에 있다. 서쪽에는 석문(石門)의 옛터가 있다〉

성당산(聖堂山)〈읍치의 서쪽 10리에 있다〉

태산(泰山)〈읍치의 동쪽 10리에 있다〉

영파산(影波山)〈읍치의 서쪽에 있는데, 영랑사(影浪寺)가 있다〉

「영로」(嶺路)

적현(赤峴)〈읍치의 남쪽 10리에 있으며, 해미(海美)와 통한다〉

노은치(老隱峙)〈읍치의 동쪽 10리에 있으며, 면천(沔川)으로 통한다〉

○해(海)〈읍치의 북쪽 30리에 있다〉

채운포(彩雲浦)〈수원(水源)이 면천군(沔川郡)의 신암산(新岩山)과 몽산(蒙山)에서 시작하여 서쪽으로 흘러, 해미(海美)의 대모천(大母川)에서 만나 북쪽으로 흘러 현 서쪽 5리에 이르러 채운포(彩雲浦)가 되고 바다로 들어간다〉

웅포(熊浦)〈읍치의 북쪽 30리의 해변에 있다〉

맹곶(孟串)〈읍치의 서북쪽 30리에 있다. 바다로 쑥 들어가 있다. 그 끝은 50여 리나 되는데 서산(瑞山)의 대산곶(大山串)과 마주보고 있으며, 맹곶(孟串)으로 들어가는 길은 장고항(長鼓項)의 교로리(橋路里)를 경유해야 한다〉

「도서」(島嶼)

대란지도(大蘭芝島)〈섬의 둘레가 20리이고, 서산(瑞山)의 대산곶(大山串)의 끝 부분과 마주보고 있으며, 멀지 않아서 남북으로 배들이 지나고 정박하는 곳이다〉

소란지도(小蘭芝島)·산도(蒜島)·초락도(草落島)·가비도(加非島)·비아도(非兒島)〈위의 여러 섬들은 맹곶(孟串)의 서북쪽에 있다〉

『성지』

읍성(邑城)〈조선 세종 24년(1442)에 쌓았고, 성의 둘레는 1,954척(尺)이고, 우물이 2개 있다〉

『진보』(鎭堡)

당진포진(唐津浦鎭)〈읍치의 서북쪽 30리에 있다. 중종 9년(1514)에 성을 쌓았는데, 둘레는 1,340척(尺)이고, 수군만호(水軍萬戶)가 있다〉

난지도수(蘭芝島戍)〈당진포만호(唐津浦萬戶)가 군사를 나누어 지킨다〉

『봉수』(烽燧)

고산(高山)〈읍치의 서북쪽 22리에 있다〉

『창고』(倉庫)

읍창(邑倉)

서창(西倉)〈읍치의 서쪽 30리 해변에 있다〉
북창(北倉)〈읍치의 북쪽 15리 해변에 있다〉

『역참』(驛站)

홍세역(興世驛)〈읍치의 남쪽 9리에 있다〉
【맹곶목장(孟串牧場)은 혁폐되었다】

『교량』(橋梁)

채운교(彩雲橋)〈채운포(彩雲浦)에 있는데, 맹곶(孟串)으로 들어가려면 이곳을 경유한다. 배들이 다리 아래로 다닌다〉

『토산』(土産)

어물(魚物) 10여 종, 소금·감[시(柿)]·옥석(青玉石)〈현의 남쪽 5리에서 나오는데, 관음포(觀音浦) 주변이다〉

『장시』(場市)

읍내장날은 5일과 10일이다. 삼거리(三巨里) 장날은 2·4·7·9일로 한 달에 12번 열린다.

『전고』(典故)

백제의 의자왕 20년(660)에 당나라 장군 소정방(蘇定方)이 덕물도(德勿島)에 군대를 주둔시키고, 당진(唐津)에 정박하고 상륙하였다.

○조선 선조 30년(1597)에 수군도독(水軍都督) 진린(陳璘)이 절강군사(浙江軍士) 500척을 거느리고 바다를 건너 당진에 정박하였다.

33. 해미현(海美縣)

「연혁」(沿革)

고려 태조가 고구현(高邱縣)〈홍주(洪州)를 참고하라〉의 땅을 쪼개 정해현(貞海縣)〈고려조기에 몽웅(夢熊)의 역리(驛吏)인 한씨(韓氏) 성(姓)을 가진 사람이 공을 세워, 대광(大匡)이라는 호(號)를 받아 현을 설치하고 그를 본관(本貫)으로 삼았다〉을 두었다. 고려 현종 9년(1018)에 홍주(洪州)에 소속되고 후에 감무(監務)를 두었다. 조선 태종 7년(1407)에 여미현(餘美縣)을 병합하여 해미(海美)로 부르고, 동왕 13년(1413)에 현감으로 고쳤다.〈동왕 16년(1416)에 덕산(德山)으로부터 병영을 이곳을 옮겼고, 효종 2년(1651)에 청주로 옮겼다〉

「관원」(官員)

현감 1인이다.〈홍주진관병마절제도위(洪州鎭管兵馬節制都尉)·좌영장(左營將)·토포사(討捕使)를 겸직하였다〉

「고읍」(古邑)

여미(餘美)〈읍치의 북쪽 30리에 있다. 본래 백제의 여촌(餘村)인데, 신라 경덕왕 16년(757)에 여읍(餘邑)으로 고치고, 혜성군(槥城郡)의 영현(領縣)으로 삼았다. 고려 태조 23년(940)에 여미(餘美)라고 고쳤고, 고려 현종 9년(1018)에 홍주(洪州)에 소속되었으며, 고려 예종 9년(1114)에 감무(監務)를 두었다. 조선 태종 7년(1407)에 병합되었다〉

「방면」(坊面)

동면(東面)〈읍치로부터 시작하여 15리에서 끝난다〉

남면(南面)〈읍치로부터 시작하여 11리에서 끝난다〉

서면(西面))〈읍치로부터 시작하여 30리에서 끝난다〉

일도면(一道面)〈읍치로부터 시작하여 북쪽 40리에서 끝난다〉

염솔면(鹽率面)〈본래 염솔부곡(鹽率部曲)이다. 읍치의 북쪽 50리에서 끝난다. 일도면과 염솔면은 서산(瑞山)의 동쪽이고, 당진(唐津)의 서쪽이다〉

○염당부곡(焰堂部曲)〈여미(餘美)에 있다〉

염정부곡(鹽貞部曲)〈읍치의 북쪽 32리에 있다〉

사곡소(寺谷所)〈읍치의 동쪽 1리에 있다〉

『산수』(山水)

가야산(伽倻山)〈읍치의 동쪽 12리에 있다. ○일악사(日岳寺)가 있다〉

상왕산(象王山)〈여미(餘美)의 동쪽 4리에 있다. 가야산과 상왕산은 덕산(德山)과의 경계이다〉

문수산(文殊山)〈읍치로부터 북쪽 33리에 있다. 상왕산의 북쪽 갈래이며, 서산(瑞山)과 경계이다〉

안국산(安國山)〈읍치의 북쪽 38리인 염솔면(鹽率面)에 있다〉

무릉동(武陵洞)〈가야산(伽倻山)에 있는데, 천석(泉石)이 매우 아름답다〉

【금강산(金剛山)이 읍치로부터 서쪽으로 13리 서산(瑞山)에 있다】

「영로」(嶺路)

대치(大峙)〈읍치의 동쪽 12리에 있으며, 덕산(德山)과 경계이다〉

○해(海)〈서면(西面)과 염솔면(鹽率面)에 있다〉

대모천(大母川)〈읍치의 북쪽 50리에 있으며, 수원(水源)이 상왕산(象王山)에서 나와 북쪽으로 흘러 당진현(唐津縣)의 채운포(彩雲浦)가 된다〉

대교천(大橋川)〈읍치의 서쪽 9리에 있으며, 서산(瑞山)과의 경계이다. 상왕산(象王山)의 서쪽 갈래에서 수원(水源)이 시작하여 남쪽으로 흘러, 홍주(洪州)의 운천면(雲川面)을 경과하여 양능포(陽陵浦)로 들어간다〉

양능포(陽陵浦)〈읍치의 서쪽 10리 해변에 있다. 양능포의 서쪽 해안에 안흥정(安興亭)의 옛터가 있다. 고려 문종 31년(1077)에 중국에 가는 사신들이 왕래할 때, 보령현(保寧縣)의 고만도(高灣島)에서는 배를 대기가 불편하여 정해현(貞海縣)으로 옮겨서 환영과 환송하는 곳으로 삼았기 때문에 안흥정이라고 불렀다. 명나라의 『일통지(一統志)』에는 "목장지(牧場地)가 있는데, 예전에는 객관이 있었으며, 안흥정이라고 불렀다."고 한다〉

고조포(顧祖浦)〈읍치의 북쪽 42리인 염솔면(鹽率面) 해변에 있다〉

「도서」(島嶼)

마도(馬島)〈양능포(陽陵浦)의 서쪽에 있다. 도리도(桃李島)라고도 하며, 예전에 목장(牧場)이 있었다〉

『성지』(城池)

읍성(邑城)〈성의 둘레 2,630척(尺)이고, 옹성이 2이고, 우물이 6개이고, 성밖에는 탱자나무 숲으로 둘러 싸여있다〉

여미고성(餘美古城)〈성의 둘레가 881척(尺)이다〉

병영고성(兵營古城)〈읍치의 동쪽 3리에 있는데, 3,172척(尺)이고, 우물이 3개이며, 예전에는 창고가 있었다〉

견성(犬城)〈읍치의 동쪽 9리에 있으며, 성의 둘레가 9,960척(尺)이다〉

고성(古城)〈성산(城山)이라고 부르며, 성의 둘레가 1,432척(尺)이다〉

『영아』(營衙)

좌영(左營)〈인조때에 온양(溫陽)에 설치하였는데, 숙종 38년(1712)에 본 현으로 옮겼다. ○좌영장(左營將)은 본 현의 현감이 겸하였다. ○소속된 고을들은 해미(海美)·대흥(大興)·온양(溫陽)·면천(沔川)·서산(瑞山)·태안(泰安)·결성(結城)·예산(禮山)·평택(平澤)·아산(牙山)·신창(新昌)·덕산(德山)·당진(唐津)이다〉

『봉수』(烽燧)

안국산(安國山)〈읍치의 북쪽 38리인 염솔면(鹽率面)에 있다〉

『창고』(倉庫)

읍창(邑倉)

해창(海倉)〈양능포(陽陵浦) 서쪽에 있다〉

『역참』(驛站)

몽웅역(夢熊驛)〈읍치의 북쪽 5리에 있다〉

【역의 터가 몽웅향(夢熊鄕)에 있다】

「혁폐」(革廢)

득웅역(得熊驛)〈본래 여미현(餘美縣)과 관계가 있는데, 조선 정종 2년(1399)에 서산(瑞山)의 풍전(豊田)으로 옮겼다〉

『토산』(土産)

어물(魚物) 10여 종, 소금·감[시(柿)]

『장시』(場市)

읍내장날은 5일과 10일, 대교(大橋)장날은 3일과 8일, 여미(餘美)장날은 1일과 6일, 승포(升浦)장날은 5일과 10일이다.

『누정』(樓亭)

청허정(淸虛亭)이 있다.

『전고』(典故)

고려 우왕 3년(1377), 5년(1379)에 왜구가 여미(餘美)에 쳐들어왔다.

제2권

충청도 21읍

1. 충주목(忠州牧)

『연혁』(沿革)

본래 임나국(任那國)이었다. 후에 백제의 소유가 되어 낭자곡성(狼子谷城)이라고 칭하여졌다.〈혹은 낭자성(娘子城)이라고도 하였고 혹은 미을성(未乙省)이라고도 하였다〉 신라 진흥왕(眞興王) 12년(551)에 취하였으며 진흥왕 18년(557)에 국원소경(國原小京)을 설치했다.〈사신(仕臣)과 사대사(仕大舍) 각 1명을 두었다〉 신라 진흥왕 19년(558)에 귀척자제(貴戚子弟)와 6부(六部: 신라의 왕경(王京)인 경주의 행정조직/역자주)의 호민(豪民)들을 이주시켜 채웠다. 신라 경덕왕(景德王) 16년(757)에 중원경(中原京)으로 고쳐서〈대윤(大尹)과 소윤(少尹) 각 1명을 두었다〉 한주(漢州)에 예속시켰다.

고려 태조 23년(940)에 충주로 고쳤다. 고려 성종 2년(983)에 목(牧)을 설치했다가〈12목 중의 하나였다〉 14년(995)에 창화군절도사(昌化軍節度使)를 설치하고〈12절도사의 하나였다〉 중원도(中原道)에 예속시켰다. 고려 현종 3년(1012)에 고쳐서 안무사(按撫使)를 두었다가 9년(1018)에 목(牧)을 설치하여〈8목의 하나였다. ○소속된 군이 1이었는데 괴산군(槐山郡)이었다. 소속된 현이 5였는데 장연현(長延縣)·장풍현(長豊縣)·음죽현(陰竹縣)·음성현(陰城縣)·청풍현(淸風縣)이었다〉 양광도(楊廣道)에 예속시켰다. 고려 고종(高宗) 41년(1254)에 국원경(國原京)으로 승격했다가 후에 다시 목으로 되었다. 고려 충선왕(忠宣王) 2년(1310)에 지주사(知州事)로 강등했다.〈여러 목을 도태했기 때문이었다〉 고려 공민왕(恭愍王) 5년(1356)에 다시 목으로 하였고 조선에서는 그대로 따라서 하였다.〈태조 4년(1395)에 관찰사영(觀察使營)을 설치했다.

세종 31년(1449)에 관찰사로 하여금 목사(牧使)를 겸하게 하였다가 얼마 되지 않아 혁파했다〉 세조 12년(1466)에 진(鎭)을 설치했다.〈관하는 7읍이었다〉 명종 5년(1550)에 유신현(維新縣)으로 강등했다.〈이홍윤(李洪胤)이 반란을 일으켰기 때문이었다〉 선조가 즉위하던 정묘년(1567)에 다시 복구하였다.〈무옥(誣獄)으로 판명되어 신원되었기 때문이었다〉 광해군 5년(1613)에 현으로 강등했다.〈유인발(柳仁發)이 역모를 일으켰다가 죽음을 당했기 때문이었다〉 인조 1년(1623)에 다시 복구하였다가 6년(1628)에 충원현(忠原縣)으로 강등하였고〈안집중(安執中)의 역옥(逆獄) 때문이었다〉 15년(1637)에 다시 복구하였다가 25년(1647)에 현으로 강등하였다.〈채문형(蔡門亨)의 역옥 때문이었다〉 효종 3년(1652)에 복구하였다가 숙종 6년(1665)

에 다시 현으로 강등하였고〈아들이 아버지를 시해한 죄인 때문이었다〉 15년(1674)에 복구하였다. 영조 5년(1729)에 현으로 강등하였다가〈이조겸(李祖謙)의 역옥(逆獄) 때문이었다〉 14년(1738)에 복구하였고 15년(1739)에 다시 현으로 강등했다가〈아들이 아버지를 시해한 죄인 때문이었다〉 24년(1748)에 복구하였고 31년(1755)에 다시 현으로 강등했다가〈유수원(柳壽垣)의 역옥(逆獄) 때문이었다〉 40년(1764)에 복구하였다.【선조 35년(1602)에 관찰사영(觀察使營)을 공주(公州)로 옮겼다】

「읍호」(邑號)

대원(大原)〈고려 성종 때에 정한 것이다〉

예성(蘂城)

「관원」(官員)

목사(牧使)가〈충주진관병마첨절제사(忠州鎭管兵馬僉節制使)를 겸한다〉 1명이다.

『고읍』(古邑)

익안현(翼安縣)〈읍치로부터 서쪽으로 30리에 있었다. 본래 충주(忠州)의 다인철소(多仁鐵所)였다. 고려 고종(高宗) 43년(1256)에 본토인들이 몽고병을 방어한 전공이 있어서 현으로 승격하였다가 후에 충주로 옮겨서 소속시켰다〉

『방면』(坊面)

남변면(南邊面)〈읍치로부터 10리에서 끝난다〉

북변면(北邊面)〈읍치로부터 10리에서 끝난다〉

금천면(金遷面)〈읍치로부터 서쪽으로 10리에서 시작하여 25리에서 끝난다〉

이안면(利安面)〈읍치로부터 서남쪽으로 15리에서 시작하여 30리에서 끝난다〉

신석면(薪石面)〈읍치로부터 서쪽으로 40리에서 시작하여 60리에서 끝난다〉

덕서면(德西面)〈읍치로부터 서쪽으로 30리에서 시작하여 40리에서 끝난다〉

중니곡면(中尼谷面)〈읍치로부터 서쪽으로 60리에서 끝난다〉

복성동면(福城洞面)〈읍치로부터 서쪽으로 50리에서 시작하여 60리에서 끝난다〉

소탄면(所呑面)〈옛날에는 연탄처(淵呑處)였다. 읍치로부터 서쪽으로 80리에서 시작하여 90리에서 끝난다〉

법왕면(法王面)〈위와 같다〉

금목동면(金目洞面)〈읍치로부터 서쪽으로 60리에서 시작하여 80리에서 끝난다〉

성곡면(省谷面)〈읍치로부터 서쪽으로 10리에서 시작하여 25리에서 끝난다〉

대조곡면(大鳥谷面)〈본래 대조곡처(大鳥谷處)였다. 읍치로부터 서쪽으로 100리에서 시작하여 110리에서 끝난다〉

사다산면(沙多山面)〈읍치로부터 서쪽으로 100리에서 시작하여 115리에서 끝난다〉

천기음면(川岐音面)〈위와 같다〉

두의곡면(豆衣谷面)〈읍치로부터 서쪽으로 80리에서 시작하여 90리에서 끝난다〉

소고면(蘇古面)〈읍치로부터 서쪽으로 35리에서 시작하여 50리에서 끝난다〉

유등곡면(柳等谷面)〈읍치로부터 남쪽으로 30리에서 시작하여 40리에서 끝난다〉

불정면(佛頂面)〈위와 같다〉

율지동면(栗枝洞面)〈읍치로부터 남쪽으로 25리에서 시작하여 40리에서 끝난다〉

감물내면(甘勿內面)〈본래 감물내미부곡(甘勿內彌部曲)이었다. 읍치로부터 남쪽으로 30리에서 시작하여 50리에서 끝난다〉

맹동면(孟洞面)〈읍치로부터 서쪽으로 80리에서 시작하여 100리에서 끝난다〉

감미곡면(甘味谷面)〈읍치로부터 서북쪽으로 60리에서 시작하여 80리에서 끝난다〉

거곡면(居谷面)〈위와 같나〉

사을미면(沙乙味面)〈본래 광반석부곡(廣反石部曲)이었다. 읍치로부터 동남쪽으로 35리에서 시작하여 50리에서 끝난다〉

가흥면(可興面)〈읍치로부터 서쪽으로 25리에서 시작하여 35리에서 끝난다〉

앙암면(仰巖面)〈읍치로부터 서북쪽으로 50리에서 시작하여 60리에서 끝난다〉

성태양면(省台陽面)〈읍치로부터 서북쪽으로 30리에서 시작하여 50리에서 끝난다〉

금생면(金生面)〈읍치로부터 북쪽으로 10리에서 시작하여 20리에서 끝난다〉

가차산면(加次山面)〈읍치로부터 서북쪽으로 15리에서 시작하여 20리에서 끝난다〉

엄정면(嚴政面)〈읍치로부터 북쪽으로 30리에서 시작하여 60리에서 끝난다〉

산척면(山尺面)〈읍치로부터 동북쪽으로 30리에서 시작하여 50리에서 끝난다〉

주류등면(周柳等面)〈읍치로부터 서남쪽으로 40리에서 시작하여 50리에서 끝난다〉

사리포면(沙里浦面)〈읍치로부터 40리에서 시작하여 50리에서 끝난다〉

율동면(栗洞面)〈읍치로부터 80리에서 시작하여 100리에서 끝난다〉

덕산면(德山面)〈본래 덕산향(德山鄕)이었다. 읍치로부터 동남쪽으로 55리에서 시작하여 105리에서 끝난다〉

적화현면(赤火峴面)〈읍치로부터 (원전에 내용없음) 시작하여 60리에서 끝난다. ○탄촌부곡(炭村部曲)은 읍치로부터 남쪽으로 20리에 있었다. 소잉림부곡(所仍林部曲)은 읍치로부터 동남쪽으로 65리에 있었다. 상하맥부곡(上下麥部谷)은 읍치로부터 서북쪽으로 45리에 있었다〉【마파면(亇波面)은 읍치로부터 남쪽에 있다. 동량면(東良面)은 읍치로부터 동쪽에 있다. 노은면(老隱面)은 읍치로부터 서쪽에 있다. 내포면(內浦面)은 읍치로부터 서쪽에 있다. 지내면(枝內面)은 읍치로부터 서쪽에 있다. 이차탄부곡(伊次呑部曲)이 있었다】

『산수』(山水)

대림산(大林山)〈읍치로부터 남쪽으로 10리에 있다. 영곡사(靈鵠寺)가 있는데 깎은 듯한 절벽에 의지하여 푸른 물을 내려다본다〉

말흘산(末訖山)〈읍치로부터 북쪽으로 30리에 있다〉

월악산(月嶽山)〈읍치로부터 동쪽으로 45리에 있다. 청풍(淸風)과의 경계이다. 산세가 높고 웅장하다. 상덕주사(上德周寺)와 하덕주사(下德周寺)가 있다〉

풍류산(風流山)〈읍치로부터 남쪽으로 30리에 있다〉

가섭산(迦葉山)〈읍치로부터 서쪽으로 40리에 있다. 음성(陰城)과의 북쪽 경계이다. 산세가 자못 높고 우뚝하다〉

천룡산(天龍山)〈읍치로부터 서쪽으로 25리에 있다. ○보련사(寶蓮寺)가 있다〉

정토산(淨土山)〈읍치로부터 북쪽으로 30리에 있다. 개천사(開天寺)에는 고려시대에 사적(史籍)을 비장했다〉

견문산(犬門山)〈읍치로부터 서쪽으로 8리에 있다〉

국망산(國望山)〈읍치로부터 서쪽으로 50리에 있다〉

장미산(薔薇山)〈읍치로부터 서쪽으로 28리에 있다〉

천등산(天燈山)〈읍치로부터 북쪽으로 40리에 있다. 정토산(淨土山)과 서로 연이어 있다. 개천사비(開天寺碑)가 있다〉

오동산(梧桐山)〈읍치로부터 북쪽으로 7리에 있다〉

금봉산(金鳳山)〈읍치로부터 동쪽으로 5리에 있다〉

종당산(宗堂山)〈읍치로부터 북쪽으로 12리에 있다. 특이한 돌들이 산출되는데 비석을 만들 수 있다〉

대미산(黛眉山)〈읍치로부터 동남쪽으로 80리에 있다. 문경(聞慶)에 있다〉

부용산(芙蓉山)〈읍치로부터 서쪽으로 100리에 있다〉

취산(鷲山)〈읍치로부터 서쪽으로 60리에 있다〉

원통산(圓通山)〈위와 같다〉

오갑산(烏岬山)〈읍치로부터 서북쪽으로 70리에 있다. 여주(驪州)와의 경계이다〉

검암산(劍巖山)〈읍치로부터 남쪽으로 20리에 있다. 돌로 된 봉우리가 마치 칼날처럼 뾰족하게 서 있다〉

소속리산(小俗離山)〈읍치로부터 서쪽으로 90리에 있다〉

망월산(望月山)〈망이산(望夷山) 남쪽에 있다〉

청계산(淸溪山)〈읍치로부터 서북쪽으로 60리에 있다〉

왕심산(王心山)〈청계산(淸溪山)의 동남쪽에 있다〉

월하산(月下山)〈왕심산(王心山)의 동북쪽에 있다〉

연주산(連珠山)〈읍치로부터 남쪽으로 5리에 있다. 산 아래에 비선동(飛仙洞)이 있다〉

탄금대(彈琴臺)〈견문산(犬門山)의 남쪽 달천(達川) 주변에 있다. 푸른 절벽이 우뚝 솟아있는데 높이가 20여 장(丈)으로서 강물을 내려다보고 있다. 신라 때에 우륵(于勒)이 거문고를 연주한 곳이다〉

포무대(泡毋臺)〈풍류산(風流山) 위에 있다. 바윗돌이 높고 둥그스름한데 높이가 수십 장(丈)이나 된다〉【타난산(陀難山)은 읍치로부터 서쪽으로 100리에 있다. 누암(樓巖)과 적암(赤巖)이 있다】

「영로」(嶺路)

모녀현(毛女峴)〈읍치로부터 동쪽으로 60리에 있다. 청풍(淸風)과의 경계이며 대로이다〉

악현(惡峴)〈읍치로부터 서쪽으로 50리에 있다. 음성(陰城)과의 경계이며 간로(間路: 사잇길/역자주)이다. 돌로 된 좁은 길이 구불구불하다〉

양대치(兩大峙)〈읍치로부터 남쪽으로 30리에 있다. 사잇길이다〉

임오치(林烏峙)〈읍치로부터 서쪽으로 통하는 길이다. 음죽(陰竹)과의 경계이며 대로이다〉

육십치(六十峙)〈읍치로부터 서쪽으로 통하는 길이다〉

오신치(吾信峙)〈읍치로부터 서쪽으로 통하는 길이다. 안성(安城)과의 경계이다〉

갈마현(渴馬峴)〈읍치로부터 남쪽으로 20리에 있다. 조령(鳥嶺)으로 통한다〉

유현(楡峴)〈읍치로부터 남쪽으로 통하는 길이다. 연풍(延豐)으로 통한다〉

한강(漢江)〈즉 이 강은 청풍(淸風) 황공탄(惶恐灘) 하류이다. 충주의 북쪽을 지나 금천(金遷)에 이르러 달천(達川)과 합류한다〉

포탄(浦灘)〈읍치로부터 동북쪽으로 20리에 있다. 신당진(新塘津) 하류이다〉

진포(辰浦)〈읍치로부터 동북쪽으로 15리에 있다. 포탄(浦灘) 하류이다. 물이 맑고 깊어서 끝을 알 수 없다. 세속에서는 용연(龍淵)이라고 부른다〉

용탄(龍灘)〈읍치로부터 북쪽으로 10리에 있다. 진포(辰浦)와 포탄(浦灘)의 하류이다〉

금천(金遷)〈읍치로부터 서쪽으로 10리에 있다〉

월락탄(月落灘)〈읍치로부터 서북쪽으로 15리에 있다. 금천(金遷) 다음에 있다〉

하연(荷淵)〈월락탄(月落灘)의 다음에 있다. 읍치로부터 북쪽으로 20리에 있다〉

막희락탄(莫喜樂灘)〈읍치로부터 서북쪽으로 30리에 있다. 하연(荷淵)의 다음에 있다〉

고유수탄(固有愁灘)〈읍치로부터 서북쪽으로 60리에 있다〉

우지탄(禹至灘)〈고유수탄(固有愁灘)의 다음에 있다〉

달천(達川)〈읍치로부터 서쪽으로 8리의 견문산(犬門山) 아래에 있다. 금휴포(琴休浦)가 되었다가 금천(金遷)으로 들어간다〉

열운천(閱雲川)〈읍치로부터 서남쪽으로 40리에 있다. 원류는 가섭산(迦葉山)에서 나온다. 동쪽으로 흐르다가 달천(達川)으로 들어간다〉

요도천(夭桃川)〈읍치로부터 서남쪽으로 30리에 있다. 원류는 취산(鷲山)·원통산(圓通山)·가섭산(迦葉山) 등의 산으로부터 나온다. 동쪽으로 흐르다가 숭선면(崇善面), 이안면(利安面)을 지나 달천(達川)으로 들어간다〉

월천(月川)〈읍치로부터 동쪽으로 30리에 있다. 원류는 모녀현(毛女峴)·월악산(月嶽山)·대미산(戴眉山)·계립령(鷄立嶺)에서 나온다. 북쪽으로 흐르다가 신당진(新塘津)이 되어 포탄(浦灘)으로 들어간다〉

엄정천(嚴政川)〈읍치로부터 북쪽으로 50리에 있다. 원류는 천등산(天燈山)에서 나온다. 서쪽으로 흐르다가 한강(漢江)으로 들어간다〉

『형승』(形勝)

동남쪽으로는 험준한 관문과 고개들이 있고 서북쪽으로는 긴 강과 넓은 벌판이 있다. 북쪽으로는 원주(原州)와 의각(犄角)이 되고 남쪽으로는 청주(淸州)와 성원(聲援)이 된다. 왼쪽으로는 영남의 성원처가 되고 오른쪽으로는 기전(畿甸)의 울타리가 된다. 남과 북의 요충지이며 물과 육지가 만나는 곳이 된다. 토지가 비옥하고 백성들이 많다.

『성지』(城池)

읍성(邑城)〈옛날에는 완장성(薍長城)이라고 하였는데 낭자성(娘子城)이 와전된 것이었다. 신라 문무왕(文武王) 13년(673)에 수축하였다. 주위는 2,592보이다. 남문과 북문에 루(樓)가 있다〉

대림산고성(大林山古城)〈읍치로부터 남쪽으로 15리에 있다. 주위는 9,638척이다. 우물이 1이다〉

덕주고성(德周古城)〈읍치로부터 동남쪽으로 50리의 월악산(月嶽山) 남쪽에 있다. 주위는 32,670척이다. 샘물이 2이고 냇물이 1이다〉

동악고성(桐嶽古城)〈읍치로부터 동쪽으로 30리에 있다. 주위는 2,280척이다. 우물이 1이다〉

천룡산고성(天龍山古城)〈혹은 봉황성(鳳凰城)이라고도 한다. 주위는 6,121척이다. 우물이 1이나〉

장미산고성(薔薇山古城)〈옛 터가 있다〉

『영아』(營衙)

후영(後營)〈인조 때에 설치했다. ○후영장(後營將)이 1명이다. ○속읍(屬邑)은 충주(忠州)·청풍(淸風)·단양(丹陽)·괴산(槐山)·연풍(延豐)·제천(堤川)·영춘(永春)·음성(陰城)이다〉

『봉수』(烽燧)

대림산봉수(大林山烽燧)〈위에 보인다〉

심항산봉수(心項山烽燧)〈읍치로부터 동쪽으로 9리에 있다〉

마산봉수(馬山烽燧)〈읍치로부터 서쪽으로 30리에 있다〉

망이산봉수(望夷山烽燧)〈읍치로부터 서쪽으로 110리에 있다〉

『창고』(倉庫)

읍창(邑倉)

양진창(楊津倉)〈숙종 12년(1686)에 양진(楊津)의 동쪽에 세웠다가 16년(1690)에 읍내로 옮겨서 세우고 군량을 비축했다〉

가흥창(可興倉)〈읍치로부터 서북쪽으로 30리의 강변에 있다. 본래 고려 때의 덕흥창(德興倉)이었는데 달리 경원창(慶源倉)이라고도 불렀으며 고려 때의 조창(漕倉)이었다. 문충공(文忠公) 정몽주(鄭夢周)가 수참(水站)을 건설했다. 조선 세조 때에 금천(金遷)으로부터 가흥역(可興驛)의 동쪽으로 옮겨서 세우고 좌수참(左水站)이라 칭하였고 영남과 호서의 12고을 세곡(稅穀)을 거두어서 한양에까지 조운하였다. 지금은 충주(忠州)·음성(陰城)·진천(鎭川)·연풍(延豊)·청안(淸安)·괴산(槐山)의 6고을 전세(田稅)를 거두어서 한양으로 조운한다. 옛날에는 수운판관(水運判官)이 있어서 받고 납입하는 일을 관장했다. 정조 3년(1779)에 판관을 폐지하고 충주목사(忠州牧使)로 하여금 도차사원(都差使員)을 삼아 거두어들이는 일을 감독하게 하였으며 5고을의 수령들은 번갈아 영운차사원(領運差使員)을 삼았다〉

동창(東倉)〈읍치로부터 동남쪽으로 10리에 있다. 청풍(淸風)과의 경계이다〉

남창(南倉)〈읍치로부터 남쪽으로 40리에 있다〉

서창(西倉)〈읍치로부터 서쪽으로 40리에 있다〉

북창(北倉)〈읍치로부터 북쪽으로 10리의 금천(金遷) 북쪽 언덕에 있다〉

내창(內倉)〈읍치로부터 서북쪽으로 30리에 있다〉【조운선은 14척이다. 배 1척에 200석을 싣는다】

『역참』(驛站)

연원도(連源道)〈읍치로부터 동북쪽으로 5리에 있다. 속역(屬驛)이 14이다. ○찰방(察訪)이 1명이다〉

가흥역(嘉興驛)〈읍치로부터 서북쪽으로 30리에 있다〉

단월역(丹月驛)〈본래 단월부곡(丹月部曲)이었다. 읍치로부터 남쪽으로 10리에 있다〉

용안역(用安驛)〈읍치로부터 서쪽으로 45리에 있다. 고려 때에는 요안역(遙安驛)이라고 불렀다〉

「보발」(步撥)

임오참(林烏站)

숭선참(崇善站)

단월참(丹月站)

『진도』(津渡)

포탄진(浦灘津)〈읍치로부터 동북쪽으로 25리에 있다. 제천(堤川)으로 통한다〉

달천진(達川津)〈읍치로부터 서남쪽으로 8리에 있다. 한양에서 영남으로 통하는 대로이다. 가뭄이 들면 다리를 설치한다〉

신당진(新塘津)〈읍치로부터 동쪽으로 25리에 있다. 청풍(淸風) 황강역(黃江驛)으로 통한다〉

목계진(木溪津)〈읍치로부터 서북쪽으로 20리에 있다. 가홍진(可興津)으로부터 원주(原州), 제천(堤川)으로 통한다.

청룡진(靑龍津)〈읍치로부터 서북쪽으로 40리에 있다〉

북강진(北江津)〈읍치로부터 북쪽으로 10리에 있다. 원주(原州)와 하연진(荷淵津)으로 통한다〉

하연진(荷淵津)〈읍치로부터 서북쪽으로 20리에 있다. 가홍진(可興津)으로 통하는 대로이다〉

가홍신(可興津)〈가홍창(可興倉)의 북쪽에 있다. 산로(間路: 사잇길/역자주)이다〉

『토산』(土產)

철 · 활석(滑石) · 잣[해송자(海松子] · 석이버섯[석심(石蕈)] · 송이버섯[송심(松蕈)] · 수달 · 벌꿀 · 자초(紫草) · 대추 · 눌어(訥魚) · 쏘가리[금린어(錦鱗魚)] · 붕어 · 백면지(白綿紙)〈중국에 보내는 세폐(歲幣: 중국에 조공물로 보내는 물품/역자주)로 사용된다〉

『장시』(場市)

읍내의 장날은 2일과 7일, 4일과 9일로서 한 달에 12번의 장이 선다. 신당(新塘)의 장날은 3일과 8일이다. 남창(南倉)의 장날은 4일과 9일이다. 내창(內倉)의 장날은 3일과 8일이다. 석원(石院)의 장날은 2일과 7일이다. 대조원(大棗院)의 장날은 5일과 10일이다. 가홍(可興)의 장날은 5일과 10일이다. 용안(用安)의 장날은 3일과 8일이다. 우목(牛目)의 장날은 1일과 6일이다

『단유』(壇壝)

양진명소단(楊津溟所壇)〈금휴포구(琴休浦口)에 있다. 고려 때에는 대천(大川)으로써 소사(小祀: 국가에서 거행하는 작은 규모의 제사/역자주)에 실려 있었다. 조선은 그대로 따라서 하였다〉

『누정』(樓亭)

경앙루(慶仰樓), 망경루(望京樓)가 있다.

『사원』(祠院)

팔봉서원(八峯書院)에는〈선조 임오년(1582)에 세우고 현종 임자년(1672)에 편액을 하사하였다〉 이자(李耔)〈자(字)는 차야(次野)이고 호는 음애(陰崖)이며 본관은 한산(韓山)이다. 관직은 우참찬(右參贊)을 역임하였으며 좌찬성(左贊成)에 추증되었다. 시호(諡號)는 문의(文懿)이다〉· 이연경(李延慶)〈자는 장길(長吉)이고 호는 탄수(灘叟)이며 본관은 광주(廣州)이다. 관직은 교리(校理)를 역임했으며 이조참판(吏曹參判)에 추증되었다〉· 김세필(金世弼)〈자는 공석(公碩)이고 호는 십청헌(十清軒)이며 본관은 경주(慶州)이다. 관직은 이조참판을 역임했으며 이조판서(吏曹判書)에 추증되었다. 시호는 문간(文簡)이다〉· 노수신(盧守愼)〈자는 관회(寬悔)이고 호는 소재(蘇齋)이며 본관은 광주(光州)이다. 관직은 영의정(領議政)을 역임했으며 시호는 문의(文懿)이다〉을 모시고 있다.

○운곡서원(雲谷書院)에는〈현종 신축년(1661)에 세우고 숙종 병진년(1676)에 편액을 하사하였다〉 주자(朱子)· 정구(鄭逑)〈자는 도가(道可)이고 호는 한강(寒岡)이며 본관은 청주(清州)이다. 관직은 대사헌(大司憲)을 역임했으며 영의정에 추증되었다. 시호는 문목(文穆)이다〉를 모시고 있다.

○누암서원(樓巖書院)에는〈숙종 을해년(1695)에 세우고 임오년(1702)에 편액을 하사하였다〉 송시열(宋時烈)〈문묘(文廟) 조항에 보인다〉· 민정중(閔鼎重)〈양주(楊州) 조항에 보인다〉· 권상하(權尙夏)〈자는 치도(致道)이고 호는 축암(遂菴)이며 본관은 안동(安東)이다. 관직은 좌의정(左議政)을 역임했으며 시호는 문순(文純)이다〉· 정호(鄭澔)〈자는 중순(仲淳)이고 호는 문암(文巖)이며 본관은 영일(迎日)이다. 관직은 영의정을 역임했으며 시호는 문경(文敬)이다〉를 모시고 있다.

○충렬사(忠烈祠)〈달천(達川)에 있다. 숙종 정축년(1697)에 세우고 영조 정미년(1775)에 편액을 하사하였다. 어제비(御製碑)가 있다〉 임경업(林慶業)〈자는 영백(英伯)이고 본관은 평택(平澤)이다. 관직은 지중추(知中樞)를 역임했으며 좌찬성에 추증되었다. 시호는 충민(忠愍)이며 화상(畫像)이 있다〉을 모시고 있다.

『전고』(典故)

신라 탈해왕(脫解王) 5년(61)에 백제가 땅을 넓혀 낭자곡성(娘子谷城)에까지 이르렀고〈백제 온조왕(溫祖王) 19년(1)이다〉 동왕 7년(63)에 백제왕이 신라의 낭자곡성을 침략하였으며〈백제 온조왕 21년(3)이다〉 동왕 22년(78)에 백제왕이 낭자곡성에 이르러 신라에 사신을 보내 회동할 것을 요청하였으나 따르지 않았다.〈백제 온조왕 36년(18)이다. 혹은 백제 다루왕(多婁王) 36년(63)이라고 하는데 잘못된 것이다〉 신라 진흥왕(眞興王) 12년(551)에 왕이 순수하여 낭성(娘城)에 머물면서 우륵(于勒)을 불러보고 금악(琴樂)을 짓게 하고 우륵의 제자인 이문(尼文)으로 하여금 하림궁(河臨宮)에서 그 음악을 연주하게 하였다. 신라 진흥왕 26년(565)에 아찬(阿湌) 춘부(春賦)에게 명하여 나가서 국원(國原)을 지키게 하였다. 신라 흥덕왕(興德王) 3년(828)에 김양(金陽)〈명주군주(溟州君主) 김주원(金周元)의 증손이다〉으로써 중원대윤(中原大尹)을 삼았다.

○고려 태조 11년(928)에 왕이 중원(中原)에 행차하였다. 고려 목종(穆宗) 4년(1001)에 왕이 중원에 행차하였다. 고려 고종(高宗) 4년(1216)에 최원세(崔元世)와 김취려(金就礪)가 거란병을 추격하여 충주와 원주 사이에까지 이르러 맥곡(麥谷)에서 전투를 벌이고 박달현(朴達峴)으로 쫓아가 적을 대패시켰다. 적들은 대관령(大關嶺)〈강릉(江陵)에 있다〉을 넘어가 숨었다. 고려 고종 19년(1232)에 충주의 노예들이 성에 의거하여 반란을 일으켰다. 이에 삼군병마사(三軍兵馬使) 이자성(李子晟)을 보내 토벌하게 하였다. 고려 고종 40년(1253)에 충주의 창정(倉正) 최수(崔守)가 금당협(金堂峽)에 매복병을 두었다가 몽고병을 기습하여 자못 많은 수의 적병을 사살하고 전리품을 노획하였다. 아울러 포로로 잡혔던 남녀 200여 명을 탈환하였다. 몽고 원수(元帥) 야굴(也窟) 등이 충주를 포위하고 공격하자 전소경(前少卿) 정수(鄭壽)가 경산부(京山府)〈성주(星州)이다〉로부터 와서 항복하였는데 무릇 70여 일만에 포위를 풀었다. 몽고병들이 천룡산성(天龍山城)을 공격하자 황려현령(黃驪縣令) 정신단(鄭臣旦), 방호별감(防護別監) 조방언(趙邦彦)이 성에서 나와 항복하였다. 고려 고종 41년(1254)에 몽고 원수 차라

대(車羅大)가 충주산성을 공격하였는데 비바람이 갑자기 일어났다. 이에 성 안의 사람들이 정예병들을 뽑아 힘껏 싸우니 적들이 마침내 포위를 풀고 남쪽으로 내려갔다. 고려 고종 42년(1255)에 몽고병들이 대원령(大院嶺)을 넘자 충주에서 정예병들을 내어 1,000여 명을 격살하였다. 고려 고종 43년(1256)에 몽고병들이 충주성을 노륙하고 또 월악산성(月嶽山城)을 공격하였다. 이에 관리와 노약자들이 월악산사(月嶽山祠)에 올랐는데 갑자기 안개와 비바람 그리고 번개와 우레가 갑자기 일어났다. 몽고병들은 귀신이 돕는다고 생각하고 감히 공격하지 못하고 물러났다. 고려 고종 45년(1258)에 충주의 별초(別抄)가 박달현(朴達峴)에 복병을 두었다가 몽고병을 기습하여 포로로 잡힌 사람과 소, 말, 무기 등을 탈환했다. 고려 충렬왕(忠烈王) 17년(1291)에 충주산성별감(忠州山城別監)이 합단(哈丹)을 격파하였다는 소식을 보고하고 수급 40급을 바쳤다. 고려 우왕(禑王) 7년(1381) 왜적이 축산도(丑山島)〈영해(寧海)에 있다〉에 들어와 안동(安東) 등을 노략질하려고 하였다. 이에 보주(甫州)〈예천(醴泉)이다〉 보문사(普門社)에 소장했던 사적(史籍)들을 충주의 개천사(開天寺)로 옮겼다. 고려 우왕 11년(1385)에 충주병마사(忠州兵馬使) 최운해(崔雲海)가 왜적 6급을 목베었다.

○조선 선조 25년(1592) 4월에 도순변사(都巡邊使) 신립(申砬)이 충주에 도착하여 단월역(丹月驛)에 머물렀다. 이때 왜적은 이미 조령(鳥嶺)을 넘어 길을 나누어 곧바로 충주로 들어왔는데 좌군(左軍)은 달천(達川)을 따라 강으로 내려왔으며 우군(右軍)은 산을 따라오다가 동쪽으로 가서 상류에서 강을 건너 왔다. 왜적들의 창이 햇빛에 번쩍이고 포성이 하늘을 울렸다. 신립은 군사들을 인솔하여 탄금대(彈琴臺)에 주둔하면서 달천(達川)을 등뒤에 둔 채로 진을 쳤다. 신립의 군사들은 겨우 수천 명이었다. 왜적들이 대거 이르러 포위하자 장수와 병졸들이 놀라 크게 무너졌으며 거의 모두가 달천에 빠져 강물에 뜬 시체들이 강을 덮을 지경이었다. 신립은 종사관(從事官) 김여물(金汝岉)〈충주목사(忠州牧使)였다〉과 함께 왜적 수십 명을 사살하고 함께 물로 뛰어들어 전사했다. 전순변사(前巡邊使) 이일(李鎰)〈처음에 상주(尙州)에서 패전하였다〉은 몸을 빼내 사잇길을 통해 강을 건너 달아나 패전소식을 보고하였다. 선조 30년(1597) 8월에 경리(經理) 양호(楊鎬)가 오유충(吳惟忠)으로 하여금 명(明)나라의 강남병사 4,000명을 거느리고 충주를 지키게 하였다.

2. 청풍도호부(淸風都護府)

『연혁』(沿革)

본래 신라의 사열이(沙熱伊)였다. 신라 경덕왕(景德王) 16년(757)에 청풍(淸風)으로 고쳐서 나제군(奈堤郡)에 소속된 현으로 하였다. 고려 현종(顯宗) 9년(1018)에 충주(忠州)에 소속시켰다가 후에 감무(監務)를 두었다. 고려 충숙왕(忠肅王) 4년(1317)에 지군사(知郡事)로 승격시켰다.〈현의 스님 청공(淸恭)이 왕사(王師)가 되었기 때문이었다〉 조선 세조 12년(1466)에 군수(郡守)로 고쳤다가 현종 1년(1660)에 중궁전하 김씨〈명성왕후(明聖王后)이다〉의 본관이라고 하여 도호부(都護府)로 승격시켰다.

「관원」(官員)

도호부사(都護府使)가〈충주진관병마동첨절제사(忠州鎭管兵馬同僉節制使)를 겸한다〉 1명이다.

『방면』(坊面)

읍내면(邑內面)〈읍치로부터 5리에서 끝난다〉

근남면(近南面)〈읍치로부터 10리에서 시작하여 30리에서 끝난다〉

원남면(遠南面)〈읍치로부터 20리에서 시작하여 40리에서 끝난나〉

근서면(近西面)〈읍치로부터 5리에서 시작하여 30리에서 끝난다〉

원서면(遠西面)〈읍치로부터 30리에서 시작하여 55리에서 끝난다〉

동면(東面)〈읍치로부터 10리에서 시작하여 20리에서 끝난다〉

북면(北面)〈읍치로부터 5리에서 시작하여 15리에서 끝난다〉

수화면(水化面)〈읍치로부터 남쪽으로 30리에서 시작하여 50리에서 끝난다〉

【목촌소(木村所)는 읍치로부터 북쪽으로 1리에 있었다. 전산소(箭山所)는 읍치로부터 북쪽으로 17리에 있었다. 결매소(結買所)는 읍치로부터 북쪽으로 2리에 있었다】

『산수』(山水)

인지산(因地山)〈읍치로부터 남쪽으로 1리에 있다〉

무암산(茂巖山)〈읍치로부터 동쪽으로 10리에 있다. 창고를 쌓았던 옛 터가 있다〉

삼방산(三方山)〈혹은 대덕산(大德山)이라고도 한다. 읍치로부터 서북쪽으로 13리에 있다. 제천(堤川)과의 경계이다〉

금곡산(金谷山)〈읍치로부터 서쪽으로 25리에 있다〉

금병산(錦屛山)〈혹은 병풍산(屛風山)이라고도 한다. 읍치로부터 북쪽으로 5리에 있다. 북쪽에 국사봉(國師峯)이 있으며 남쪽에 용추(龍湫)가 있다. 또한 풍혈(風穴), 수혈(水穴)이 있다. 꽃피고 단풍드는 날에 강 너머에서 금병산을 바라다보면 찬란한 것이 마치 비단휘장과 같다〉

금수산(錦繡山)〈읍치로부터 동북쪽으로 20리에 있다. 단양(丹陽)과의 경계이다. 여러 봉우리들이 서로 수려함을 자랑하며 산은 10여 리에 걸쳐 있다〉

비봉산(飛鳳山)〈읍치로부터 서남쪽으로 1리에 있다. 봉우리의 모습이 험준하면서도 단정하고 오묘하다. 산 위에 용천(湧泉)이 있다〉

월악산(月嶽山)〈읍치로부터 남쪽으로 50리에 있다. 충주(忠州)와의 경계이다. 『삼국사(三國史)』에 이르기를 '월형산(月兄山)은 나토군(奈吐郡) 사열이현(沙熱伊縣)에 있다. 신라 때에는 명산으로서 소사(小祀: 국가에서 거행하는 제사 중 작은 규모의 제사/역자주)에 실려있었다.'고 하였다. 조선에서는 충주에서 관장하였는데 즉 월악산사(月嶽山祠)가 그것이다〉

백야산(白也山)〈읍치로부터 남쪽으로 30리에 있다〉

성황산(城隍山)〈읍치로부터 동쪽으로 3리에 있다〉

부산(婦山)〈읍치로부터 서쪽으로 15리에 있다. 제천(堤川)과의 경계이다〉

전산(箭山)〈읍치로부터 북쪽으로 15리에 있다〉

취산(鷲山)〈읍치로부터 남쪽으로 2리에 있다〉【절과 암자가 10여 곳에 있다】

「영로」(嶺路)

장선현(長善峴)〈읍치로부터 서쪽으로 20리에 있다. 충주(忠州)로 통하는 길이다〉

가라현(加羅峴)〈읍치로부터 서쪽으로 15리에 있다. 매우 험준하다〉

죽방로(竹方路)〈읍치로부터 북쪽으로 통하는 길이다. 제천(堤川)으로 통한다〉

의현(衣峴)〈읍치로부터 남쪽으로 10리에 있는데, 대로이다〉

덕산령(德山嶺)〈읍치로부터 남쪽에 있다. 덕산면(德山面)과의 경계이다〉

엄성천(嚴城遷)〈읍치로부터 서쪽으로 20리에 있다. 산허리에는 돌들이 첩첩한데 그 사이로 좁은 길이 나있어 길 아래로 천 길이나 된다. 청강(淸江)으로 통하는 대로이다〉

【모녀현(毛女峴)은 읍치로부터 서남쪽에 있는데 충주(忠州)와의 경계이다】

○한강(漢江)〈단양(丹陽) 구담(龜潭)으로부터 서쪽으로 흘러 장회탄(長淮灘)이 된다. 청풍도호부(淸風都護府)를 휘돌고 북쪽으로 금병산(錦屛山) 남쪽 엄성언(嚴城遷)을 지나 황공탄(惶恐灘)이 된다. 황강역(黃江驛) 북쪽에서 충주(忠州)로 들어간다〉

황공탄(惶恐灘)〈읍치로부터 서쪽으로 20리에 있다. 상황공탄(上惶恐灘)과 하황공탄(下惶恐灘)의 돌들은 마치 문(門)이나 국(國)과 같은 모습이다. 하황공탄의 물 색깔은 깊은 곳이 검으며 물아래는 모두 너럭바위(盤石)이며 매우 차다〉

청초호(靑草湖)〈금병산(錦屛山) 아래에 있다. 강이 나뉘어진 한 갈래의 물이 모여 호수가 되었는데 물색이 마치 쪽빛과 같다〉

옥계(玉溪)〈읍치로부터 남쪽으로 30리에 있다. 원류는 작성산(鵲城山)에서 나온다. 북쪽으로 흐르다가 단양(丹陽)과의 경계에 있는 구담(龜潭) 하류에 이르러 장회탄(長淮灘)으로 들어간다〉

고교천(高橋川)〈읍치로부터 북쪽으로 10리에 있다. 제천(堤川) 조항에 자세하다〉

창천(滄川)〈읍치로부터 서북쪽으로 25리에 있다. 충주(忠州)와의 경계이다. 제천(堤川) 둔지천(屯之川)의 하류인데 제천 조항에 자세하다〉

월천(月川)〈읍치로부터 서쪽으로 40리에 있다. 충주 조항에 자세하다〉

【봉황대(鳳凰臺), 앵무주(鸚鵡洲), 장회탄(長淮灘)이 있다】

『성지』(城池)

고성(古城)〈혹은 저성(猪城)이라고도 한다. 읍치로부터 동쪽으로 5리에 있다. 옛 터가 있다〉

고성(古城)〈성황산(城隍山)에 있다. 옛 터가 있다〉

신라 문무왕(文武王) 13년(673)에 사열산성(沙熱山城)을 증축하였다.

『봉수』(烽燧)

의현봉수(衣峴烽燧)〈혹은 옷치봉수(乭峙烽燧)라고도 한다. 읍치로부터 남쪽으로 8리에 있다〉

『창고』(倉庫)

읍창(邑倉)

서창(西倉)〈읍치로부터 서쪽으로 20리에 있다〉

북창(北倉)〈읍치로부터 북쪽으로 10리에 있다〉

「혁폐」(革廢)

조창(漕倉)〈무암산(茂巖山) 아래에 있었다. 고려 때에 경상도의 전부(田賦: 세금/역자주)를 이곳으로 수송했다〉

고군창(古軍倉)〈취산(鷲山)에 있었다〉

『역참』(驛站)

황강역(黃江驛)〈읍치로부터 서쪽으로 30리에 있다〉

수산역(壽山驛)〈읍치로부터 남쪽으로 20리에 있다〉

안음역(安陰驛)〈읍치로부터 북쪽으로 5리에 있다〉

『진도』(津渡)

북강진(北江津)〈읍치로부터 북쪽으로 5리에 있다. 제천(堤川)으로 통한다〉

황강진(黃江津)〈황강역의 북쪽에 있다. 원주(原州)로 통한다〉

『토산』(土産)

철·대추·자초(紫草)·송이버섯[송심(松蕈)]·석이버섯[석심(石蕈)]·벌꿀·눌어(訥魚)·쏘가리[금린어(錦鱗魚)]·자라

『장시』(場市)

읍내의 장날은 1일과 6일이다. 수산(壽山)의 장날은 3일과 8일이다.

『누정』(樓亭)

한벽루(寒碧樓)〈객관(客館) 동쪽에 있는데, 수천 길이나 되는 높은 곳에 위치하고 있다. 푸른 절벽이 구곡(九曲)을 두르고 있다. 청강(淸江)이 한벽루 아래를 흘러 황강(黃江)에 이르는데 통칭하여 파수(巴水)라고 부른다〉

명월루(明月樓)가 있다.

『사원』(祠院)

봉강서원(鳳岡書院)에는〈현종 신해년(1671)에 세우고 임자년(1672)에 편액을 하사하였다〉 김식(金湜)〈자(字)는 노천(老泉)이고 본관은 청풍(淸風)이다. 중종 경진년(1520)에 자살하였다. 관직은 부제학(副提學)을 역임하였으며 영의정(領議政)에 추증되었다. 시호(諡號)는 문의(文懿)이다〉·김권(金權)〈자는 이중(而中)이고 호는 졸탄(拙灘)이다. 김식의 손자이다. 광해군 임술년(1622)에 귀양가서 죽었다. 관직은 호조판서(戶曹判書)를 역임하였으며 영의정에 추증되었다. 시호는 충간(忠簡)이다〉·김육(金堉)〈개성(開城) 조항에 보인다〉을 모시고 있다.

○황강서원(黃江書院)에는〈영조 병오년(1726)에 세우고 정미년(1727)에 편액을 하사하였다〉 권상하(權尙夏)〈충주(忠州) 조항에 보인다〉를 모시고 있다.

『전고』(典故)

고려 우왕(禑王) 9년(1383)에 왜적이 청풍군(淸風郡)을 노략질하였다. 도순찰사(都巡察使) 한방언(韓邦彦)이 왜적과 더불어 금곡촌(金谷村)에서 싸워 8급을 목베었다.

3. 단양군(丹陽郡)

『연혁』(沿革)

본래 신라의 적산(赤山)이었다.〈혹은 적성(赤城)이라고도 하였다. ○상악(上嶽)의 동쪽 조산촌면(造山村面)에는 적산에 관한 옛날 이야기가 있다〉 신라 경덕왕(景德王) 16년(757)에 나제군(奈堤郡)에 소속된 현이 되었다. 고려 태조 23년(940)에 단산(丹山)으로 고쳤다. 고려 현종(顯宗) 9년(1018)에 원주(原州)에 소속시켰다가 후에 충주로 옮겨서 소속시키고 감무(監務)를 두었다.〈합단(哈丹)의 난리 때에 본 고을의 사람들이 능히 적을 막았기 때문에 그 공을 포상한 것이었다〉 고려 충숙왕(忠肅王) 5년(1318)에 단양(丹陽)으로 고치고 지군사(知郡事)로 승격하였다. 조선 세조 12년(1466)에 군수(郡守)로 고쳤다.

「관원」(官員)

군수(郡守)가〈충주진관병마동첨절제사(忠州鎭管兵馬同僉節制使)를 겸한다〉 1명이다.

『방면』(坊面)

읍내면(邑內面)〈읍치로부터 10리에서 끝난다〉

동면(東面)〈읍치로부터 10리에서 시작하여 30리에서 끝난다〉

남면(南面)〈위와 같다〉

서면(西面)〈읍치로부터 10리에서 시작하여 25리에서 끝난다〉

조산촌면(造山村面)〈읍치로부터 북쪽으로 5리에서 시작하여 15리에서 끝난다〉

소야촌면(所也村面)〈읍치로부터 북쪽으로 20리에서 시작하여 30리에서 끝난다〉

북면(北面)〈읍치로부터 동북쪽으로 20리에서 시작하여 40리에서 끝난다.

○금의곡소(金衣谷所)는 읍치로부터 동쪽으로 30리에 있었다〉

『산수』(山水)

올산(兀山)〈읍치로부터 서쪽으로 5리에 있다〉

건지산(乾止山)〈읍치로부터 서북쪽으로 15리에 있다. 금수산(錦繡山)의 남쪽이다〉

상악산(上嶽山)〈읍치로부터 서북쪽으로 10리에 있다. 남쪽으로는 가은암(可隱巖)에 연결된다. 산이 몹시 험준하다. 산꼭대기에 석정(石井) 두 곳이 있다. 이락루(二樂樓)에 올라 북쪽으로 거악(巨嶽)을 바라보면 그 모습이 마치 성곽처럼 우묵하게 하늘을 받치고 있다. 단양군(丹陽郡)의 옛 명칭인 적성(赤城)은 바로 이 때문에 생긴 것이었다. 서남쪽에 구봉(龜峯)·가은봉(可隱峯)이 있다〉

여물진산(餘勿眞山)〈읍치로부터 동쪽으로 10리에 있다. 소백산(小白山)의 작은 지맥이다〉

계두산(鷄頭山)〈읍치로부터 남쪽으로 20리에 있다. 작성(鵲城)의 북쪽 지맥이다〉

소백산(小白山)〈읍치로부터 동쪽으로 35리에 있다. 순흥(順興)·영춘(永春)과의 경계이다. 소백산의 서쪽으로 단양군과 30리 되는 곳에 용연(龍淵)이 있는데 삼층담(三層潭)이다. 담(潭)의 좌우에 철벽(鐵壁)이 담장같이 서 있다. 이곳을 지나면 교내산(橋內山)이 되는데 소백산의 다른 지맥이다. 팔판동(八板洞)이 있는데, 산 속에 넓직하게 자리하고 있어 10,000명의 병사를 수용할 수 있으며 사방이 요새처럼 막혀 길도 없다. 혹은 풍기(豊基) 지역부터 한줄기 길이 있어서 통할 수 있다고도 한다〉

두혈산(頭穴山)〈읍치로부터 남쪽으로 7리에 있다〉

갑산(甲山)〈읍치로부터 북쪽으로 40리에 있다〉

호명산(虎鳴山)〈읍치로부터 동북쪽으로 35리에 있다. 갑산(甲山)의 남쪽 지맥이다〉

용산(容山)〈읍치로부터 동북쪽으로 30리에 있다. 호명산(虎鳴山)의 남쪽 지맥이다〉

풍류산(風流山)〈읍치로부터 북쪽으로 15리에 있다. 상악(上嶽)의 동쪽 지맥이다〉

연비산(鳶飛山)〈읍치로부터 서쪽으로 10리에 있다. 산이 높고 크며 몹시 험준하다. 상악(上嶽)과 서로 마주하고 있다. 산 속에는 대천(大川)이 흘러가는데, 곧 상진(上津)의 커다란 물줄기이다〉

금수산(錦繡山)〈읍치로부터 북쪽으로 20리에 있다. 청풍(淸風)과의 경계이다. 여러 봉우리들이 첩첩이 늘어서 있다. 남쪽에 능강동(淩江洞)이 있다〉

단구협(丹邱峽)〈읍치로부터 서쪽으로 20리에 있다. 바윗돌들이 불쑥 솟아 있고 첩첩이 늘어선 봉우리들은 겹겹이 푸르다. 두개의 언덕이 서로 마주하고 있는데 그 가운데로 강 하나가 흘러간다. 그 형세가 몹시 험준하며 강물은 맑고 푸르다. 산 속에 설마동(雪馬洞)이 있다〉

오로봉(五老峯)

현학봉(玄鶴峯)

채운봉(彩雲峯)〈오로봉(五老峯)·현학봉(玄鶴峯)·채운봉은 모두 읍치로부터 서쪽으로 20리에 있다. 삼석봉(三石峯)이 물가에 임해 있는데 몹시 험준하다〉

옥순봉(玉筍峯)〈읍치로부터 서쪽으로 20리에 있다. 네다섯 개의 돌로 된 봉우리가 마치 옥으로 된 죽순같이 불쑥 솟아있다. 채운봉(彩雲峯)과 옥순봉은 만 길이나 되는 하나의 바위인데 옥순봉이 더욱 불쑥 솟아서 마치 거인이 손을 모으고 서있는 것과 같다. 또한 반석이 많아서 물이 고갈되면 돌이 나타나고 물이 깊으면 돌이 매몰된다〉

운암(雲巖)〈장림역(長林驛)의 남쪽 7리에 있다. 하나의 작은 산등성이가 평지 중에 불쑥 솟아있다. 아래에 석벽(石壁)이 있으며 동남쪽의 산골짜기 물들이 크게 모여서 시냇물이 되는데 이름하여 운계(雲溪)라고 한다. 석벽 아래를 빙빙 휘도는데 자못 산과 계곡물의 경치가 있다. 운암의 동쪽으로 몇리 쯤 되는 곳에 선담(銑潭)이 있고 또 수운정(水雲亭)이 있다〉

서골암(棲鶻巖)〈상진(上津) 주변에 있다. 철벽(鐵壁)이 천 길이나 된다. 압치진(壓峙津)이 흐른다〉

삼선암(三仙巖)〈남천(南川) 상류 20리에 있다. 골짜기 사이가 무릇 10리인데, 대계(大溪)가 석동(石洞)에서 흘러내린다. 시냇물의 바닥과 양쪽 언덕은 모두 바윗돌이다. 언덕 위의 기이한 바윗돌은 혹 봉우리가 바위굴이 되기도 하고 혹 책상같은 모습이 되기도 하고 혹 성이나 벽돌같이 되기도 하는 등 기괴하기 짝이 없다. 작성(鵲城)의 물이 서쪽으로 흐르다가 북쪽으로 꺾여 이곳의 어지러운 돌들에 이르러 휘돌며 용솟음치다가 이락루(二樂樓)를 지나 대강(大江)으로 들어간다〉

사인암(舍人巖)〈장림역(長林驛) 남쪽 10여 리 되는 곳에 있다. 깎아지른 듯한 절벽이 빙 둘러 있다. 좌우의 기이한 바위들이 마치 높은 장대같이 가파르다. 아래로 폭포가 흘러 담(潭)이 된다〉

강선대(降仙臺)〈강으로부터 높은 바위가 홀로 떨어져서 둥그렇게 서 있다. 바위 위에는 100여 사람이 앉을 수 있다〉

【취적봉(翠積峯), 학서암(鶴棲巖)이 있다】【절과 암자가 5-6곳 있다】

「영로」(嶺路)

죽령(竹嶺)〈읍치로부터 동남쪽으로 30리에 있다. 순흥(順興)과의 경계이며 경상좌도와 통하는 대로이다. ○신라 아달라왕(阿達羅王) 5년(158) 봄에 죽죽(竹竹)으로 하여금 이 길을 개척하게 하였다. 그러므로 죽령이라 이름하였다. 죽령의 서쪽에 죽죽사(竹竹祠)가 있다. 죽령은 자못 험준하다. 정상에 고성(古城) 터가 남아 있는데 신라 때에 쌓은 것이다〉

가문현(加文峴)〈읍치로부터 북쪽으로 35리에 있다. 영춘(永春)과의 경계인데 몹시 험준하다〉

계란현(鷄卵峴)

호유치(虎踰峙)〈계란현(鷄卵峴)과 호유치는 모두 읍치로부터 서쪽으로 통하는 길이다〉

대치(代峙)〈예천(醴泉)으로 통하는 길이다〉

회령(檜嶺)〈남쪽으로 통하는 길이다〉

○한강(漢江)〈영춘(永春)과의 경계지역으로부터 서쪽으로 흐르다가 단양군의 북쪽을 지나 청풍(淸風) 지역으로 들어가는데 유탄(楡灘), 차탄(車灘), 도암(島巖), 석항(石項), 화탄(花灘), 삼지탄(三智灘), 소요항탄(所要項灘)이 있다〉

도담(島潭)〈읍치로부터 북동쪽으로 24리에 있다. 영춘(永春)과의 경계이다. 상진(上津)을 건너 북쪽으로 가다가 동쪽으로 돌아 강으로 들어간다. 물이 맑고 깊다. 푸른 절벽이 천 길이나 된다. 세 개의 돌봉우리(三石峯)가 강속에 솟아 있는데 각각 떨어져서 서 있지만 한 줄로 있는 것이 마치 거문고의 줄과 같이 기묘하다. 다만 아래가 작아서 구름이 이는 것과 같은 형상이 없다. 황양목(黃楊木)·측백(側柏)나무 등이 바위틈에서 거꾸로 매달려 자라고 있어서 석문(石

門), 공암(孔巖)의 형승이 있다〉

구담(龜潭)〈읍치로부터 서쪽으로 20리에 있다. 청풍(淸風)과의 경계이다. 돌로 된 봉우리가 물에 잠겨 있는 것이 마치 거북이의 모습과 같다. 양쪽 언덕의 석벽이 하늘높이 솟아 있다. 강물이 그 사이를 흐르고 돌로 된 골짜기가 첩첩이 있는 것이 마치 문과 같다. 좌우에 강선대(降仙臺)·채운봉(彩雲峯)·옥순봉(玉筍峯)이 있다〉

남천(南川)〈원류는 작성산(鵲城山)에서 나온다. 북쪽으로 흐르다가 선암천(仙巖川)이 되고 담양군의 서쪽을 지나 하진(下津)으로 들어가는데 우화천(羽化川)이라고 부른다. ○원류의 하나는 도솔산(兜率山)에서 나온다. 북쪽으로 흐르다가 선암(仙巖)과 남천(南川)에 도착한다〉

북평천(北坪川)〈읍치로부터 남쪽으로 5리에 있다. 원류는 죽령(竹嶺)에서 나온다. 북쪽으로 흐르다가 장림역(長林驛)을 지나 운계(雲溪)가 되었다가 상진(上津) 하류로 들어간다〉

영천(靈川)〈원류는 갑산(甲山)에서 나온다. 남쪽으로 흐르다가 영천역(靈泉驛)을 지나고 다니 남쪽으로 흘러 매포창(買浦倉)을 지나 금수산(錦繡山)의 물과 합류하여 상진(上津) 하류로 들어간다〉

『성지』(城池)

고성(古城)〈읍치로부터 북쪽으로 3리에 있다. 성산(城山)이라고도 한다. 주위는 1,768척이다. 큰 우물이 있다〉

독락성(獨樂城)〈단양군의 동남쪽에 있다. 그 서남북은 모두 험준하여 오직 동쪽에만 대략 성가퀴 성[첩(堞)]을 쌓았다. 어지러이 널린 돌과 험로를 지나야만 오를 수 있다. 성중에는 쌍천(雙川)이 있는데 수천명을 수용할 수 있다. 옛날에 피난하던 장소이다〉

가은암고성(可隱巖古城)〈강의 북쪽 언덕으로서 단양군의 서쪽으로 15리에 있다. 몹시 험준하다. 주위는 3,018척이다. 3개의 샘물이 있다. 고려말에 단양군 및 제천(堤川), 청풍(淸風) 사람들이 왜적들을 피하여 이곳으로 왔다〉

【공문성(貢文城)이 있다】

『봉수』(烽燧)

소이산봉수(所伊山烽燧)〈읍치로부터 서쪽으로 22리에 있다〉

『창고』(倉庫)

읍창(邑倉)

매포창(買浦倉)〈읍치로부터 동북쪽으로 30리에 있다〉

『역참』(驛站)

영천역(靈泉驛)〈읍치로부터 동북쪽으로 40리에 있다〉

장림역(長林驛)〈읍치로부터 동쪽으로 10리에 있다〉【읍의 서남쪽으로부터 청풍(淸風) 괴곡(槐谷)까지 30리이다】

『진도』(津渡)

상진(上津)〈혹은 마진(馬津)이라고도 한다. 읍치로부터 동북쪽으로 20리에 있다〉

하진(下津)〈읍치로부터 서쪽으로 5리에 있다〉

『토산』(土產)

잣[해송자(海松子)]·대추·옻나무·자초(紫草)·벌꿀·송이버섯[송심(松蕈)]·석이버섯[석심(石蕈)]·오미자(五味子)·황양목(黃楊木)·먹·신감채(辛甘菜)·눌어(訥魚)·쏘가리[금린어(錦鱗魚)]

『장시』(場市)

읍내의 장날은 5일과 10일이다. 멱포(覓浦)의 장날은 3일과 8일이다.

『누정』(樓亭)

이락루(二樂樓)〈단양군의 서쪽으로 30리의 시냇물 주변에 있다. 층층이 쌓인 돌이 불쑥 솟아있다. 봉우리들이 첩첩이 푸르러 좌우를 분간하기 어렵다. 골짜기 사이로 하나의 강물이 흐르는데 강물 색이 눈이 시릴 정도로 푸르다. 강의 북쪽은 비스듬히 절벽을 이루고 있는데 위로 수백보 되는 곳에 성이 있어서 숨을 수가 있다. 그러므로 가은암(可隱巖)이라고 이름하였다〉

봉서루(鳳棲樓)〈읍내에 있다〉

창하정(蒼霞亭)〈구담(龜潭) 주변에 있다〉

서벽정(棲碧亭)〈사인암(舍人巖)의 돌 구멍 속에 있다〉

수운정(水雲亭)〈운암(雲巖) 주변에 있다〉

『단유』(壇壝)

죽령단(竹嶺壇)〈죽령 위에 있다. 조선은 명산으로써 소사(小祀: 국가에서 거행하는 제사 중에 규모가 작은 제사/역자주)에 실었다〉

『사원』(祠院)

단암서원(丹巖書院)에는〈현종 임인년(1662)에 세우고 숙종 임신년(1692)에 편액을 하사하였다〉에 이황(李滉)〈문묘(文廟) 조항에 보인다〉·우탁(禹倬)〈자(字)는 천장(天章)이고 본관은 단양(丹陽)이다. 관직은 성균좨주(成均祭酒), 진현(進賢)을 역임하였으며 직제학(直提學)으로 치사(致仕)하였다. 시호(諡號)는 문희(文僖)이다〉을 모시고 있다.

『전고』(典故)

고려 우왕(禑王) 8년(1382)에 왜적이 죽령(竹嶺)을 넘어 단양군(丹陽郡)을 노략질하였다. 원수(元帥) 변안열(邊安烈), 한방언(韓邦彦) 등이 왜적을 격파하고 80여 급을 목베었으며 말 200여 필을 노획하였다. 고려 우왕 9년(1383)과 11년(1385)에 왜적이 단양을 노략질하였다.

4. 괴산군(槐山郡)

『연혁』(沿革)

본래 신라의 잉근내(仍斤內)였다. 신라 경덕왕(景德王) 16년(757)에 괴양군(槐壤郡)으로 고쳐서〈소속된 현이 3이었는데, 상모현(上芼縣)·장풍현(長豐縣)·청당현(淸塘縣)이었다〉 한주(漢州)에 예속시켰다. 고려 태조 23년(940)에 괴주(槐州)로 고쳤다. 고려 현종(顯宗) 9년(1018)에 충주(忠州)에 소속시켰다가 후에 감무(監務)를 두었다. 조선 태종 3년(1403)에 지괴주사(知槐州事)로 승격시켰다. 세조 12년(1466)에 괴산군(槐山郡)으로 고쳤다.

「읍호」(邑號)

시안(始安)〈고려 성종 때에 정한 것이다〉

「관원」(官員)

군수(郡守)가〈충주진관병마동첨절제사(忠州鎭管兵馬同僉節制使)를 겸한다〉 1명이다.

『방면』(坊面)

일도면(一道面)〈읍치로부터 서쪽으로 5리에서 끝난다〉

이도면(二道面)〈읍치로부터 서쪽으로 5리에서 시작하여 10리에서 끝난다〉

동상면(東上面)〈읍치로부터 10리에서 시작하여 30리에서 끝난다〉

동중면(東中面)〈읍치로부터 10리에서 시작하여 35리에서 끝난다〉

동하면(東下面)〈읍치로부터 10리에서 시작하여 20리에서 끝난다〉

북상면(北上面)〈읍치로부터 15리에서 시작하여 25리에서 끝난다〉

북하면(北下面)〈읍치로부터 10리에서 시작하여 20리에서 끝난다〉

남상면(南上面)〈읍치로부터 서남쪽으로 10리에서 시작하여 35리에서 끝난다〉

남중면(南中面)〈읍치로부터 8리에서 시작하여 20리에서 끝난다〉

남하면(南下面)〈읍치로부터 동남쪽으로 15리에서 시작하여 40리에서 끝난다〉

서면(西面)〈읍치로부터 30리에서 시작하여 40리에서 끝난다〉

【사량제처(沙良諸處)는 읍치로부터 남쪽으로 20리에 있었다. 세간처(世干處)·모곤소(毛坤所)·주을장이소(主乙長伊所)가 있었다】

『산수』(山水)

대원산(大原山)〈읍치로부터 북쪽으로 1리에 있다. 작은 산이며 둥그스름하다〉

금산(錦山)〈읍치로부터 서쪽으로 2리에 있다〉

남산(南山)〈읍치로부터 남쪽으로 3리에 있다〉

원성산(元城山)〈혹은 빈가산(頻加山)이라고도 한다. 읍치로부터 동남쪽으로 20리에 있다. ○쌍계사(雙溪寺)가 있다〉

군대산(軍岱山)〈위와 같다〉

송명산(松明山)〈혹은 성불산(成佛山)이라고도 한다. 읍치로부터 동북쪽으로 20리에 있다〉

명덕산(明德山)〈위와 같다〉

보광산(普光山)〈읍치로부터 서남쪽으로 25리에 있다. 산의 정상에 작은 우물이 있다〉

소마산(小馬山)〈혹은 봉학산(鳳鶴山)이라고도 한다. 보광산(普光山)과 서로 연이어 있으며 청안(淸安)과의 경계이다〉

목소산(目所山)〈읍치로부터 북쪽으로 10리에 있다〉

상산(商山)〈읍치로부터 남쪽으로 10리에 있다〉

칠보산(七寶山)〈읍치로부터 동쪽으로 30리에 있다. 연풍(延豐)과의 경계이다〉

개향산(開香山)〈읍치로부터 동쪽으로 15리에 있다〉

영등산(永登山)〈읍치로부터 북쪽으로 20리에 있다〉

수진산(水津山)〈읍치로부터 북쪽으로 5리에 있다〉

금봉산(金鳳山)〈읍치로부터 남쪽으로 10리에 있다〉

밀암산(蜜巖山)〈읍치로부터 남쪽으로 20리에 있다. 청안(淸安)과의 경계이다. 암석이 기이하고 샘물이 맑다〉

용재산(龍在山)〈읍치로부터 서남쪽으로 20리에 있다〉

【절과 암자가 5-6군데 있다】

【의송산(宜松山: 소나무를 심기에 적합한 산/역자주)이 1이다】

「영로」(嶺路)

송현(松峴)〈읍치로부터 서쪽으로 30리에 있다. 청안(淸安)과의 경계이다〉

지리치(止里峙)〈읍치로부터 서남쪽으로 25리에 있다〉

모현(茅峴)〈읍치로부터 동쪽으로 20리에 있다. 연풍(延豐)으로 통하는 길이다〉

굴현(窟峴)〈읍치로부터 남쪽으로 30리에 있다. 화양동(華陽洞)으로 통하는 길이다〉

도차의현(道車衣峴)〈읍치로부터 서북쪽으로 20리에 있다. 음성(陰城)과의 경계이다〉

고현(古峴)〈읍치로부터 북쪽으로 20리에 있다. 충주(忠州)와의 경계이다〉

○괴탄(槐灘)〈읍치로부터 동쪽으로 6리에 있는데 청주(淸州) 서천(鋤川) 하류이다. 북쪽으로 흐르다가 충주 지역에 이르러 달천(達川)이 된다. ○괴탄 동쪽은 비록 협곡이 좁으나 냇물과 산이 맑고 깨끗하며 토지가 자못 양호하다〉

남천(南川)〈원류는 송현(松峴)에서 나온다. 동쪽으로 흐르다가 괴산군(槐山郡)의 남쪽을 지나 괴산군의 동쪽 5리에 이르러 북천(北川)과 합류한다〉

북천(北川)〈원류는 도차의현(道車衣峴)에서 나온다. 동쪽으로 흐르다가 괴산군의 북쪽을 지나 괴산군의 동쪽 5리에 이르러 남천(南川)과 합류하여 괴탄(槐灘)으로 들어간다〉

이화천(伊火川)〈읍치로부터 동쪽으로 20리에 있다. 연풍(延豊) 조항에 자세하다〉

『성지』(城池)

고성(古城)〈군대산(軍岱山)에 있는데 백화성(白和城)이라고도 부른다〉

『창고』(倉庫)

읍창(邑倉)

유창(柳倉)〈읍치로부터 동쪽으로 20리에 있었다. 옛날에는 세이창(世伊倉)이라고 불렀다. 옛날에 공납과 세금을 받던 곳이었는데 후에 폐지하였다〉

『역참』(驛站)

인산역(仁山驛)〈읍치로부터 북쪽으로 2리에 있다〉

『진도』(津渡)

괴탄진(槐灘津)〈연풍(延豊)으로 통한다. 물이 고갈되면 다리를 설치한다〉

『토산』(土産)

칠(漆)·자초(紫草)·벌꿀·눌어(訥魚)·쏘가리[금린어(錦鱗魚)]·대추

『장시』(場市)

읍내의 장날은 3일과 8일이다.

『누정』(樓亭)

읍취루(挹翠樓)

피서루(避暑樓)

존빈루(尊賓樓)

『전고』(典故)

고려 고종(高宗) 41년(1254)에 몽고 병사들이 척후 기마병을 괴주성(槐州城) 아래에 주둔시켰는데 산원(散員) 장자방(張子房)이 별초(別抄)를 거느리고 가서 격파하였다. 고려 우왕(禑王) 8년(1382)에 왜적 200여 기(騎)가 괴주를 노략질하였다. 원수(元帥) 왕안덕(王安德), 김사혁(金斯革)과 도흥(都興)이 왜적과 싸워 3명을 목베었다. 고려 공양왕(恭讓王) 2년(1390)에 왜적이 괴산을 노략질하였다.

5. 연풍현(延豊縣)

『연혁』(沿革)

본래 신라의 상모(上芼)였다. 신라 경덕왕(景德王) 16년(757) 괴양군(槐壤郡)에 소속된 현으로 하였다. 고려 태조 23년(940)에 장연(長延)으로 고쳤다. 고려 현종(顯宗) 9년(1018)에 충주(忠州)에 소속시켰다. 조선 태조 3년(1394)에 장풍(長豊)을 장연과 합병시키고 장풍이라 칭하고 감무(監務)를 두었다. 태종 3년(1403)에 연풍(延豊)으로 고쳤다가 13년(1413)에 현감(縣監)을 두었다.〈세종 11년(1429)에 충주의 동남쪽을 분할하여 연풍에 소속시켰다. 성종 7년(1476)에 또 충주 수회촌(水回村)을 분할하여 연풍에 소속시켰다〉

「관원」(官員)

현감(縣監)이〈충주진관병마절제도위(忠州鎭管兵馬節制都尉)를 겸한다〉 1명이다.

『고읍』(古邑)

장풍현(長豊縣)〈읍치로부터 서쪽으로 20리에 있었다. 본래 신라 지역이었다. 신라 경덕왕(景德王) 16년(757)에 장풍(長豊)으로 고쳐서 괴양군(槐壤郡)에 소속된 현으로 하였다. 고려 현종(顯宗) 9년(1018)에 충주에 소속시켰다. 조선 태조 3년(1304)에 장연(長延)과 통합했다〉

『방면』(坊面)

현내면(縣內面)〈읍치로부터 15리에서 끝난다〉

고사리면(古沙里面)〈읍치로부터 동북쪽으로 20리에서 시작하여 40리에서 끝난다〉

수회면(水回面)〈읍치로부터 북쪽으로 30리에서 시작하여 50리에서 끝난다〉

면의면(勉義面)〈읍치로부터 서쪽으로 20리에서 시작하여 45리에서 끝난다〉

장풍면(長豊面)〈읍치로부터 서쪽으로 20리에서 시작하여 30리에서 끝난다〉

『산수』(山水)

공정산(公正山)〈읍치로부터 동쪽으로 5리에 있다〉

주정산(周井山)〈읍치로부터 북쪽으로 35리에 있다〉

박달산(朴達山)〈읍치로부터 서북쪽으로 34리에 있다. 충주(忠州)와의 경계이다〉

정자산(亭子山)〈읍치로부터 서쪽으로 10리에 있다. ○각연사(覺淵寺)가 있다〉

경항산(景項山)〈읍치로부터 동북쪽으로 20리에 있다〉

희양산(曦陽山)〈읍치로부터 동남쪽으로 20리에 있다. 문경(聞慶)과의 경계이다〉

마본산(馬本山)〈읍치로부터 서쪽으로 20리에 있다〉

만수산(萬壽山)〈읍치로부터 동북쪽으로 35리에 있다〉

장항산(場項山)〈읍치로부터 북쪽으로 30리에 있다〉

삼고산(三古山)〈읍치로부터 서쪽으로 20리에 있다〉

장암(丈巖)〈읍치로부터 서쪽으로 20리의 이화천(伊火川) 주변에 있다〉

「영로」(嶺路)

계립령(鷄立嶺)〈혹은 마골점(麻骨岾)이라고도 한다. 읍치로부터 동북쪽으로 30리에 있다. 문경(聞慶)과의 경계이다. 신라 아달라왕(阿達羅王) 3년(156)에 비로소 계립령의 길을 개척했다〉

조령(鳥嶺)〈읍치로부터 동북쪽으로 20리에 있다. 한양으로부터 경상도로 통하는 대로이다. 문경(聞慶) 조항에 상세하다〉

이화현(伊火峴)〈읍치로부터 동쪽으로 7리에 있다. 문경(聞慶)과의 경계이며 문경으로 통하는 지름길이다〉

우현(牛峴)〈읍치로부터 북쪽으로 10리에 있다〉

송현(松峴)〈읍치로부터 북쪽으로 30리에 있다. 모두 충주로 통하는 대로이다〉

유현(楡峴)〈읍치로부터 북쪽으로 40리에 있다. 충주와의 경계이다〉

모현(茅峴)〈읍치로부터 서쪽으로 30리에 있다. 괴산(槐山) 지역으로 통하는 대로이다〉

주현(周峴)〈읍치로부터 남쪽으로 20리에 있다. 문경과의 경계이며 가은(加恩)으로 통하는 길이다〉

○계립천(鷄立川)〈읍치로부터 북쪽으로 30리에 있다. 원류는 계립령(鷄立嶺)·조령(鳥嶺)에서 나온다. 서북으로 흐르다가 안부역(安富驛) 수회촌(水回村)을 지나 달천(達川) 상류로 들어간다〉

이화천(伊火川)〈읍치로부터 서쪽으로 5리에 있다. 원류는 조령(鳥嶺)과 이화현(伊火峴)에서 나와 연풍현(延豐縣)의 서쪽에서 합류한다. 서북으로 흐르다가 장암(丈巖) 북쪽을 지나 괴탄(槐灘) 하류로 들어간다〉

온정(溫井)〈안부역(安富驛) 서쪽에 있다〉

『봉수』(烽燧)

계립령봉수(鷄立嶺烽燧)

주정산봉수(周井山烽燧)〈모두 위에 보인다〉

『창고』(倉庫)

읍창(邑倉)

수회창(水回倉)〈읍치로부터 북쪽으로 40리에 있다. 북쪽으로 청풍(淸風)·황강(黃江)에 이르기까지 30리이며 서쪽으로 괴산(槐山)에 이르기까지 50리이다〉

『역참』(驛站)

안부역(安富驛)〈읍치로부터 동북쪽으로 28리에 있다〉

신풍역(新豐驛)〈읍치로부터 북쪽으로 9리에 있다〉

『토산』(土産)

잣[해송자(海松子)]·벌꿀·대추·송이버섯[송심(松蕈)]·석이버섯[석심(石蕈)]·신감채(辛甘菜)

『장시』(場市)

읍내의 장날은 2일과 7일이다. 답리(畓里)의 장날은 1일과 6일이다.

『누정』(樓亭)

응향정(凝香亭)

반계정(攀桂亭)

수옥정(漱玉亭)

『전고』(典故)

고려 우왕(禑王) 8년(1382)에 왜적이 장연현(長延縣)을 노략질하였다.

6. 음성현(陰城縣)

『연혁』(沿革)

본래 백제의 잉홀(仍忽)이었다. 신라 경덕왕(景德王) 16년(757)에 음성(陰城)으로 고쳐서 흑양군(黑壤郡)에 소속된 현으로 하였다. 고려 현종(顯宗) 9년(1018)에 충주(忠州)에 소속시켰다가 후에 감무(監務)를 두었다. 조선 태종 13년(1413)에 현감(縣監)으로 고쳤다. 선조 25년(1592)에 음성현감을 혁파하고 청안(淸安)에 소속시켰다가 광해군 10년(1618)에 복구하였다.

「읍호」(邑號)

설성(雪城)

「관원」(官員)

현감(縣監)이〈충주진관병마절제도위(忠州鎭管兵馬節制都尉)를 겸한다〉 1명이다.

『방면』(坊面)

동도면(東道面)〈읍치로부터 5리에서 끝난다〉

남면(南面)〈읍치로부터 10리에서 시작하여 20리에서 끝난다〉

근서면(近西面)〈읍치로부터 10리에서 시작하여 20리에서 끝난다〉

원서면(遠西面)〈읍치로부터 서남쪽으로 20리에서 시작하여 40리에서 끝난다〉

【금촌부곡(金村部曲)은 읍치로부터 서쪽으로 15리에 있었다. 파천부곡(巴川部曲)은 읍치로부터 남쪽으로 20리에 있었다】

『산수』(山水)

수정산(水精山)〈읍치로부터 동쪽으로 3리에 있었다. 산 아래에 밀암(蜜巖)이 있다. 또 고읍(古邑)의 옛터가 있는데 관평(官坪)이라고 칭한다〉

가섭산(迦葉山)〈읍치로부터 북쪽으로 8리에 있다. 충주(忠州)와의 경계이다. 산이 자못 우뚝하게 높다〉

사장산(沙將山)〈읍치로부터 서쪽으로 10리에 있다〉

보현산(普賢山)〈읍치로부터 서쪽으로 20리에 있다〉

사향산(射香山)〈읍치로부터 서남쪽으로 30리에 있다〉

눌문산(訥文山)〈읍치로부터 서남쪽으로 40리에 있다. 청안(淸安)과의 경계이다〉

옥천산(玉川山)〈읍치로부터 남쪽으로 5리에 있다〉

정자산(亭子山)〈읍치로부터 동남쪽으로 10리에 있다〉

마곡산(麻谷山)〈읍치로부터 남쪽으로 20리에 있다〉

웅암(熊巖)〈읍치로부터 서남쪽으로 10리에 있다〉

【증산(甑山)은 읍치로부터 남쪽으로 30리에 있다】

「영로」(嶺路)

품현(品峴)〈읍치로부터 서쪽으로 10리에 있다〉

질음치(叱音峙)〈읍치로부터 서쪽으로 5리에 있다〉

악현(惡峴)〈읍치로부터 동쪽으로 10리에 있다. 충주(忠州)와의 경계이다〉

행치(行峙)〈읍치로부터 남쪽으로 20리에 있다. 괴산(槐山)과의 경계이다〉

군자치(君子峙)〈읍치로부터 서쪽으로 30리에 있다. 충주와의 경계이며 진천(鎭川)으로 통한다〉

탄치(炭峙)〈읍치로부터 북쪽으로 15리에 있다. 충주와의 경계이다〉

【백야치(白也峙)가 있다】

○주천(注川)〈원류는 보현산(普賢山)에서 나온다. 남쪽으로 흐르다가 초천(草川)이 되었

다가 진천(鎭川) 지역에 이르러 주천이 된다〉

열운천(閱雲川)〈원류는 보현산(普賢山)과 가섭산(迦葉山)의 두 산에서 나온다. 동쪽으로 흘러 음성현(陰城縣)의 남쪽을 지나 충주 지역에 이른다. 사리(沙里), 불항리(佛項里)를 지나 달천(達川)으로 들어간다〉

『성지』(城池)

고성(古城)〈수정산(水精山) 위에 있는데 설성(雪城)이라고도 부른다. 주위는 1,271척이다. 우물이 하나이다〉

『봉수』(烽燧)

가섭산봉수(迦葉山烽燧)〈위에 보인다〉

『역참』(驛站)

감원역(坎原驛)〈읍치로부터 서쪽으로 1리에 있다〉【의송정(依松亭)이 있다】

『장시』(場市)

읍내의 장날은 2일과 7일이다.

『전고』(典故)

고려 공양왕(恭讓王) 2년(1390)에 왜적이 음성(陰城)을 노략질하였다.

7. 영춘현(永春縣)

『연혁』(沿革)

본래 신라의 을아단(乙阿旦)이었다.〈혹은 아달성(阿達城)이라고도 하였다〉 신라 경덕왕(景德王) 16년(757)에 자춘방(子春訪)으로 고쳐서〈자(子)를 아달이라고 부른다〉 나성군(奈城郡)에 소속된 현으로 하였다. 고려 태조 23년(940)에 영춘(永春)으로 고쳤다. 고려 현종(顯宗)

9년에 원주(原州)에 소속시켰다. 조선 정종 1년(1399)에 강원도로부터 충청도로 옮겨서 소속시키고 비로소 감무(監務)를 두었다. 태종 13년(1413)에 현감(縣監)으로 고쳤다.〈본 고을의 옛터가 읍치로부터 서북쪽으로 37리의 어상천면(於上川面)에 있다〉

「관원」(官員)

현감(縣監)이〈충주진관병마절제도위(忠州鎭管兵馬節制都尉)를 겸한다〉 1명이다.

『방면』(坊面)

현내면(縣內面)〈읍치로부터 25리에서 끝난다〉

동면(東面)〈읍치로부터 7리에서 시작하여 30리에서 끝난다〉

대곡면(大谷面)〈읍치로부터 서남쪽으로 20리에서 시작하여 30리에서 끝난다〉

가야면(加耶面)〈읍치로부터 서쪽으로 25리에서 시작하여 40리에서 끝난다〉

어상천면(於上川面)〈읍치로부터 서북쪽으로 35리에서 시작하여 50리에서 끝난다〉

차의곡면(車衣谷面)〈읍치로부터 북쪽으로 5리에서 시작하여 40리에서 끝난다.

○입석부곡(立石部曲)은 읍치로부터 북쪽으로 45리에 있었는데, 지금의 가개전촌(駕介田村)이다. 답곡부곡(畓谷部曲)은 읍치로부터 동쪽으로 6리에 있었다. 소치곡부곡(所恥谷部曲)은 읍치로부터 서북쪽으로 56리에 있었는데 지금은 수출지촌(水出只村)이다. 택평소(澤坪所)는 읍치로부터 서쪽으로 35리에 있었다〉

『산수』(山水)

북우이산(北于尒山)〈읍치로부터 동쪽으로 1리에 있다〉

부운봉(浮雲峯)〈영춘현(永春縣) 북쪽에 있다〉

성산(城山)〈읍치로부터 남쪽으로 3리에 있다. 산 아래에 석굴(石窟)이 있는데 높이가 1장가량이고 넓이가 10여 척이다. 석굴의 깊이는 끝이 없이 아득한데 물이 졸졸 나와 무릎 깊이정도이다. 맑고 찬 것이 마치 얼음과 같다. 어떤 사람이 횃불 10자루를 가지고 들어갔지만 오히려 끝까지 가지 못했다. 석굴 속의 석벽에는 온갖 형상들이 만들어져 있는데 기기묘묘한 것이 무궁하다. 이른바 남굴(南窟)이라고 한다〉

소백산(小白山)〈읍치로부터 서남쪽으로 30리에 있다. 순흥(順興)과의 경계이다〉

태화산(太華山)〈읍치로부터 북쪽으로 30리에 있다. 영월(寧越)과의 경계이다〉

어라산(於羅山)〈읍치로부터 서북쪽으로 50리에 있다. 제천(堤川)과의 경계이다〉

가라산(加羅山)〈읍치로부터 서쪽으로 30리에 있다〉

삼타산(三朶山)〈읍치로부터 북쪽으로 45리에 있다. 제천과의 경계이다〉

백야산(白也山)〈읍치로부터 남쪽으로 30리에 있다〉

병북산(屛北山)〈읍치로부터 동쪽으로 7리에 있다〉

성동산(城洞山)〈읍치로부터 남쪽으로 7리에 있다〉

적고지산(笛古之山)〈읍치로부터 남쪽으로 3리에 있다〉

비마라산(毗摩羅山)〈읍치로부터 서쪽으로 8리에 있다. 커다란 강이 그 앞을 지난다. 절벽을 깎아서 길을 만들었다〉

어니산(於尼山)〈읍치로부터 동쪽으로 20리에 있다〉

형제산(兄弟山)〈읍치로부터 동남쪽으로 10리에 있다〉

석벽(石壁)〈읍치로부터 북쪽으로 5리에 있다. 강을 빙 두르고 있는데 이른바 북벽(北壁)이라고 한다〉

「영로」(嶺路)

별퇴현(別退峴)〈읍치로부터 동쪽으로 15리에 있다. 봉화(奉化)로 통한다〉

중치(重峙)〈읍치로부터 서북쪽으로 30리에 있다. 제천으로 통하는 대로이다〉

마아령(馬兒嶺)

관적령(串赤嶺)〈마아령(馬兒嶺)과 관적령은 모두 읍치로부터 남쪽으로 30리에 있다. 순흥(順興)과 영천(榮川)으로 통하는데 몹시 험준하다〉

가문현(加文峴)〈읍치로부터 서남쪽으로 있다. 단양(丹陽)으로 통하는 길이다〉

매남현(每南峴)〈위와 같다〉

여촌령(呂村嶺)〈읍치로부터 동남쪽에 있다〉

적현(赤峴)〈읍치로부터 서쪽에 있다〉

향산천(香山遷)〈읍치로부터 서쪽으로 20리에 있는데 강로(江路)이다〉

○한강(漢江)〈읍치로부터 북쪽으로 2리에 있다. 영월(寧越) 서남쪽에서 흘러와 왼쪽으로 용혈(龍穴) 즉 남굴(南窟)을 지나 오른쪽으로 적벽(赤壁) 즉 북벽(北壁)을 거쳐 눌어탄(訥於灘)이 된다. 왼쪽으로 남천(南川)을 지나 고성산(古城山) 경대암(經臺巖) 석문(石門)을 통과한다. 오른쪽으로 차의천(車衣川)을 지나 향산천(香山遷)에 이르렀다가 왼쪽으로 벌해천(伐海

川)을 통과한다. 오른쪽으로 가야천(加耶川) 서남쪽을 통과하고 단양도담(丹陽島潭)이 된다〉

의풍천(義豊川)〈읍치로부터 북쪽으로 20리에 있다. 잘못 와전되어 업평천(業平川)이라고 불린다. 영월(寧越) 조항에 자세하다〉

남천(南川)〈원류는 순흥(順興) 자개산(紫盖山)으로부터 나온다. 북쪽으로 흐르다가 영춘현(永春縣)의 남쪽을 지나 강으로 들어간다〉

차의천(車衣川)〈읍치로부터 북쪽으로 40리에 있다. 원류는 태화산(太華山)과 삼타산(三朶山)의 두 산으로부터 나온다. 남쪽으로 흐르다가 강으로 들어간다〉

벌해천(伐海川)〈원류는 소백산(小白山)으로부터 나온다. 서쪽으로 흐르다가 향산천(香山遷)에 이르러 강으로 들어간다〉

가야천(加耶川)〈원류는 어라산(於羅山)으로부터 나온다. 남쪽으로 흐르다가 어상천(於上川)이 되었다가 강으로 들어간다〉

『성지』(城池)

고성(古城)〈읍치로부터 남쪽으로 7리의 성산(城山) 남쪽에 있다. 주위는 1,523척이다. 우물이 하나이다〉

『창고』(倉庫)

읍창(邑倉)

외창(外倉)〈읍치로부터 북쪽으로 40리에 있다〉

『역참』(驛站)

오사역(吳賜驛)〈읍치로부터 서북쪽으로 40리에 있다〉

『진도』(津渡)

북진(北津)〈제천(堤川)으로 통하는 대로이다. 읍치로부터 북쪽으로 2리에 있다〉

『토산』(土産)

잣[해송자(海松子)]·대추·벌꿀·자초(紫草)·황양목(黃楊木)·송이버섯[송심(松蕈)]·석이

버섯[석심(石蕈)]·눌어(訥魚)·쏘가리[금린어(錦鱗魚)]

『장시』(場市)

읍내의 장날은 4일과 9일이다. 임현(任縣)의 장날은 1일과 6일이다.

『누정』(樓亭)

온진정(蘊眞亭)이 있다.

『전고』(典故)

신라 문무왕 15년(675)에 말갈(靺鞨)이 몰래 군사를 보내 아달성(阿達城)에 들어와 노략질을 하였다. 성주(城主) 소나(素那)가 힘껏 싸우면서 적을 향해 돌격하였다. 적들은 감히 접근하지 못하고 단지 소나를 향하여 활을 쏘기만 하였다. 진시(辰時: 오전 7-9시/역자주)에서 유시(酉時: 오후 5-7시/역자주)에 이르도록 화살이 소나에게 집중되어 그 몸이 마치 고슴도치같이 되어서 전사하였다.

○고려 우왕(禑王) 8년(1382)에 왜적이 영춘(永春)을 노략질하였다.

8. 제천현(堤川縣)

『연혁』(沿革)

본래 신라의 내토(奈吐)였다. 신라 경덕왕(景德王) 16년(757)에 내제군(奈隄郡)으로 고쳐서〈소속된 현이 2였는데 적산현(赤山縣)·청풍현(淸風縣)이었다〉 삭주(朔州)에 소속시켰다. 고려 태조 23년(940)에 제주(堤州)로 고쳤다. 고려 성종 14년(995)에 자사(刺史)를 두었다가 목종(穆宗) 8년(1005)에 혁파하였다. 고려 현종(顯宗) 9년(1018)에 원주(原州)에 예속시켰다가 예종(睿宗) 1년(1106)에 감무(監務)를 두었다. 조선 태종 13년(1413)에 제천현감(堤川縣監)으로 고쳤다.

「읍호」(邑號)

대제(大堤)

의천(義川)〈고려 성종 때에 정한 것이었다〉

의원(義原)〈본 고을의 옛 터가 읍치로부터 서쪽으로 20리에 있다〉

「관원」(官員)

현감(縣監)이〈충주진관병마절제도위(忠州鎭管兵馬節制都尉)를 겸한다〉 1명이다.

『방면』(坊面)

동면(東面)〈읍치로부터 5리에서 시작하여 20리에서 끝난다〉

남면(南面)〈위와 같다〉

북면(北面)〈읍치로부터 20리에서 시작하여 30리에서 끝난다〉

현좌면(縣左面)〈읍치로부터 동쪽으로 10리에서 끝난다〉

현우면(縣右面)〈읍치로부터 서쪽으로 30리에서 끝난다〉

근좌면(近左面)〈읍치로부터 남쪽으로 15리에서 시작하여 40리에서 끝난다〉

근우면(近右面)〈읍치로부터 서쪽으로 10리에서 시작하여 30리에서 끝난다〉

원서면(遠西面)〈읍치로부터 서쪽으로 40리에서 시작하여 70리에서 끝난다.

원림부곡(員林部曲)은 읍치로부터 남쪽으로 20리에 있었다. 양성부곡(陽城部曲)은 읍치로부터 북쪽으로 25리에 있었다. 소당부곡(小堂部曲)은 읍치로부터 서쪽으로 20리에 있는데 지금의 소당리(所湯里)이다. 산척처(山尺處)는 읍치로부터 서쪽으로 40리에 있었다. 공재소(空梓所)는 읍치로부터 서쪽으로 50리에 있었다〉

『산수』(山水)

용두산(龍頭山)〈읍치로부터 북쪽으로 12리에 있다. 산 위에 작은 연못이 있다〉

대덕산(大德山)〈혹은 소악산(小嶽山)이라고도 한다. 읍치로부터 북쪽으로 20리에 있다〉

감악산(紺嶽山)〈읍치로부터 북쪽으로 40리에 있다. 원주(原州)와의 경계이다〉

부곡산(釜谷山)〈읍치로부터 동쪽으로 20리에 있다. 영춘(永春)과의 경계이다〉

주유산(舟遊山)〈읍치로부터 서쪽으로 15리에 있다〉

두모곡산(豆毛谷山)〈읍치로부터 서쪽으로 15리에 있다. 주유산(舟遊山)과 서로 마주하고 있다〉

갓문산(乫文山)〈읍치로부터 서쪽으로 60리에 있다〉

호명산(虎鳴山)〈읍치로부터 동남쪽으로 17리에 있다. 영춘(永春)과의 경계이다〉

말응달산(末應達山)〈읍치로부터 남쪽으로 10리에 있다〉

벌산(伐山)〈읍치로부터 동쪽으로 2리에 있다〉

재비랑산(齋非郞山)〈읍치로부터 서쪽으로 15리에 있다〉

공작산(孔雀山)〈읍치로부터 서북쪽으로 20리에 있다〉

삼조산(三條山)〈읍치로부터 서남쪽으로 18리에 있다〉

구학산(九鶴山)〈읍치로부터 서쪽으로 50리에 있다. 산 위에 월영대(月影臺)가 있다. 월영대 아래에 우물이 있다〉

백운산(白雲山)〈읍치로부터 서쪽으로 70리에 있다. 원주와의 경계이다. 첩첩이 거듭된 골짜기들이 매우 많다〉

오작산(烏鵲山)〈혹은 가창산(歌唱山)이라고도 한다. 읍치로부터 동쪽으로 18리에 있다〉

「영로」(嶺路)

박달치(朴達峙)〈읍치로부터 서쪽으로 35리에 있다. 충주(忠州) 목계(木溪)로 통하는데 한양에까지 다다르는 대로이다〉

대치(大峙)〈읍치로부터 서남쪽으로 10리에 있다. 청풍(淸風)으로 통하는 길이다〉

노원치(蘆院峙)〈읍치로부터 동남쪽으로 20리에 있다. 영춘(永春)으로 통하는 길이다〉

배치(拜峙)〈읍치로부터 서쪽으로 80리에 있다. 충주와의 경계이다〉

석치(石峙)〈읍치로부터 동쪽으로 20리에 있다. 영월(寧越)로 통하는 길이다〉

뉴치(杻峙)〈읍치로부터 북쪽으로 30리에 있다. 원주와의 경계이다〉

○고교천(高橋川)〈읍치로부터 서쪽으로 20리에 있다. 원류는 원주 치악산(雉嶽山)에서 나온다. 남쪽으로 흐르다가 재비랑산(齋非郞山)의 북쪽에 이르러 광탄(廣灘)이 된다. 왼쪽으로 사계(沙溪)를 지나 청풍(淸風) 금병산(錦屛山)의 서쪽에 이르러 북진(北津) 하류로 들어간다〉

사계(沙溪)〈원류는 부곡산(釜谷山)과 대덕산(大德山)의 두 산으로부터 나와 서로 합쳐서 서쪽으로 흐르다가 제천현(堤川縣)의 남쪽을 지나 고교천(高橋川)으로 들어간다〉

둔지천(屯之川)〈읍치로부터 서쪽으로 43리에 있다. 원류는 백운산(白雲山)과 구학산(九鶴山)의 두 산으로부터 나온다. 남쪽으로 흐르다가 원서창(遠西倉)을 지나 둔지천이 되고 창천(滄川)이 되었다가 청풍(淸風) 황공탄(惶恐灘)으로 들어간다〉

의림지(義林池)〈읍치로부터 북쪽으로 10리에 있다. 제천(堤川)의 읍호를 제(堤)라고 한 것은 바로 이 의림지 때문이다. 조선 세종 때에 관찰사 정인지(鄭麟趾)에게 명하여 수축하게 하였다. 주위는 5리 가량 되는데 이 저수지의 물로 제천고을의 논밭을 관개한다. 의림지의 맞은편 언덕에 연대(燕臺)가 있다. 이곳으로부터 주천(酒泉)까지 30여 리 쯤 된다〉

『성지』(城池)

고성(古城)〈제천현(堤川縣)의 북쪽에 있다〉

재비랑고성(齋非郎古城)

대덕산고성(大德山古城)

감악산고성(紺嶽山古城)〈주위는 32,600척이다. 몹시 험준하여 축성하지 못한다〉

『창고』(倉庫)

읍창(邑倉)

주포창(周浦倉)〈읍치로부터 서쪽으로 20리에 있다〉

원서창(遠西倉)〈읍치로부터 서쪽으로 40리에 있다〉

『역참』(驛站)

천남역(泉南驛)〈읍치로부터 서쪽으로 6리에 있나〉

『토산』(土産)

철·대추·벌꿀·자초(紫草)·송이버섯[송심[松蕈)]·신감초(辛甘草)

『장시』(場市)

읍내의 장날은 2일과 7일이다. 창리(倉里)의 장날은 1일과 6일이다.

『누정』(樓亭)

읍평루(揖平樓)가 있다.

『전고』(典故)

고려 고종(高宗) 4년(1217)에 중군병마사(中軍兵馬使) 최원세(崔元世), 전군병마사(前軍兵馬使) 김취려(金就礪)가 충주(忠州)와 원주(原州)로부터 거란병을 추격하여 제천(堤川) 박달현(朴達峴)에서 대패시켰다. 거란병은 이 때문에 더 이상 남하하지 못했다. 고려 우왕(禑王) 9년(1383)에 왜적이 제천을 노략질하였으며 11년(1385)에 제천을 또다시 노략질하였다. 이에 도병마사(都兵馬使) 최운해(崔雲海)가 여러 차례 전투를 치러 수급을 노획하여 바쳤다.

9. 청주목(淸州牧)

『연혁』(沿革)

본래 백제의 상당(上黨)이었다.〈『삼국사(三國史)』 백제(百濟) 지지(地志)에 이르기를 "서원현(西原縣)을 혹은 낭자곡성(娘子谷城)이라고도 하고 혹은 낭비성(娘臂城)이라고도 하였는데, 이것은 모두 잘못된 것이다. 낭자곡성은 지금의 충주(忠州)이고 낭비성(娘臂城)은 고찰할 수 없다"고 하였는데 고찰할 수는 없다〉 신라 신문왕(神文王) 5년(685)에 처음으로 서원소경(西原小京)을 두었다.〈사신(仕臣)과 사대사(仕大舍) 각 1명을 두었다. ○아찬(阿飡) 원태(元泰)로 하여금 사신을 삼았다〉 신라 경덕왕(景德王) 16년(757)에 서원경(西原京)으로 고쳐서〈대윤(大尹)과 소윤(少尹) 각 1명을 두었다〉 웅주(熊州)에 예속시켰다.

고려 태조 23년(940)에 청주(靑州)로 고쳤다가〈후에 청주(淸州)로 고쳤다〉 성종 2년(983)에 목(牧)을 설치하였고〈12목 중의 하나였다〉 14년(995)에 전절군절도사(全節軍節度使)를 두고〈12 절도사의 하나였다〉 중원도(中原道)에 예속시켰다. 고려 현종(顯宗) 3년(1012)에 안무사(按撫使)로 고쳤다가 9년(1018)에 목(牧)을 설치하고〈8목의 하나였다. ○소속된 군(郡)이 2였는데 연산군(燕山郡)과 목주군(木州郡)이었다. 소속된 현(縣)이 7이었는데 진주현(鎭州縣)·전의현(全義縣)·청천현(靑川縣)·도안현(道安縣)·청당현(淸塘縣)·연기현(燕岐縣)·회인현(懷仁縣)이었다〉 양광도(楊廣道)에 예속시켰다. 고려 충선왕(忠宣王) 2년(1310)에 지주사(知州事)로 강등시켰다.〈여러 목(牧)을 도태했기 때문이었다〉 고려 공민왕(恭愍王) 5년(1356)에 다시 목(牧)으로 하였다.

조선 세조 12년(1466)에 진(鎭)을 설치하였다.〈관하는 12읍이었다〉 연산군 11년(1505)

에 본 주(州)를 혁파하고 이웃 고을에 나누어 소속시켰다.〈본 주의 사람이 환관 이공신(李公臣)을 살해하였기 때문이었다〉 중종 1년(1506)에 다시 복구하였다. 효종 7년(1656)에 서원현(西原縣)으로 강등하였다.〈종이 주인을 시해하였기 때문이었다〉 현종 8년(1667)에 다시 복구하였다. 숙종 6년(1680)에 현으로 강등했다가 15년(1689)에 다시 복구하였다. 영조 7년(1731)에 현으로 강등했다가〈무신역옥(戊申逆獄: 이인좌(李麟佐) 등이 무신년(戊申年)인 영조 4년(1728)에 일으켰던 군사반란/역자주) 때문이었다〉 16년(1740)에 다시 복구하였다. 정조 1년(1777)에 현으로 강등했고〈역녀(逆女) 효임(孝壬)이 태어난 땅이었기 때문이었다〉 순조 25년(1825)에 현으로 강등했다가 34년(1834)에 복구하였다. 철종 13년(1862)에 현으로 강등하였다.〈김순성(金順性)이 역적으로 죽었기 때문이었다〉

「읍호」(邑號)

낭성(琅城)

「관원」(官員)

목사(牧使)가〈청주진병마첨절제사(淸州鎭兵馬僉節制使)를 겸한다〉 1명이다.

『고읍』(古邑)

청주현(淸州縣)〈읍치로부터 동쪽으로 60리에 있었다. 본래 백제의 살매(薩買)였다. 신라 경덕왕(景德王) 16년(757)에 청천(淸川)으로 고쳐서 삼년군(三年郡)에 소속된 현으로 하였다. 고려 현종(顯宗) 9년(1018)에 지금의 청주로 옮겨서 소속시켰다〉

『방면』(坊面)

동주내면(東州內面)〈읍치로부터 10리에서 끝난다〉

서주내면(西州內面)〈읍치로부터 15리에서 끝난다〉

남주내면(南州內面)〈읍치로부터 10리에서 끝난다〉

북주내면(北州內面)〈읍치로부터 10리에서 끝난다〉

산외일면(山外一面)〈읍치로부터 동북쪽으로 30리에서 시작하여 40리에서 끝난다〉

산외이면(山外二面)〈위와 같다〉

산내일면(山內一面)〈읍치로부터 동쪽으로 30리에서 시작하여 50리에서 끝난다〉

산내이면(山內二面)〈읍치로부터 동쪽으로 20리에서 시작하여 80리에서 끝난다〉

산내이상면(山內二上面)〈읍치로부터 동쪽으로 20리에서 시작하여 40에서 끝난다〉

산내이하면(山內二下面)〈읍치로부터 동쪽으로 10리에서 시작하여 30리에서 끝난다〉

서강내일면(西江內一面)〈읍치로부터 서쪽으로 10리에서 시작하여 40리에서 끝난다〉

서강내이면(西江內二面)〈읍치로부터 서남쪽으로 30리에서 시작하여 40리에서 끝난다〉

서강외일면(西江外一面)〈읍치로부터 서쪽으로 40리에서 시작하여 50리에서 끝난다〉

서강외이면(西江外二面)〈읍치로부터 서쪽으로 30리에서 시작하여 40에서 끝난다〉

남일면(南一面)〈읍치로부터 10리에서 시작하여 30리에서 끝난다〉

남이면(南二面)〈위와 같다〉

남차이면(南次二面)〈읍치로부터 서남쪽으로 10리에서 시작하여 40리에서 끝난다〉

북강내일면(北江內一面)〈읍치로부터 10리에서 시작하여 30리에서 끝난다〉

북강내이면(北江內二面)〈읍치로부터 30리에서 시작하여 50리에서 끝난다〉

북강외일면(北江外一面)〈읍치로부터 20리에서 시작하여 50리에서 끝난다〉

북강외이면(北江外二面(읍치로부터 30리에서 시작하여 50리에서 끝난다〉

수신면(修身面)〈읍치로부터 서북쪽으로 50리에서 시작하여 60리에서 끝난다〉

청천면(青川面)〈즉 고읍이다. 읍치로부터 60리에서 시작하여 150리에서 끝난다〉

주안면(周岸面)〈본래 주안향(周岸鄕)이었다. 문의현(文義縣)·회인현(懷仁縣)의 남쪽 지역에 넘어 들어가 있다. ○읍치로부터 남쪽으로 70리에서 시작하여 80리에서 끝난다〉

덕평면(德坪面)〈본래 덕평향(德平鄕)이었다. 천안(天安)의 남쪽 지역에 넘어 들어가 있다. ○읍치로부터 서쪽으로 80리에서 시작하여 90리에서 끝난다〉

【오근부곡(吳根部曲)은 읍치로부터 북쪽으로 30리에 있었다. 석곡부곡(錫谷部曲)은 읍치로부터 서남쪽으로 25리에 있었다. 조풍부곡(調豊部曲)은 읍치로부터 북쪽으로 40리에 있었다. 청안면(青安面)이 있었다. 유신부곡(由身部曲)은 청천(淸川)에 있었다. 신은소(新銀所)는 청천(淸川)에 있었다. 배음소(背陰所)가 있었다. 추자소(楸子所)가 있었다】

『산수』(山水)

당선산(唐羨山)〈읍치로부터 동쪽으로 1리에 있다. 성의 터가 있다〉

낙가산(洛迦山)〈읍치로부터 동쪽으로 7리에 있다〉

선도산(仙到山)〈읍치로부터 동쪽으로 20리에 있다〉

검단산(黔丹山)〈읍치로부터 동쪽으로 60리에 있다. 보은(報恩)과의 경계이다. 백제의 스님 검단(黔丹)이 거주하였기 때문에 검단산이라 이름하였다〉

저산(猪山)〈읍치로부터 서쪽으로 30리에 있다〉

용자산(龍子山)〈읍치로부터 서북쪽으로 50리에 있다. 전의(全義)와의 경계이다. ○동림사(桐林寺)가 있다〉

상령산(上嶺山)〈읍치로부터 동쪽으로 15리에 있다〉

속리산(俗離山)〈읍치로부터 동쪽으로 90리에 있다. 보은과의 경계이다〉

기곡산(箕谷山)〈읍치로부터 동쪽으로 50리의 청천(青川) 서쪽에 있다〉

팔봉산(八峯山)〈읍치로부터 서쪽으로 15리의 작천(鵲川) 들판 중에 있다. 여덟 봉우리 모두 흰모래의 가는 개울가에 평평하며 아름답게 솟아오른 산봉우리들이다〉

금계산(金鷄山)〈읍치로부터 남쪽으로 25리에 있다. 문의(文義)와의 경계이다. 사봉(寺峯)이 가장 빼어나게 아름다운데 암석이 층층으로 되어 있다. 세조가 속리산(俗離山)에 행차할 때 회인(懷仁) 피잠(皮岑) 아래에 머물렀는데 이때 금계산의 형세가 마치 황금빛 닭이 날며 춤추는 듯한 것을 바라보고는 산 위에 절을 짓도록 명령하였다. 그 절의 이름이 금계사(金鷄寺)와 왕암(王菴)이다〉

인경산(引頸山)〈읍치로부터 동쪽으로 30리에 있다. 몹시 높고 험준하다. 절과 암자가 있는 곳이 15곳이다. 산에 올라 바라보면 한양이 보이기 때문에 인경산이라고 이름하였다. 산 위에는 주(州)의 동마(銅馬)와 자마(磁馬)가 있어서 산을 지키는 신령으로 삼았다〉

미륵산(彌勒山)〈청천고현(青川古縣)의 북쪽에 있다〉

구라산(謳羅山)〈읍치로부터 동쪽으로 40리에 있다〉

환희산(歡喜山)〈읍치로부터 북쪽으로 30리에 있다〉

불일산(佛日山)〈속리산(俗離山)의 북쪽에 있다〉

청화산(青華山)〈불일산(佛日山)과 청화산은 모두 읍치로부터 동쪽으로 100여 리에 있다. 청화산의 뒤쪽에는 선유동(仙遊洞)의 깊은 골짜기가 있고 앞쪽에는 용유동(龍遊洞)의 기이한 경치가 있는데 산수가 단정하고 깨끗하며 기이하다〉

낙영산(落影山)〈지금은 낙양산(洛陽山)이라고 하는데 혹은 파곶산(葩串山)이라고도 한다. 골짜기가 깊으며 큰 냇물이 흘러내린다. 돌로 된 언덕과 샘물이 수도 없이 휘휘 돌며 기이한 경치를 만들어 내는데 산수가 맑으며 묘하다. ○국사봉(國士峯)이 있다. 선조 임진년(1592)에 제독관(提督官) 조헌(趙憲)이 의병을 일으켜 이곳에서 크게 승리하였다〉【낙영산(落影山)은 청주(淸州)의 동쪽으로 80리에 있다. 속리산(俗離山) 북쪽의 한 산봉우리가 몹시 수려하며 암석이 장려한데 세속에는 다음과 같은 말이 있다. 이 암석 위에 장군마(將軍馬)가 있다. 장군마가 중국에 다녀오다가 이 산에 떨어지고 그 그림자는 중원(中原)에 떨어졌다. 이런 기운을 살피던 자가 이곳으로 와서 미륵불상을 산봉우리 위에 두었기 때문에 이 산을 낙영산이라고 하였다】

화양동(華陽洞)〈낙양산(洛陽山) 아래에 있다. 서쪽으로 청천창(淸川倉)이 20리이며 북쪽으로 괴산(槐山)의 치소(治所)가 50리이다. 화양동에는 흰색 돌과 맑은 샘물이 있어서 골짜기가 매우 수려하고 맑다. 만동묘(萬東廟), 화양서원(華陽書院)있으며 환장암(煥章庵)에는 명(明)나라 의종황제(毅宗皇帝)의 어필(御筆)을 봉안하고 있다. ○첨성대(瞻星臺), 오운대(五雲臺), 학소암(鶴巢巖), 와룡암(臥龍巖), 읍궁암(泣弓巖)이 있다〉

선유동(仙遊洞)〈청화산(靑華山)의 동북쪽에 있다. 가장 높은 부분도 평탄하고 골짜기는 매우 길다. 호소굴(虎巢窟)이 있다. 칠성대(七星臺)로부터 동쪽으로 고개를 넘으면 내선유동(內仙遊洞)이 되는데 곧 문경(聞慶) 지역이다〉

용화동(龍華洞)〈청천(靑川)의 동쪽에 있다. 남쪽으로는 속리산(俗離山)과 아주 가까이 있는데 그렇게 험준하지는 않다. 골짜기 사이에 작은 평지가 조금 있어서 오직 산골사람들만이 모여서 살고 있다〉

송면리(松面里)〈청화동(靑華洞)과 속리산(俗離山)의 아주 깊은 곳에 있다. 골짜기가 길고 멀어서 아직도 사람들이 가보지 못한 곳이 많이 있다〉

구로동(九老洞)〈읍치로부터 동쪽으로 50리에 있다. 자연경치가 매우 아름답다〉【상주(尙州)와의 경계지역이 용화동(龍華洞)에 쑥 들어가 있다】

「영로」(嶺路)

화청령(華淸嶺)〈읍치로부터 동쪽으로 통하는 길이다〉

삼일치(三日峙)〈보은(報恩)과의 경계이다〉

굴현(窟峴)〈화양동(華陽洞)의 서북쪽에 있다. 괴산(槐山)과의 경계이다〉

뉴치(杻峙)〈속리산(俗離山)의 서쪽 지맥이다. 보은과의 경계이다. 보은으로부터 화양동(華陽洞)으로 통한다〉

웅치(熊峙)〈읍치로부터 동남쪽에 있다. 보은과의 경계지역이며 대로이다〉

율치(栗峙)〈읍치부터 남쪽으로 20리에 있다. 문의(文義)와의 경계지역이며 대로이다〉

피반령(皮盤嶺)〈읍치로부터 동남쪽으로 30리에 있다. 회인(懷仁)과의 경계지역이며 대로인데 몹시 험준하다〉

【적현(赤峴)은 읍치로부터 동남쪽에 있다】

○작천(鵲川)〈읍치로부터 서북쪽으로 20리에 있다. 원류는 청안(淸安)의 반탄(磻灘)에서 나온다. 서남쪽으로 흐르다가 오근진(梧根津), 작천(鵲川), 진목탄(眞木灘), 망천(輞川), 부탄(浮灘)이 된다. 연기(燕岐)에 이르러 동진강(東津江)이 되는데 수권(首卷)에 자세하다. ○냇물의 좌우는 모두가 큰 들판이며 작은 산등성이들이 첩첩하여 금성촌(金城村)·장명촌(長命村)·자적촌(紫的村)·정좌촌(正左村) 등의 촌락이 있다. 이 촌락들은 모두 작천으로부터 관개한다. 작천의 동남 40여 리에 이르는 큰 벌판 중에 작은 산이 있는데 팔봉(八峯)이라고 한다〉

진목탄(眞木灘)〈읍치로부터 서쪽으로 20리의 신원창(薪院倉) 남쪽에 있다〉

망천(輞川)〈읍치로부터 서쪽으로 25리에 있다〉

부탄(浮灘)〈읍치로부터 서쪽으로 40리에 있다〉

청천(靑川)〈혹은 서천(鋤川)이라고도 하는데 수권(首卷)에 자세하다. 달천강(達川江) 동쪽 60리에 있다. ○속리산(俗離山)의 물이 구불구불하게 돌아가는데 북쪽은 막히고 남쪽은 트여있다. 산 속에는 유명한 촌락이 많다. 철이 산출되면 궁중에서 사용하는 재목 및 관곽의 재목이 풍부하다. ○서쪽에는 옥류대(玉流臺)가 있는데 냇가의 골짜기와 암석이 자못 절경을 이루고 있다. 동쪽은 구만(龜灣)인데 시냇물과 산이 매우 절경이며 기온이 서늘하다. ○동남쪽의 수십리는 송면리(松面里)인데 청주(淸州)·상주(尙州)·문경(聞慶)의 세 고을이 교차하는 지역이다〉

쌍천(雙川)〈읍치로부터 동쪽으로 30리에 있다. 원류는 상령산(上嶺山)에서 나온다. 동쪽으로 흐르다가 청천(靑川)의 상류로 들어간다〉

병천(幷川)〈읍치로부터 서북쪽으로 50리에 있다. 목천(木川)의 병천(幷川)이 남쪽으로 흐르다가 청주(淸州)의 경계지역에 이르러 소탄(所灘)이 되었다가 진목탄(眞木灘)으로 들어간다. 목천(木川) 조항에 자세하다〉

대교천(大橋川)〈원류는 피반령(皮盤嶺)과 적현(赤峴)의 물에서 나온다. 서북쪽으로 흐르다가 청주의 서쪽을 지나 작천(鵲川)으로 들어간다〉

화양천(華陽川)〈화양동(華陽洞)·불일산(佛日山)·속리산(俗離山)의 물들이 합쳐져서 서쪽으로 흐르다가 화양동을 지나 청천(靑川)으로 들어간다〉

초수(椒水)〈읍치로부터 동쪽으로 35리에 있다. 물의 맛이 후추의 향 맛이 나며 매우 찬데 목욕을 하면 병이 낫는다. 조선의 세종과 세조가 모두 이곳에 행차하였다〉

북수(北藪)〈읍치로부터 북쪽으로 3리에 있다. 효종이 왕위에 오르기 전에 봉림(鳳林)으로 명명(命名)하였다〉

『형승』(形勝)

왼쪽에는 높은 산들이 자리잡고 오른쪽에는 넓은 벌판이 있다. 중앙으로는 큰 내가 거대한 산을 꿰뚫으며 구불구불 경계를 이룬다. 토지는 넓고 사람과 물산(物産)이 풍부하다. 북쪽으로는 충주(忠州)와 원주(原州)를 잡아끌고 남쪽으로는 공주(公州)와 산청(山淸)에 연접하여 충청, 호남, 영남의 3도의 요충지에 자리하고 있다. 그러므로 응원하기가 쉽고 성세(聲勢)가 되기도 쉬워 예전부터 용무(用武)이 지역이 되었다.

『성지』(城池)

읍성(邑城)〈조선 정조 을사년(1785)에 개축하였다. 주위는 1,427척이다. 옹성(甕城: 적이 성문으로 진격하는 것을 막기 위해 성문 앞에 둥그렇게 쌓은 성/역자주)이 둘이고 문이 넷이며 우물이 열둘이다〉

상당산성(上黨山城)〈상령산(上嶺山) 위에 있다. 숙종 42년(1716)에 옛터에다 개축하였다. 주위는 2,910보이다. 치성(雉城: 성벽에 달라붙은 적을 공격하기 위해 툭 불거지게 쌓은 성/역자주)이 셋이고 포루(砲樓)가 열 다섯이며 우물이 열 다섯이다. ○수성장(守城將)은 목사(牧使)가 겸임한다. 병우후(兵虞侯)가 유진(留鎭)한다〉

고성(古城)〈읍치로부터 동쪽으로 2리의 당선산(唐羨山)에 있다. 주위는 5,022척이고 우물이 넷이다〉

청천고성(青川古城)〈미륵산(彌勒山)에 있다. 주위는 5,779척이며 우물이 둘이다〉

저산고성(猪山古城)〈주위는 545척이고 우물이 하나이다〉

구라산고성(謳羅山古城)〈주위는 2,790척이고 우물이 둘이다〉

부모성(父母城)〈읍치로부터 서쪽으로 15리에 있다. 주위는 2,427척이다. 커다란 연못이 있다〉

【저산성(猪山城)과 구라산성(謳羅山城)은 삼국시대에 읍을 설치했던 지역인데 지금은 자세하지 않다】

○신라 신문왕(神文王) 9년(689)에 서원경성(西原京城)을 쌓았다. 고려 태조 2년(919)에 청주(青州)에 성을 쌓았으며 13년(930)에 청주나성(青州羅城)을 쌓고 드디어 행차하였다.

『영아』(營衙)

병영(兵營)〈고려 공민왕(恭愍王) 때에 최영(崔瑩)이 건의하여 도절제사영(都節制使營)을 이산현(伊山縣)에 설치하였다. 조선 태종 2년(1402)에 병마절도사영(兵馬節度使營)으로 고쳤다가 16년(1416)에 해미현(海美縣)으로 옮겼고 효종 2년(1651)에 다시 이곳으로 옮겼다〉【5개의 진영(鎭營)을 관할한다】

「관원」(官員)

충청도병마절도사(忠淸道兵馬節度使)·중군(中軍)〈즉 병마우후(兵馬虞候)이다. ○상당산성(上黨山城)에 유진(留鎭)한다〉·심약(審藥)이 각각 1명이다.

○중영(中營)〈인조 때에 설치했다. ○중영장(中營將)이 1명이다. ○소속된 읍은 청주(淸州)·천안(天安)·문의(文義)·회인(懷仁)·청산(青山)·보은(報恩)·황간(黃澗)·영동(永同)·청안(淸安)·진천(鎭川)·직산(稷山)·목천(木川)이다〉

『봉수』(烽燧)

거대령봉수(巨大嶺烽燧)〈읍치로부터 동쪽으로 15리에 있다〉

『창고』(倉庫)

읍창(邑倉)

병영창(兵營倉)〈읍창(邑倉)과 병영창은 모두 읍내에 있다〉

군향창(軍餉倉)〈상당(上黨)에 있다〉

청천창(青川倉)〈고읍(古邑)에 있다〉

신원창(薪院倉)〈읍치로부터 서북쪽으로 20리에 있다〉

금성창(金城倉)〈읍치로부터 서북쪽으로 50리에 있다〉

주안창(周岸倉)〈주안(周岸)에 있다〉

오근창(梧根倉)〈읍치로부터 북쪽으로 20리에 있다. 잘못 와전되어 오공창(吳公倉)이라고 불린다〉

『역참』(驛站)

율봉도(栗峯道)〈읍치로부터 북쪽으로 7리의 상령산(上嶺山) 남쪽에 있다. ○속역(屬驛)이 16이다. ○찰방(察訪)이 1명이다〉

쌍수역(雙樹驛)〈읍치로부터 남쪽으로 15리에 있다〉

저산역(猪山驛)〈저산(猪山) 아래에 있다〉

장명역(長命驛)〈고려 때에는 장지(長池)라고 불렀다. 읍치로부터 서북쪽으로 50리에 있다〉

『교량』(橋梁)

오근진교(梧根津橋)

진목탄교(眞木灘橋)

작천교(鵲川橋)〈이상의 세 곳은 비가 많이 오면 배를 사용한다〉

『토산』(土産)

철·감·대추·벌꿀·자초(紫草)·석이버섯[석심(石蕈)]·송이버섯[송심(松蕈)]·종이·옻나무·쏘가리[금린어(錦鱗魚)]·도루묵[은구어(銀口魚)]

『장시』(場市)

남석교(南石橋)의 장날은 2일과 7일이다. 신장(新場)의 장날은 4일과 9일이다. 쌍교(双橋)의 장날은 5일과 10일이다. 오근(梧根)의 장날은 3일과 8일이다. 장명(長命)의 장날은 2일과 7일이다. 조치원(鳥致院)의 장날은 4일과 9일이다. 주안(周岸)의 장날은 5일과 10일이다. 미원(米院)의 장날은 4일과 9일이다. 청천(靑川)의 장날은 2일과 7일이다.

『누정』(樓亭)

공북루(拱北樓)〈읍치로부터 북쪽으로 3리에 있다〉

망선루(望仙樓)

『묘전』(廟殿)

만동묘(萬東廟)에는〈숙종 갑신년(1704)에 세웠다. 매년 3월 9일에 제사를 지낸다〉 명(明)

나라의 신종현황제(神宗顯皇帝)·의종열황제(毅宗烈皇帝)를 모시고 있다.

『사원』(祠院)

신항서원(莘巷書院)에는〈선조 경오년(1570)에 세우고 현종 경자년(1660)에 편액을 하사하였다〉 이이(李珥)〈문묘(文廟) 조항에 보인다〉·이색(李穡)〈장단(長湍) 조항에 보인다〉·경연(慶延)〈자(字)는 대유(大有)이고 호는 남계(南溪)이며 본관은 청주(淸州)이다. 관직은 이산현감(尼山縣監)을 역임하였으며 징군(徵君)이란 호를 하사받았다〉·박훈(朴薰)〈자는 형지(馨之)이고 호는 강수(江叟)이며 본관은 밀양(密陽)이다. 관직은 승지(承旨)를 역임하였으며 이조판서(吏曹判書)에 추증되었고 시호(諡號)는 문도(文度)이다〉·김정(金淨)〈자는 원충(元沖)이고 호는 충암(沖庵)이며 본관은 경주(慶州)이다. 관직은 형조판서(刑曹判書)를 역임하였으며 영의정에 추증되었다. 시호는 문간(文簡)이다〉·송인수(宋麟壽)〈자는 미수(眉叟)이고 호는 규암(圭庵)이며 본관은 은진(恩津)이다. 명종 정미년(1547)에 화를 당하였다. 관직은 이조참판(吏曹參判)을 역임하였으며 이조판서(吏曹判書)에 추증되었다. 시호는 문충(文忠)이다〉·한충(韓忠)〈자는 서경(恕卿)이고 호는 송재(松齋)이며 본관은 청주(淸州)이다. 중종 신사년(1521)에 남곤(南袞)에게 해를 당하였다. 관직은 승지를 역임하였으며 이조판서에 추증되었다. 시호는 문정(文貞)이다〉·송상현(宋象賢)〈개성(開城) 조항에 보인다〉·이득윤(李得胤)〈자는 극흠(克欽)이고 호는 서계(西溪)이며 본관은 경주이다. 관직은 괴산군수(槐山郡守)를 역임하였다〉을 모시고 있다.

○화양서원(華陽書院)에는〈숙종 병자년(1696)에 세우고 같은 해에 편액을 하사하였다. 병신년(1716)에 어필로 쓴 편액을 걸었다〉 송시열(宋時烈)〈문묘(文廟) 조항에 보인다〉을 모시고 있다.

○표충사(表忠祠)에는〈영조 신해년(1731)에 세우고 병진년(1736)에 편액을 하사하였다〉 이봉상(李鳳祥)〈자는 의숙(儀叔)이고 본관은 덕수(德水)이다. 영조 무신난(戊申亂: 영조 4년 이인좌 등이 일으킨 군사반란/역자주)에 충청병사(忠淸兵使)로서 역적에게 해를 당하였다. 관직은 훈련대장(訓練大將)을 역임하였으며 좌찬성(左贊成)에 추중되었다. 시호는 충민(忠愍)이다〉·남연년(南延年)〈자는 수백(壽伯)이고 본관은 의령(宜寧)이다. 영조 때 무신난에 청주영장(淸州營將)으로서 순절하였다. 좌찬성에 추증되었다. 시호는 충장(忠壯)이다〉·홍림(洪霖)〈자는 춘경(春卿)이고 본관은 남양(南陽)이다. 영조 무신난 때 병사비장(兵使裨將)으로

서 순절하였다. 호조참판(戶曹參判)에 추증되었다〉을 모시고 있다.

『전고』(典故)

고려 태조 11년(928)에 후백제의 장군 김훤(金萱) 등이 군사를 거느리고 청주를 공격하였다. 유금필(庾黔弼)이 탕정군(湯井郡)으로부터 청주로 달려가 더불어 싸워서 격퇴시키고 독기령(禿岐嶺)에 이르러〈열전(列傳)에는 충기진(充岐鎭)이라고 하였다〉 300여인을 살획(殺獲)하였다. 이어서 중원(中原)으로 달려가 태조 왕건을 보고 전투상황을 보고하였다. 왕건 태조는 드디어 청주로 행차하였다. 고려 현종 1년(1010)에 왕이 공주(公州)로부터 청주에 와서 머물렀다.〈나주(羅州)에서 환도할 때의 일이었다〉 고려 공민왕(恭愍王) 11년(1362)에 왕이 상주(尙州)로부터 속리산(俗離山)에 행차하고〈양산(梁山) 통도사(通度寺)에 소장한 불골(佛骨)과 가사(袈裟)를 취하여 보았다〉 원암역(元巖驛)에 머물렀다가 다음 고을로 가고자 하여 사잇길을 취하여 보령현(報令縣)에 행차하였다. 이어서 회인현(懷仁縣)에 행차하였다가 청주에 도착하였다. 고려 공민왕(恭愍王) 11년(1362) 1월에 왕이 청주(淸州)에 머물면서 북정(北亭)에 행차하여 배표(拜表: 중국에 보내는 외교문서에 왕이 절을 하는 예식/역자주)하고 드디어 공북루(拱北樓)에 올라 문신들로 하여금 왕이 지은 글에 화답하게 하였다.〈감찰사(監察司)에서 보고하기를 "가만히 듣건대 임금님께서 수원(水原)에 행차하여 그곳에 궁궐을 세우고자 한다고 하였습니다. 그러나 수원은 지역이 좁고 또 바다가 가까워 왜적의 우려가 있습니다. 그에 비해 청주는 충청, 전라, 경상도의 요충지에 위치하고 또 물자를 운송하기에도 편리하며 적들도 가까이 접근할 수 없습니다. 원하건대 청주에 머므르시옵소서." 하였다〉 고려 우왕(禑王) 4년(1378)에 왜적이 청주를 노략질하였는데 왜적의 기세가 매우 날카로웠다. 이에 아군은 왜적을 바라보기만 해도 달아나기에 바빴다. 왜적은 사방으로 나가 노략질을 하였는데 아군이 다시 틈을 타서 기습하여 10여급을 목베었다. 고려 창왕(昌王) 때에 왜적이 청주와 유성(儒城)〈공주(公州)이다〉을 노략질하였다.

○조선 선조 25년(1592) 4월에 왜적이 청주에 머물렀다. 방어사(防禦使) 이옥(李沃), 조방장(助防將) 윤경기(尹慶祺)가 연이어서 패주하였다. 전제독관(前提督官) 조헌(趙憲)이 의병을 일으켜 1,000여 인을 모집하였다. 공주목사(公州牧使) 허욱(許頊)이 의승장(義僧將) 영규(靈圭)로 하여금 승군(僧軍)을 이끌고 조헌을 돕도록 하였다. 영규가 홀로 왜적과 더불어 수일간을 대치하였는데 조헌이 이를 듣고 드디어 청주로 군대를 진군하였다. 조헌은 영규와 더불어

군대를 합해 청주 서문(西門)으로 육박해 들어갔는데 직접 화살과 돌을 무릅쓰며 하루종일 독전하니 병사들이 모두 죽음을 무릅쓰고 싸웠다. 왜적이 성에서 나와 공격하다가 대패하니 조헌이 휘하 병사들을 거느리고 막 성으로 오르려는데 갑자기 비가 몰려왔다. 조헌은 병사들이 추위에 떨므로 드디어 대봉(對峯)으로 물러나 주둔하면서 청주성을 마주하였다. 이날 밤에 왜적은 횃불을 밝히고 깃발을 세워 의병(疑兵)을 만들어 놓고 병영을 비우고 북문으로 달아났다.

영조 4년(1728)에 역적 권서봉(權瑞鳳) 등이 양성(陽城)에서 군사를 모아 청주의 적괴 이인좌(李麟佐)와 합세하여 밤에 청주성을 기습하였다. 성중에서는 성문을 열어 역적들을 끌어들였다. 병사(兵使) 이봉상(李鳳祥), 영장(營將) 남연년(南延年), 비장(裨將) 홍림(洪霖)이 모두 역적들을 꾸짖으며 굴복하지 않다가 죽음을 당하였다. 우후(虞侯) 박종원(朴宗元)이 상당산성(上黨山城)에 있다가 역적에게 항복하였다. 이에 이인좌가 병영에 머물면서 삼남대원수(三南大元帥)라고 자칭하고 정세윤(鄭世胤)을 부원수(副元帥)로, 신천영(申天永)을 병사(兵使)로, 박종원을 영장(營將)으로, 이배(李培)를 중군(中軍)으로, 최경우(崔擎宇)와 이만(李晩)을 좌우장군(左右將軍)으로, 이의충(李義衝)을 진용도위(進勇都尉)로, 안후기(安厚基)를 방어사(防禦使)로, 권서봉을 청주목사로, 목함경(睦涵敬)을 청안현감(淸安縣監)으로, 이지경(李之慶)을 진천현감(鎭川縣監)으로, 곽장(郭長)을 목천현감(木川縣監)으로 삼고 여러 고을에 격문을 보내 군대를 모집하였다. 이인좌는 신천영 등을 상당산성에 머물면서 지키도록 하고 자신은 1,500여명을 거느리고 정세윤은 1,700여명을 인솔하여 진천(鎭川)으로 향하였다. 순무사(巡撫使) 오명항(吳命恒)이 죽산(竹山)에서의 승리이후 군사를 이끌고 청주에 이르렀다. 청주목사(淸州牧使)는 소모사(召募使) 유숭(兪崇)과 함께 관포수(官砲手) 300-400명을 거느리고 상당산성 아래로 진군하였다. 그러자 본 청주의 토착민 박민웅(朴敏雄)이 스스로 의병장이 되어 동지들과 함께 계책을 써서 신천영, 이기좌(李麒佐)〈이인좌의 동생이다〉 등 18명을 잡아 모두 목을 베었다.

10. 천안군(天安郡)

『연혁』(沿革)

고려 태조 13년(930)에 탕정(湯正)〈온양(溫陽)이다〉, 대록(大麓)〈목천(木川)이다〉, 사산

(蛇山)의 지역을 분할하여 천안부(天安府)를 설치하였다. 고려 성종 14년(995)에 환주(歡州)로 고쳤고 도단련사(都團練使)를 두었다. 고려 목종(穆宗) 8년(1005)에 혁파하였다가 현종(顯宗) 9년(1018)에 다시 천안으로 하고 지군사(知郡事)를 두었다.〈소속된 군(郡)이 하나이었는데 온수군(溫水郡)이었다. 소속된 현이 7이었는데, 아주현(牙州縣)·신창현(新昌縣)·풍세현(豊歲縣)·평택현(平澤縣)·예산현(禮山縣)·직산현(稷山縣)·안성현(安城縣)이었다〉 고려 충선왕(忠宣王) 2년(1310)에 영주(寧州)로 고쳤다가 공민왕(恭愍王) 11년(1362)에 다시 천안부로 하였다. 조선 태종 13년(1413)에 영산군(寧山郡)으로 고쳤다가 16년(1416)에 천안군(天安郡)으로 고쳤다.

「관원」(官員)

군수(郡守)가〈청주진관병마동첨절제사(淸州鎭管兵馬同僉節制使)를 겸한다〉 1명이다.

『고읍』(古邑)

풍세현(豊歲縣)〈읍치로부터 서남쪽으로 25리에 있었다. 본래 백제의 감매(甘買)였는데 후에 유천(柳川)으로 고쳤다. 신라 경덕왕(景德王) 16년(757)에 순치(馴雉)로 고쳐서 대록군(大麓郡)에 소속된 현으로 하였다. 고려 태조 23년(940)에 풍세(豊歲)로 고쳤다가 현종(顯宗) 9년(1018)에 천안(天安)으로 옮겨서 소속시켰다.

『방면』(坊面)

상리면(上里面)〈읍치로부터 동쪽으로 5리에서 끝난다〉

하리면(下里面)〈읍치로부터 서쪽으로 5리에서 끝난다〉

군남면(郡南面)〈읍치로부터 10리에서 끝난다〉

군서면(郡西面)〈읍치로부터 10리에서 끝난다〉

대동면(大東面)〈읍치로부터 남쪽으로 15리에서 시작하여 20리에서 끝난다〉

소동면(小東面)〈읍치로부터 남쪽으로 10리에서 시작하여 15리에서 끝난다〉

일남면(一南面)〈읍치로부터 30리에서 시작하여 40리에서 끝난다〉

이남면(二南面)〈읍치로부터 20리에서 시작하여 30리에서 끝난다〉

내서면(內西面)〈읍치로부터 10리에서 시작하여 20리에서 끝난다〉

북일면(北一面)〈읍치로뷔 5리에서 시작하여 15리에서 끝난다〉

북이면(北二面)〈읍치로부터 5리에서 시작하여 10리에서 끝난다〉

신종면(新宗面)〈본래 신종부곡(新宗部曲)이었다. 예산(禮山) 북쪽 지역에 넘어 들어가 있다. 읍치로부터 서쪽으로 80리에서 끝난다〉

덕흥면(德興面)〈본래 덕흥부곡(德興部曲)이었다. 신창(新昌) 서쪽 지역에 넘어 들어가 있다. 읍치로부터 서쪽으로 68리에서 끝난다〉

모산면(毛山面)〈본래 모산부곡(毛山部曲)이었다. 아산(牙山) 동쪽 지역에 넘어 들어가 있다. 읍치로부터 서북쪽으로 40리에서 끝난다〉

돈의면(頓義面)〈본래 돈의향(頓義鄕)이었다. 아산 서쪽 지역에 넘어 들어가 있다. 읍치로부터 62리에서 끝난다. ○신종면(新宗面)·덕흥면(德興面)·모산면(毛山面)·돈의면은 모두 포구를 끼고 있는 들판이다〉

【원일면(遠一面)·원이면(遠二面)·원삼면(遠三面)이 있다】

『산수』(山水)

왕자산(王字山)〈직산(稷山) 성거산(聖居山)의 서쪽 지맥이다. 읍치로부터 동북쪽으로 15리에 있다. 옛날에는 유려왕사(留麗王寺)가 있었다. 그 동쪽이 목천(木川)과의 경계인데 유왕동(留王洞)이라고 부르는 매우 깊은 골짜기이다〉

수조산(水朝山)〈읍치로부터 동남쪽으로 10리에 있다〉

도고산(道高山)〈읍치로부터 동남쪽으로 15리에 있다〉

태화산(太華山)〈읍치로부터 서남쪽으로 40리에 있다. 서쪽 지맥을 광덕산(廣德山)이라고 하고 북쪽 지맥을 대학산(大鶴山)이라고 하는데 모두 절로써 이름을 한 것이다. 남쪽은 공주(公州) 무성산(武城山)에 연결되고 서쪽은 온양(溫陽) 백운한(白雲山)과 설아산(雪峩山)에 연결되는데 산이 첩첩하고 골짜기가 깊다〉

「영로」(嶺路)

도리치(道里峙)〈읍치로부터 남쪽으로 4리에 있다. 공주로 통하는 대로이다〉

송현(松峴)〈읍치로부터 서쪽으로 20리에 있다. 온양(溫陽)과의 경계이며 온양으로 통하는 대로이다〉

염고현(鹽高峴)〈읍치로부터 북쪽으로 10리에 있다. 직산(稷山)과의 경계이며 한양으로 통하는 대로이다〉

납운치(納雲峙)〈읍치로부터 동쪽으로 12리에 있다. 목천(木川)으로 통하는 대로이다〉

○태화천(太華川)〈읍치로부터 서남쪽으로 30리에 있다. 원류는 태화산(太華山)과 무성산(武城山)의 북쪽 지맥에서 나온다. 북쪽으로 흐르다가 양안천(良安川)과 합류한다〉

양안천(良安川)〈읍치로부터 남쪽으로 20리에 있다. 원류는 차령(車嶺)에서 나온다. 북쪽으로 흐르다가 태화천(太華川)과 합류하고 온양(溫陽)에 이르러 포천(布川)이 된다〉

청지포(青池浦)〈신종면(新宗面)과 덕흥면(德興面) 사이에 있는데 곧 돈곶포(頓串浦) 상류이다〉

단장포(丹場浦)〈아산(牙山)에 있는데 돈의면(頓義面)을 관통하여 돈곶포(頓串浦)로 들어간다〉

『성지』(城池)

왕자산고성(王字山古城)〈천안군(天安郡)으로부터 20리 떨어져 있다. 고려 태조가 견훤(甄萱)을 정벌하기 위해 남쪽으로 내려왔을 때 이곳에 머물면서 보루를 쌓고 병사들의 훈련상황을 관찰했다. 산 아래에 고정(鼓庭) 유지(遺址)가 있다〉

도리치고루(道里峙古壘)〈고개 위에 있다〉

고성(古城)〈읍치로부터 북쪽으로 10리에 있다. 흙으로 쌓은 옛터가 있다〉

『봉수』(烽燧)

대학산봉수(大鶴山烽燧)〈읍치로부터 서남쪽으로 25리에 있다〉

『창고』(倉庫)

읍창(邑倉)

모산창(毛山倉)〈아산(牙山) 시포(市浦)에 있다〉

신종(新宗)·덕흥(德興)·돈의(頓義)〈모두 창(倉)이 있다〉

『역참』(驛站)

신은역(新恩驛)〈읍치로부터 북쪽으로 10리에 있다〉

금제역(金蹄驛)〈읍치로부터 남쪽으로 20리에 있다〉

『토산』(土産)

감·대추·붕어·게

『장시』(場市)

읍내의 장날은 3일과 8일이다. 풍세(豊歲)의 장날은 4일과 9일이다.

『전고』(典故)

고려 문종(文宗) 36년(1082)에 왕이 천안부(天安府)에 행차하였다.〈온천에 행차할 때였다〉 고려 고종(高宗) 43년(1256)에 몽고병을 피하여 지군사(知郡事)가 선장도(仙藏島)에 들어갔다가 후에 옛터로 돌아왔다.〈선장도는 신창(新昌)의 서쪽 지역과 돈의(頓義)의 남쪽 지역의 해포(海浦)에서 진흙이 쌓여 섬이 된 곳이다〉 고려 우왕(禑王) 4년(1378)에 왜적이 영주(寧州)를 노략질하였다. 고려 공양왕(恭讓王) 2년(1390)에 왜적이 양광도(楊廣道)의 여러 고을을 노략질하였다. 이에 국가에서는 정종(定宗: 조선의 태조 이성계의 아들인 이방과(李芳果)/역자주)과 지밀직사사(知密直司事) 윤사덕(尹師德)을 파견하여 적들을 잡게 하였다. 정종과 윤사덕은 왜적을 영주도(寧州道) 고산(高山) 아래에서 만나 100여급의 목을 베고 포로로 잡혔던 남녀들을 탈환하여 귀환했다

○조선 세조 8년(1462)에 임금이 중전 및 왕세자와 함께 화산(華山)의 광덕사(廣德寺)에 행차하였다.

11. 옥천군(沃川郡)

『연혁』(沿革)【혹은 대산군(岱山郡)이라고도 하고 혹은 관산성(管山城)이라고도 한다】

본래 신라의 고시산(古尸山)이었다. 신라 경덕왕(景德王) 16년(757)에 관성군(管城郡)으로 고쳐서〈소속된 현이 2였는데 이산현(利山縣)·안정현(安貞縣)이었다〉 상주(尙州)에 예속시켰다. 고려 현종(顯宗) 9년(1018)에 경산(京山)에 예속시켰다가 인종(仁宗) 21년(1143)에 현령(縣令)을 두었다.〈고려 명종(明宗) 12년(1182)에 관리들과 주민들이 현령 홍언(洪彦)을 붙잡아 축출하였다. 이에 해당 부서에서 글을 올려 관호(官號)를 없애버렸다〉 고려 충선왕(忠宣

王) 5년(1313)에 지옥주사(知沃州事)로 승격시키고 경산부(京山府)에 소속되었던 이산현(利山縣)·안읍현(安邑縣)·양산현(陽山縣)의 3읍을 분할하여 예속시켰다.

조선 태종 13년(1413)에 옥주군(沃州郡)으로 바꾸었다.〈경상도에서부터 본 충청도로 옮겨서 예속시켰다. ○관성(管城) 때의 옛 터가 치소(治所)로부터 서쪽으로 5리에 있는데 지금은 식율평(植栗坪)이라고 부른다〉【고려 충렬왕(忠烈王) 때에 거제(巨濟)를 본 고을에 합병했다가 곧 분할하였다】

「관원」(官員)

군수(郡守)가〈청주진관병마동첨절제사(淸州鎭管兵馬同僉節制使)를 겸한다〉 1명이다.

『고읍』(古邑)

이산현(利山縣)〈읍치로부터 남쪽으로 30리에 있었다. 본래 신라의 소리산(所利山)이었다. 신라 경덕왕(景德王) 16년(757)에 이산(利山)으로 고쳐서 관성군(管城郡)에 소속된 현으로 하였다. 고려 현종(顯宗) 9년(1018)에 경산(京山)에 소속시켰다가 명종(明宗) 6년(1176)에 감무(監務)를 두었다〉

안읍현(安邑縣)〈읍치로부터 동북쪽으로 38리에 있었다. 본래 신라의 아동혜(阿冬兮)였다. 신라 경덕왕 16년(757)에 안정(安貞)으로 고쳐서 관성군에 소속된 현으로 하였다. 고려 태조 23년(940)에 안읍(安邑)으로 고쳤다가 현종(顯宗) 9년(1018)에 경산(京山)에 소속시켰다〉

양산현(陽山縣)〈읍치로부터 남쪽으로 59리에 있었다. 본래 신라의 조비천(助比川)이었다. 신라 경덕왕 16년(757)에 양산(陽山)으로 고쳐서 영동군(永同郡)에 소속된 현으로 하였다. 고려 현종 9년(1018)에 경산에 소속시켰다가 명종 6년(1176)에 현령(縣令)을 두었다. ○이산현·안읍현·양산현의 3읍은 고려 충선왕(忠宣王) 5년(1313)에 옥천(沃川)으로 옮겨서 소속시켰다〉

『방면』(坊面)

군동면(郡東面)〈읍치로부터 15리에서 시작하여 30리에서 끝난다〉

군서면(郡西面)〈읍치로부터 7리에서 시작하여 30리에서 끝난다〉

군남면(郡南面)〈읍치로부터 10리에서 시작하여 30리에서 끝난다〉

군북면(郡北面)〈읍치로부터 15리에서 시작하여 30리에서 끝난다〉

이내면(利內面)〈읍치로부터 남쪽으로 25에서 시작하여 30리에서 끝난다〉

이남면(利南面)〈읍치로부터 남쪽으로 30리에서 시작하여 40리에서 끝난다. 이내면(利內面)과 이남면은 이산(利山)이다〉

안내면(安內面)〈읍치로부터 동북쪽으로 15리에서 시작하여 40리에서 끝난다〉

안남면(安南面)〈읍치로부터 동쪽으로 20리에서 시작하여 40리에서 끝난다〉

안동면(安東面)〈위와 같다. 안내면(安內面)·안남면(安南面)·안동면은 안읍(安邑)이다〉

양내면(陽內面)〈읍치로부터 남쪽으로 50리에서 시작하여 65리에서 끝난다〉

양남면(陽南面)〈읍치로부터 남쪽으로 70리에서 시작하여 105리에서 끝난다.

○산즙암향(酸汁巖鄕)은 읍치로부터 남쪽으로 10리에 있었는데 지금 은소촌(銀所村)이다. 관성향(管城鄕)은 고읍(古邑)의 터에 있었다. 적현부곡(赤峴部曲)은 이산(利山)에 있었다. 어모소(於毛所)는 안읍(安邑)에 있었다〉

【남일면(南一面)과 남이면(南二面)이 있다】

【초즙기소(酢汁器所)는 관성향(管城鄕)에 있었다】

『산수』(山水)

마성산(馬城山)〈읍치로부터 북쪽으로 1리에 있다〉

지륵산(智勒山)〈읍치로부터 남쪽으로 50리에 있다〉

삼성산(三聖山)〈읍치로부터 서쪽으로 5리에 있다〉

대성산(大聖山)〈옛날의 각동림산(各東林山)이다. 읍치로부터 남쪽으로 23리에 있다〉

월이산(月伊山)〈읍치로부터 동쪽으로 20리에 있다〉

마니산(摩尼山)〈읍치로부터 남쪽으로 50리에 있다. 영동(永同)·양산(陽山) 고현(古縣)의 북쪽에 있다〉

환산(環山)〈읍치로부터 서북쪽으로 15리에 있다〉

서대산(西臺山)〈읍치로부터 서남쪽으로 20리에 있다. 진산(珍山)과의 경계이다〉

천마산(天摩山)〈양남면(陽南面)에 있는데 영동(永同) 조항에 보인다〉

비봉산(飛鳳山)〈양산(陽山) 고현(古縣)에 있는데, 금산(錦山)과의 경계이다〉

감로산(甘露山)〈읍치로부터 서북쪽으로 20리의 증약역(增若驛) 북쪽에 있다〉

「영로」(嶺路)

문치(文峙)〈읍치로부터 동북쪽으로 40리에 있다. 보은(報恩)과의 경계이다〉

장선치(長先峙)〈읍치로부터 북쪽으로 35리에 있다. 회인(懷仁)과의 경계이다〉

마안항(馬鞍項)〈읍치로부터 동남쪽으로 20리에 있다〉

원치(遠峙)〈읍치로부터 서북쪽으로 25리에 있다. 회덕(懷德)과의 경계이다〉

열호치(列狐峙)〈읍치로부터 남쪽으로 70리에 있다. 무주(茂朱)로 통하는 길이다〉

안치(鞍峙)〈읍치로부터 동쪽으로 40리에 있다〉

마달치(馬達峙)〈읍치로부터 동북쪽으로 40리에 있다〉

뉴치(杻峙)〈읍치로부터 동쪽으로 40리에 있다. 안치(鞍峙)·마달치(馬達峙)·뉴치는 청산(靑山)과의 경계이다〉

○광석강(廣石江)〈양산(陽山) 고현(古縣)과 무주(茂朱) 소이진(召爾津) 하류에 있다〉

호탄(虎灘)〈원류는 지륵산(智勒山)의 남쪽에서 나오며 광석강(廣石江)의 하류이다〉

적등강(赤登江)〈읍치로부터 남쪽으로 40리에 있다. 영동(永同)과의 경계이며 호탄(虎灘)의 하류이다〉

차탄(車灘)〈읍치로부터 동쪽으로 10리에 있다. 적등강(赤登江)의 하류이다〉

화인강(化仁江)〈읍치로부터 북쪽으로 6리에 있다. 차탄(車灘)을 하류로서 서북쪽으로 흐르다가 회인(懷仁) 미흘탄(未訖灘)이 된다〉

양남천(陽南川)〈원류는 영동(永同) 지역에서 나온다. 서쪽으로 흐르다가 광석강(廣石江)으로 들어간다〉

서화천(西華川)〈원류는 진산(珍山)·만인산(萬仞山)에서 나온다. 동북쪽으로 흐르다가 서대산(西臺山)을 지나고 삼성산(三聖山)의 서쪽을 휘돌아 화인강(化仁江)으로 들어간다〉

채하계(彩霞溪)〈양산현(陽山縣)에 있다〉

구룡계(九龍溪)〈이산현(利山縣)에 있다. 채하계(彩霞溪)와 구룡계는 적등강(赤登江) 상류에 있다. 골짜기를 따라 층암이 많은데 수려하다. 서북방향은 높고 막혔으며 동남방향은 확 트여서 맑은 물이 흘러나오며 골짜기가 깊고도 넓다. 종종 물이 깊게 모인 곳이 있어서 조각배를 띄울 수 있을 정도이다. 동쪽으로는 황악산(黃嶽山)과 덕유산(德裕山)이 가까이 있어서 난리를 피할 수 있다〉

『성지』(城池)

마성(馬城)〈옥천군(沃川郡) 북쪽에 있다〉

삼성산고성(三聖山古城)〈혹은 서산성(西山城)이라고도 한다. 주위는 2,141척이며 우물이 하나이다〉

마니산고성(摩尼山古城)〈양산(陽山) 고현(古縣) 북쪽에 있다. 주위는 4,631척이며 우물이 하나이다〉

신라 경순왕(敬順王) 2년(928)에 후백제의 왕 견훤(甄萱)이 장군(將軍) 관흔(官昕)에게 명하여 양산(陽山)에 성을 쌓게 하였는데 고려왕이 지성장군(旨城將軍) 왕충(王忠)에게 명하여 격퇴시키게 하였다.

『봉수』(烽燧)

월이산봉수(月伊山烽燧)

환산봉수(環山烽燧)〈월이산봉수와 환산봉수는 모두 위에 보인다〉

『창고』(倉庫)

읍창(邑倉)

이산창(利山倉)

안읍창(安邑倉)

양산창(陽山倉)〈각각의 고현(古縣)에 있다〉

『역참』(驛站)

증약역(增若驛)〈읍치로부터 서쪽으로 20리에 있다. 북쪽으로 문의(文義)와 50리이다〉

화인역(化仁驛)〈읍치로부터 동북쪽으로 25리에 있다. 옛날에는 이인(利仁)이라고 불렀다〉

순양역(順陽驛)〈양산고현(陽山古縣)의 서쪽으로 4리에 있다〉

토파역(土坡驛)〈이산고현(利山古縣)의 남쪽으로 2리에 있다. 옛날에는 토현(土峴)이라고 불렀다〉

가화역(嘉和驛)〈읍치로부터 서쪽으로 3리에 있다〉

『진도』(津渡)

화인진(化仁津)

적등진(赤登津)

호탄진(虎灘津)〈화인진(化仁津)·적등진(赤登津)·호탄진에는 겨울에 다리를 설치한다〉

『토산』(土産)

철·자초(紫草)·벌꿀·감·대추·쏘가리[금린어(錦鱗魚)]·도루묵[은구어(銀口魚)]·눌어(訥魚)

『장시』(場市)

읍내의 장날은 2일과 7일이다. 증약(增若)의 장날은 4일과 9일이다. 주암(舟巖)의 장날은 5일과 10일이다. 이산(利山)의 장날은 1일과 6일이다. 양산(陽山)의 장날은 1일과 6일이다.

『사원』(祠院)

표충사(表忠祠)에는〈광해군 무신년(1608)에 세우고 기유년(1609)에 편액을 하사하였다〉 조헌(趙憲)〈김포(金浦) 조항에 보인다〉·김집(金集)〈태묘(太廟) 조항에 보인다〉·송준길(宋浚吉)·송시열(宋時烈)〈송준길과 송시열은 모두 문묘(文廟) 조항에 보인다〉·조완기(趙完基)〈자(字)는 덕공(德恭)이고 본관은 배천(白川)이다. 조헌의 아들이다. 선조 임진년(1592)에 부친과 함께 순절하였다. 지평(持平)에 추증되었다〉를 모시고 있다.

『전고』(典故)

신라 진흥왕(眞興王) 15년(554)에 백제의 왕〈성왕(聖王)이다〉이 친히 보병과 기마병을 거느리고 가양(加良)〈자세하지 않다〉의 성주(城主)와 더불어 관산성(管山城)을 공격하였다. 관산성의 군주(軍主) 우덕(于德) 등이 힘껏 싸웠으나 불리하였다. 신주군주(新州軍主) 김무력(金武力)이 휘하의 신주(新州) 병력을 거느리고 전투에 참여하였는데, 삼년산군주(三年山郡主) 고간(高干) 도도(都刀)와 함께 백제왕을 칼로 쳐서 죽였다. 이에 신라의 군사들은 승세를 타 좌평(佐平) 4명과 병사 29,600명을 목베었다. 백제의 말은 귀환한 것이 없었다. 신라 태종무열왕(太宗武烈王) 2년(655)에 김흠운(金歆運)을 보내 백제를 공격하게 하였다. 김흠운은 양산(陽山) 아래에 주둔하면서 조비천성(助比川城)〈양산(陽山)이다〉을 공격하려고 하였으나 패배하여 전사하였다. 백제는 마천성(馬川城)〈즉 마성(馬城)이다〉을 수축하였다. 신라장군 김유신(金庾信)이 백제의 조비천성을 공격하여 빼앗았다. 신라 문무왕(文武王) 13년(673)에 마천성을 개축하였다. 신라 경문왕(景文王) 6년(866)에 이찬(伊飡) 윤흥(允興)이 동생 숙흥(叔興)과 함께 반란을 도모하다가 발각되어 대산군(岱山郡)으로 도망갔다. 왕은 명령을 내려 이들을 추격하여 잡아서 목을 베게 하였다.

○고려 우왕(禑王) 4년(1378)에 왜적이 옥천(沃川)을 노략질하였고 6년(1380)에 왜적이 거듭 옥천을 노략질하였다. 우왕 9년(1383)에 왜적이 옥천을 함락시켰고 10년(1384)에는 왜적이 안읍(安邑)을 노략질하였다. 고려 창왕(昌王) 기사년(1389)에 왜적이 옥천을 노략질하였다.【고려 우왕(禑王) 6년(1380)에 진포(鎭浦)에서 왜적에게 패배하였는데 왜적은 이산현(伊山縣)을 분탕질하였다】

○조선 선조 25년(1592)에 왜적이 옥천을 노략질하였다.

12. 보은군(報恩郡)

『연혁』(沿革)

본래 신라의 삼년산(三年山)인데, 경덕왕 16년(757)에 삼년군(三年郡)〈영현(領縣)이 2인데, 청주(淸州), 기산(耆山)이다〉으로 고쳤다. 고려 태조 23년(940)에 보령(保令)〈령(令)은 영(齡)이라고도 쓴다〉으로 고쳤다. 고려 현종 9년(1018)에 상주(尙州)에 소속되었고, 고려 명종 2년(1172)에 감무(監務)를 두었다. 조선 태종 6년(1406)에 보은(報恩)〈보령현(保寧縣)과 발음이 비슷했기 때문이다.)이라고 고쳤다. 동왕 13년(1413)에 현감으로 고쳤다.〈경상도에서 충청도로 옮겼다〉 순조 때에 군수로 승격되었다.

「읍호」(邑號)

삼산(三山)

「관원」(官員)

군수 1인이다.〈청주진관병마동첨절제사(淸州鎭管兵馬同僉節制使)를 겸하였다.

『방면』(坊面)

내북면(內北面)〈읍치로부터 3리에서 시작하여 30리에서 끝난다〉

외북면(外北面)〈읍치로부터 동쪽으로 3리에서 시작하여 30리에서 끝난다〉

속리면(俗離面)〈읍치로부터 동북쪽으로 15리에서 시작하여 45리에서 끝난다〉

왕래면(王來面)〈읍치로부터 동쪽으로 30리에서 시작하여 40리에서 끝난다〉

마로면(馬老面)〈읍치로부터 동남쪽으로 30리에서 시작하여 45리에서 끝난다〉

삼승면(三升面)〈읍치로부터 남쪽으로 17리에서 시작하여 30리에서 끝난다〉

탄부면(炭釜面)〈읍치로부터 남쪽으로 15리에서 시작하여 40리에서 끝난다〉

서니면(西尼面)〈읍치로부터 서쪽으로 3리에서 시작하여 20리에서 끝난다〉

수한면(水汗面)〈읍치로부터 서쪽으로 3리에서 시작하여 30리에서 끝난다〉

사각면(思角面)〈읍치로부터 북쪽으로 4리에서 시작하여 20리에서 끝난다〉

【임언부곡(林堰部曲)이 읍치로부터 동쪽으로 20리에 있다】

『산수』(山水)

사산(蛇山)〈현의 북쪽에 있다〉

와산(蛙山)〈현의 서쪽에 있다〉

서산(鼠山)〈현의 남쪽에 있다〉

오항산(烏項山)〈읍치의 동쪽 5리에 있다〉

대덕산(大德山)〈읍치의 서남쪽 10리에 있다〉

금적산(金積山)〈읍치의 남쪽 25리에 있고, 청산(靑山)과의 경계이다〉

검단산(檢丹山)〈읍치의 북쪽 35리에 있고, 청주(淸州)와의 경계이다〉

귀암산(歸岩山)〈읍치의 동남쪽 40리에 있고, 상주(尙州)와의 경계이다〉

속리산(俗離山)〈읍치의 동북쪽 45리에 있고, 보은읍(報恩邑)·청주(淸州)·문경(聞慶)·상주(尙州)의 경계에 크게 걸쳐있다. 바위의 형세가 크고 높으면서 중첩(重疊)되어있고, 산봉우리들이 공중에 우뚝우뚝 서있는 것이 수만 개의 창을 벌려놓은 것 같다. 산 아래가 모두 바위이며 골짜기를 이루고 있는데 우회하고 깊은 것이 다 달라 동별로 깊은 골짜기와 샘을 이룬다. 기이한 바위를 8교9요(八橋九遙)라고 부른다. 산의 양 절벽이 넉넉하고 넓게 열려있어 9요(九遙) 가운데 한줄기 물이 구비 도는데 매 구비마다 다리가 있다. 전부 8개인데 첫 번째 다리를 수정교(水精橋)라고 부른다.. ○속리사(俗離寺)가 산의 서쪽에 있다.○법주사(法柱寺)가 산의 남쪽에 있다. 신라의 중인 의신(義信)이 세웠으며, 성덕왕때에 중수(重修)하였고, 석조(石槽), 석교(石橋), 석옹(石瓮), 석확(石鑊) 등이 있고, 절 가운데에 산호전(珊瑚殿)과 오층각(五層閣)이 있다. 길이가 6장(丈)인 금부처가 3구가 있고, 구리로 된 장식의 높이가 100인(仞)정도 된다. 거란 통화(統和) 24년(1006)에 만들었다【고려 문종 20년 병오년(1066)이다】○복천사(福泉寺)는 법주사(法柱寺)의 동쪽 7리에 있다. 절의 동쪽에 샘이 있는데, 석봉(石縫)사이로 흘러나온다.○천왕봉(天王峰)은 속리사(俗離寺)의 남쪽에 있는데, 문장대(文臟臺)와 서로 마주보고 있다.○수정봉(水晶峰)은 법주사(法柱寺)의 서쪽에 있는데, 태봉(胎封)이 있고, 앞에 대불사(大佛寺)가 있다〉

문장대(文臟臺)〈속리산(俗離山)에서 가장 높은 봉우리이다. 바위들이 첩첩이 쌓여있는 것이 하늘이 만든 것이고, 층층이 겹쳐있고 공중에 우뚝 솟아있는데, 높이는 10,000인(仞)정도이고, 그 넓이는 3천명이 앉을 수 있다. 대(臺)위에 움푹 파져있는 것이 큰솥과 같고, 그 가운데 물이 가득 차 있다. 가뭄이 들어도 마르지 않고 넘쳐서 세 갈래로 흐르는데, 한 갈래는 동쪽으로 흘러서 낙동강(洛東江)이 되고, 한 갈래는 서쪽으로 흘러서 달천강(達川江)이 되고, 한 갈래는 남쪽으로 흘러서 금강(錦江)의 수원(水源)이 된다〉

귀석(龜石)〈법주사(法柱寺)의 서쪽 고개에 있다. 자연적으로 하늘이 만든 것이다. 바위 뒤에는 50명이 앉을 수 있고, 바위 머리는 서쪽을 바라보고 있다〉

함림산(含林山)〈읍치의 북쪽 10리에 있다.○대귀사(大龜寺)가 있다〉

원평(元坪)〈읍치의 북쪽 20리에 있다〉

【도명사(道明寺), 사자암(獅子庵)이 있다】

【구봉산(九峰山)은 속리산 남쪽 갈래이다. 상주(尙州)조를 보라】

【법주(法住)로부터 청주점(青州店)까지 50리이다】

【우타굴(亏陀窟)은 문수산(文殊山) 남쪽 30리에 있다】

「영로」(嶺路)

회유치(回踰峙)〈읍치의 동북쪽에 있는데, 속리산(俗離山)의 길이다〉

웅치(熊峙)〈읍치의 서북쪽 30리에 있으며, 청주(淸州)와의 경계이며, 청주와 통한다〉

차의현(車衣峴)〈읍치의 서쪽 15리에 있으며, 회인(懷仁)으로 가는 대로이다〉

문치(文峙)〈읍치의 서남쪽 25리에 있으며, 옥천(沃川)으로 가는 대로이다〉

연치(燕峙)〈읍치의 서북쪽에 있으며, 청산의 주성면(酒城面)으로 가는 길과 통한다〉

귀치(龜峙)〈읍치의 북쪽 12리에 있다〉

뉴치(杻峙)〈읍치의 북쪽 30리에 있으며, 화양동(華陽洞)으로 가는 길과 통한다〉

마현(馬峴)〈읍치의 동쪽 15리에 있으며, 고개 위에 넓은 돌을 깔은 것이 3-4리이다. 고려 태조 때 깔아 놓은 것이다〉

【추치(楸峙)는 서로(西路)이다】

증항(甑項)〈읍치의 동쪽 40리에 있다. 상주(尙州)·함창(咸昌)으로 통하는 사잇길이다. 증항의 서쪽 10리에 관(館)의 터가 있다. 들이 넓고, 토지가 비옥하여, 한 고을정도의 백성들이 살기에 좋은 곳이다. 대추를 파는 것을 직업으로 한다〉

○용천(龍川)〈수원(水源)이 문장대(文臟臺)에서 나와, 서남쪽으로 흘러 현의 동쪽 3리에 이른다. 우측으로 웅치천(熊峙川)을 지나, 동남쪽으로 흘러, 용천(龍川)이 된다. 청산현(靑山縣)에 이르러 남천(南川)이 되는데, 이것은 금강(錦江) 지류(支流)의 수원(水源)이다〉

웅치천(熊峙川)〈웅치(熊峙)에서부터 수원(水源)이 시작하여 동남쪽으로 흘러, 용천(龍川)으로 들어간다〉

대탄천(大灘川)〈수원(水源)이 문장대(文臟臺)에서 시작하여 남쪽으로 흘러서, 한바퀴 돌아서 서쪽으로 흘러, 원평(元坪) 주성(酒城)을 지나, 청주(淸州)땅으로 들어가 달천(達川)의 수원(水源)이 된다. 회류처(回流處)가 대탄(大灘)이 된다〉

마천(馬川)〈읍치의 동남쪽 40리에 있으며, 용천(龍川)으로 들어간다〉

병풍연(屛風淵)〈읍치의 동북쪽 25리에 있으며, 대탄천(大灘川)이 남쪽으로 흘러, 복천(福泉)이 되고, 서쪽으로 흘러서 한바퀴 돌아 꺾기는 곳이 대탄(大灘)이 되고, 병풍연(屛風淵)이 된다〉

『성지』(城池)

오항산고성(烏項山古城)〈신라 자비왕 13년(470)에 쌓았으며, 성의 둘레가 3,699척(尺)이고, 우물이 5개이고, 연못이 하나있다.○산 아래에 군장동(軍臟洞)이 있는데, 고려 태조가 군사를 주둔시켰던 곳이다〉

함림고성(含林古城)〈성의 둘레가 1,488척(尺)이고, 큰 연못이 있다〉

『역참』(驛站)

원암역(元岩驛)〈읍치로부터 남쪽 20리에 있다〉

함림역(含林驛)〈읍치로부터 북쪽 10리에 있다〉

『토산』(土産)

철(鐵)·잣[해송자(海松子)]·대추[조(棗)]·감[시(柿)]·벌꿀[봉밀(蜂蜜)]·송이버섯[송심(松蕈)]·석이버섯[석심(石蕈)]

『장시』(場市)

읍내장날은 5일과 10일이고, 원암(元岩)장날은 2일과 7일이며, 관기(舘基)장날은 1일과 6일이고, 마노(馬老)장날은 4일과 9일이다.

『단유』(壇壝)

속리악단(俗離岳壇)〈신라시대와 고려시대에 모두 중사(中祀)로 섬겼고, 조선시대에는 감(減)하여, 보은현(報恩縣)에 명하여 제사를 지내게 했다〉

가아악(嘉阿岳)〈신라의 제사지내는 법전에는 삼년군(三年郡)에 연계시켰으며, 명산(名山)으로, 소사(小祀)에 기록되있는데, 지금은 어딘지 모른다〉

『사원』(祠院)

상현서원(象賢書院)〈명종 기유년(1549)에 세웠고, 광해군 경술년(1610)에 사액되었다〉 김정(金淨)〈청주(淸州)조를 보라〉, 성운(成運)〈자는 건숙(健叔), 호는 대곡(大谷)이며, 본관은 창녕(昌寧)이다. 관직은 사섬시정(司贍寺正)이며, 승지(承旨)에 증직되었다〉, 성제원(成悌元)〈공주(公州)조를 보라〉, 조헌(趙憲)〈김포(金浦)조를 보라〉, 송시열(宋時烈)〈문묘(文廟)조를 보라〉을 봉안하였다.

『전고』(典故)

신라 소지왕 8년(486)에 일선군(一善郡)의 정부(丁夫) 3,000명을 징발(徵發)하여 삼년산(三年山)에 두 성(城)을 개축(改築)하였다.○고려 태조 11년(928)에 태조가 스스로 삼년산성(三年山城)을 공격하려 하였으나, 이기지 못하고 청주(淸州)로 행차하였다. 공민왕 11년(1362)에 복주(福州)로부터 상주(尙州)에 이르러 속리사(俗離寺)에 행행하여 원암역(元岩驛)에 머물렀다. 10일 후에 청주(淸州)로 행행하였다.〈자세한 것은 청주의 전고(典故) 항에 있다〉 우왕 9년(1383)에 왜구가 보령(報令)을 함락하였다.

○조선 세조 9년(1463)에 왕이 왕비와 왕세자 등과 더불어 속리산(俗離山)에 행행(行幸)하여 병풍연(屛風淵)에 머물고, 법주사(法柱寺)와 복천사(福泉寺)의 두 절에 행행하였다. 선조 25년(1592) 4월에 왜군이 보은(報恩)을 함락하였다.

13. 문의현(文義縣)

『연혁』(沿革)

본래 신라의 일모산(一牟山)인데, 경덕왕 16년(757)에 연산군(燕山郡)〈영현(領縣)이 2인데, 연기(燕岐), 매곡(昧谷)이다〉으로 고치고 웅주(熊州)에 예속시켰다. 고려 현종 9년(1018)에 청주에 소속시켰고, 고려 명종 2년(1172)()에 감무(監務)를 두었다. 고려 고종 46년(1258)에 문의현령(文義縣令)〈위사공신(衛仕功臣) 박희실(朴希實)의 고향이었기 때문이다〉으로 승격되었다. 충렬왕때에 가림(嘉林)에 합쳤다가 바로 나누어 설치했다. 조선시대에도 그대로 따랐다. 선조 때에 청주(淸州)〈왜군들이 고을을 탕패(蕩敗)시켰기 때문이다〉에 합쳤다. 광해군 원년(1609)에 다시 설치하였다.

「관원」(官員)

현령 1인이다.〈청주진관병마절제도위(淸州鎭管兵馬節制都尉)를 겸하였다〉

『방면』(坊面)

읍내면(邑內面)〈읍치에서 시작하여 5리에서 끝난다〉

동면(東面)〈읍치로부터 5리에서 시작하여 20리에서 끝난다〉

남면(南面)〈읍치로부터 5리에서 시작하여 30리에서 끝난다〉

북면(北面)〈읍치로부터 5리에서 시작하여 20리에서 끝난다〉

서일도면(西一道面)〈읍치로부터 7리에서 시작하여 30리에서 끝난다〉

서이도면(西二道面)〈읍치로부터 10리에서 시작하여 20리에서 끝난다〉

서삼도면(西三道面)〈읍치로부터 20리에서 시작하여 35리에서 끝난다〉

【자인부곡(慈仁部曲)은 읍치로부터 20리에 있다】

『산수』(山水)

양성산(壤城山)〈읍치로부터 서쪽 2리에 있다〉

금방산(金方山)〈읍치로부터 동쪽 11리에 있다〉

구룡산(九龍山)〈읍치로부터 동북쪽 10리에 있다. 회인(懷仁)과의 경계이며, 산 위에 노인성전(老人星殿)의 옛터가 있다〉

국사랑산(國師郞山)〈읍치로부터 서쪽 25리에 있다..

대명산(大明山)〈읍치로부터 서쪽 25리에 있으며, 청주(淸州)와의 경계이다〉

다자산(多子山)〈읍치로부터 서쪽 17리에 있다〉

저자산(猪子山)〈읍치로부터 서쪽 5리에 있다〉

현도산(玄都山)〈읍치로부터 서쪽 10리에 있다〉

금계산(金鷄山)〈읍치로부터 서북쪽 10리에 있으며, 청주(淸州)와의 경계이다〉

옥녀봉(玉女峰)〈월굴산(月窟山)이라고도 부르는데, 읍치로부터 남쪽 3리에 있다〉

옥쇄봉(玉碎峰)〈읍치로부터 동쪽 1리에 있다〉

사벽동(沙碧洞)〈읍치로부터 남쪽 15리에 있다〉

용혈(龍穴)〈읍치로부터 동쪽 3리에 있으며, 사람들이 혹 횃불을 들고 가도 깊이 들어가면 그 돌아오는 길을 잃을 수 있다. 깊이 들어가면 굴의 밑바닥을 알 수 없으며 커다란 물이 모이는 곳이 있는데 불을 던지면 불꽃이 마치 반딧불처럼 점점 줄어든다〉

【괴방산(槐方山)이 증산(甑山) 서쪽에 있다】

「영로」(嶺路)

율치(栗峙)〈읍치로부터 북쪽 10리에 있으며, 청주(淸州)로 가는 길로 통한다〉

현치(懸峙)〈읍치로부터 북쪽 5리에 있다〉

누치(漏峙)〈읍치로부터 동쪽 8리 구소리(九巢里)에 있다. 크고 작은 두 개의 바위구멍이 있는데, 그 깊이를 알 수가 없으며, 가물어도 물이 마르지 않고 넘친다〉

묵치(墨峙)〈읍치로부터 동쪽 15리에 있으며, 회인(懷仁)과 경계이며, 회인가는 대로이다〉

○금강(錦江)〈읍치의 남쪽 10리에 있으며, 회인(懷仁)의 말흘탄(末屹灘) 하류이다. 현의 남쪽 15리에 이르러, 형강(荊江)이 되고 그 아래는 대연(大淵)이 된다. 서남쪽으로 30리에 이르러 신탄(新灘)이 되고 서쪽으로 흘러 연기(燕岐)로 들어간다. 공주(公州)에는 강 부근에 경지 좋은 곳이 많다〉

사탄(沙灘)〈읍치의 남쪽 10리에 있으며, 구룡산(九龍山)에서 수원(水源)이 시작하여 서남쪽으로 흘러, 대연(大淵)으로 들어간다〉

전천(前川)〈수원(水源)이 피반령(皮盤嶺)에서 나와, 서쪽으로 흘러 현의 남쪽을 경유하여 형강(荊江)으로 들어간다〉

초천(椒川)〈현의 서쪽 30리에 있는데, 맛이 톡 쏘고 매워서 목욕을 하면 병이 낫는다〉

『성지』(城池)

양성(壤城)〈신라 자비왕 17년(474)에 쌓았으며, 성의 둘레가 3,754척(尺)이고, 성 가운데에 대지(大池)가 있고, 그 둘레가 192척(尺)이다. 연못의 사면(四面)이 모두 돌로 쌓여졌는데 그 깊이를 알 수 없으며, 가물어도 물이 마르지 않고 넘친다〉

마물성(摩物城)〈금방산(金方山)에 있으며, 옛터가 남아있다〉

『봉수』(烽燧)

소이산(所伊山)〈읍치로부터 동쪽 3리에 있다〉

『역참』(驛站)

덕류역(德留驛)〈읍치로부터 남쪽 3리에 있다〉

『진도』(津渡)

형각진(荊角津)〈이원진(利遠津)이라도 부르며, 옥천(沃川)과 회덕(懷德)으로 통한다〉

『토산』(土産)

벌꿀[봉밀(蜂蜜)]·자초(紫草)·감[시(柿)]·대추[조(棗)]·눌어(訥魚)·쏘가리[금린어(錦鱗魚)]·게[해(蟹)]

『장시』(場市)

신촌(新村)장날은 1일과 6일이다.

『사원』(祠院)

노봉서원(魯峰書院)〈광해군 을묘년(1615)에 세웠고, 효종 무술년(1658)에 사액되었다〉에 송인수(宋麟壽)〈청주(淸州)조를 보라〉, 정염(鄭磏)〈자는 사결(士潔)이고, 호는 북창(北窓)이고, 본관은 온양(溫陽)이다. 관직은 포천현감(抱川縣監)이었다〉, 송시열(宋時烈)〈문묘(文廟)조를 보라〉을 봉안하였다.

○검담서원(黔潭書院)〈숙종 을해년(1695)에 세웠고, 같은 해에 사액되었다〉에 송준길(宋浚吉)〈문묘(文廟)조를 보라〉을 봉안하였다.

『누정』(樓亭)

사산루(四山樓)가 있다.

『전고』(典故)

고려 태조 8년(925)에 정서대장군(征西大將軍) 유금필(庾黔弼)이 후백제의 연산진(燕山鎭)을 공격하여 장군 길환(吉奐)을 살해하였다. 동왕 15년(932)에 왕이 일모산성(一牟山城)에 친정(親征)하여 격파하였다.

○조선 선조 25년(1592)에 왜군이 문의(文義)를 함락시켰다.

14. 직산현(稷山縣)

『연혁』(沿革)

본래 백제의 사산(蛇山)인데, 신라 경덕왕 16년(757)에 백성군(白城郡)의 영현(領縣)을 삼았다. 고려 태조 23년(940)에 직산(稷山)으로 고쳤고, 고려 현종 9년(1018)에 천안(天安)에 소속시켰고, 후에 감무(監務)를 두었다. 조선 태조 2년(1393)에 지군사(知郡事)로 승격시켰다.〈고을 사람인 환관(宦官) 김연(金淵)이 명나라로부터 사신을 모시고 왔기 때문이다〉 태종 원년(1401)에 강등시켜서 감무(監務)를 두었고, 동왕 13년(1413)에 현감으로 고쳤다.〈연산군 11년(1505)에 경기도로 옮겼다가 중종 원년(1506)에 다시 환원시켰다〉

「관원」(官員)

현감이 1인이다.〈청주진관병마절제도위(淸州鎭管兵馬節制都尉)를 겸하였다〉

『고읍』(古邑)

경양(慶陽)〈읍치로부터 서북쪽 40리에 있다. 본래 고려의 아주(牙州)의 하양창(河陽倉)이었는데, 후에 경양현(慶陽縣)으로 승격되고 현령을 두어서 염장관(鹽場官)의 임무를 겸임하였다. 조선 태조 5년(1397)에 복속되었다. 평택(平澤)의 서쪽, 아산(牙山)의 북쪽, 수원(水原)의 남쪽 건너편에 있다〉

『방면』(坊面)

동변면(東邊面)〈읍치로부터 시작하여 5리에서 끝난다〉

서변면(西邊面)〈읍치로부터 시작하여 5리에서 끝난다〉

일동면(一東面)〈읍치로부터 5리에서 시작하여 10리에서 끝난다〉

이동면(二東面)〈읍치로부터 10리에서 시작하여 20리에서 끝난다〉

삼동면(三東面)〈읍치로부터 15리에서 시작하여 20리에서 끝난다〉

일남면(一南面)〈읍치로부터 5리에서 시작하여 10리에서 끝난다〉

이남면(二南面)〈읍치로부터 10리에서 시작하여 15리에서 끝난다〉

일서면(一西面)〈읍치로부터 서남쪽 10리에서 시작하여 25리에서 끝난다〉

이서면(二西面)〈읍치로부터 5리에서 시작하여 10리에서 끝난다〉

삼서면(三西面)〈읍치로부터 10리에서 시작하여 15리에서 끝난다〉

일북면(一北面)〈읍치로부터 5리에서 시작하여 10리에서 끝난다〉

이북면(二北面)〈읍치로부터 10리에서 시작하여 25리에서 끝난다〉

경양면(慶陽面)〈읍치로부터 40리에서 시작하여 45리에서 끝난다〉

언리면(堰里面)〈읍치로부터 서북쪽 35리에서 시작하여 45리에서 끝난다〉

외야곶면(外也串面)〈건너편은 수원(水原)의 서남 경계이고, 대진(大津)의 북쪽이며, 서쪽으로는 큰 바다와 접해있다〉

○구실향(救實鄕)〈읍치로부터 동남쪽 13리에 있다〉

『산수』(山水)

좌성산(左聖山)〈읍치로부터 동쪽 15리에 있다〉

양전산(良田山)〈읍치로부터 서쪽 20리에 있다〉

성거산(聖居山)〈읍치로부터 동남쪽 25리에 있다. 웅장하고 높고 크며 동남쪽은 목천(木川)과의 경계이고, 깊은 계곡이 많이 있다.○천흥사(天興寺)가 산의 북쪽에 있다. 조선 초기에 폐지했는데, 고려시대에 세운 철장(鐵檣)이 있는데, 무릇 24마디[절(節)]에 둘레가 4발[파(把)]이다. 1절(節)은 10척(尺)이고 상하가 한결같으며, 위에는 보개(寶蓋)로 덮었는데, 은(銀)으로 만들었으며, 수백근(斤)이 됨직하다. 멀리서 바라보면 구름에 직접 부딪치는 것 같다〉

휴류암(鵂鶹岩)〈읍치로부터 남쪽 5리에 있으며, 작은 언덕이 있고, 총석(叢石)을 이고 있는 것이 마치 양이나 말이나 사람들의 형상 같다〉

소사평(素沙坪)〈읍치로부터 북쪽 20리에 있으며, 양성(陽城)과의 경계이다. 호남과 영남에서 서울로 가는 대로로 통한다. 면적이 넓어 동쪽은 안성(安城)으로 이어지고, 서쪽은 평택(平澤)에 접해있으며, 가운데에는 대천(大川)이 관통하여 들판의 끝이 보이지 않는다. 조선 선조 무술년(1598)에 명나라 제독인 마귀(麻貴)와 총병(摠兵) 해생(解生)이 이곳에서 왜적을 대파하였다. 자세한 것은 양성(陽城)조를 보라.○홍경원(弘慶院)은 읍치로부터 북쪽 15리에 있다. 큰 들이 끝없이 펼쳐져 있고 양 갈래 길의 요충지로써 사람들의 연락이 끊어지지 않으므로 고려 현종이 중들에게 명하여 이곳에 절을 짓도록 하였는데, 병부상서(兵部尙書) 강민첨(姜民瞻)등이 감독하였다. 명을 받아 홍경사(弘慶寺)를 먼저 지었고, 절의 서쪽에 객관(客館)을 세워 광연통화원(廣緣通化院)이라고 불렀다. 곡식과 말먹이 등을 저장하여 여행하는 자에게 제공하였기 때문에 비석을 세우고 한림학사(翰林學士) 최충(崔冲)에게 명하여 비문을 짓도록 하였다. 지금은 절이나 원이 모두 폐지되고 오직 비만 홀로 남아있다〉

「영로」(嶺路)

만일령(萬日嶺)〈읍치의 동남쪽 20리에 있다. 성거산(聖居山)의 북쪽 갈래이고, 예전에 만일사(萬日寺)가 있었다, 목천(木川)으로 통하는 사잇길이다〉

○아교천(牙橋川)〈읍치로부터 북쪽 25리에 있으며, 수원(水源)이 성거산(聖居山)의 북쪽에서 시작하여 북쪽으로 흘러, 현의 동북쪽과 서쪽을 돌아 소사평(素沙坪)을 경유하여 양성

(陽城)의 홍경천(弘慶川) 하류와 합친다〉

경양포(慶陽浦)〈경양면(慶陽面)에 있으며, 평택(平澤)의 곤지포(鵾池浦) 하류에 진도(津渡)가 있다〉

영소(靈沼)〈객관(客館)앞에 있으며, 조그마한 정자(亭子)가 있다〉

『성지』(城池)

성거산고성(聖居山古城)〈성거산(聖居山)위에 있으며, 흙으로 쌓았고, 성의 둘레가 1,690척(尺)이고 우물이 한 개이다〉

사산고성(蛇山古城)〈읍치로부터 북쪽 2리에 있으며, 흙으로 쌓았고, 성의 둘레는 2,948척(尺)이고, 우물이 한 개이다〉

고루(古壘)〈읍치의 북쪽 6리에 있다〉

『봉수』(烽燧)

망해산(望海山)〈경양면(慶陽面)에 있다〉

『창고』(倉庫)

읍창(邑倉)

해창(海倉)〈경양면(慶陽面)에 있다〉

『역참』(驛站)

성환도(成歡道)〈읍치로부터 북쪽 8리에 있으며, 속역이 11개이다.○찰방 1인이다〉

『교량』(橋梁)

아교(牙橋)〈읍치로부터 북쪽 27리에 있으며, 진위(振威)로 가는 대로로 통한다〉

맹간교(盲看橋)〈아교(牙橋)의 서쪽에 있으며, 평택(平澤)과 통한다〉

『토산』(土産)

붕어[즉어(鯽魚)]·숭어[수어(秀魚)]·소어(蘇魚)·황석어(黃石魚)·진어(眞魚)〈위의 4종은

외야곶(外也串)에서 생산된다〉· 게[해(蟹)]

『장시』(場市)

읍내장날은 1일과 6일이고, 입장(立場)장날은 4일과 9일이다.

『전고』(典故)

고려 명종 7년(1177)에 공주(公州)의 반란군인 망이(亡伊) 등이 홍경원(弘慶院)을 불질렀다. 고려 고종 23년(1236)에 몽고병이 아주(牙州)의 하양창(河陽倉)에 주둔하였다. 동왕 44년(1257)에 몽고병이 직산(稷山)에 주둔하였다. 우왕 원년(1375)에 왜구가 경양현(慶陽縣)에 쳐들어왔다. 양광도(楊廣道) 도순문사(都巡問使)였던 한방언(韓邦彦)이 적과 더불어 싸웠으나, 패하였다. 동왕 3년(1377)에 왜구가 강화도(江華島)로부터 양광도의 바다에 접해있는 주군(州郡)을 공격하여 함락시켰고, 경양(慶陽)에 쳐들어왔다. 양광도 원수(元帥)였던 왕안덕(王安德) 등이 가천역(加川驛)〈양성(陽城)에 있다〉으로 물러나 주둔하였다. 적을 맞아 공격하고자 하였으나, 돌아오는 길에 왜구가 다른 길로 도망갔으므로 왕안덕 등이 정예군을 인솔하고 추격하였으나 이기지 못하였다.○조선 정종 원년(1399)에 태상왕(太上王)이 성거산(聖居山)에 행행(行幸)하였다.

15. 목천현(木川縣)

『연혁』(沿革)

본래 백제의 대목악(大木岳)인데, 신라 경덕왕 16년(757)에 대록군(大麓郡)〈영현(領縣)이 2인데, 금지(金池), 순치(馴雉)이다〉으로 고쳐 웅주(熊州)에 예속시켰다. 고려 태조 23년(940)에 목주(木州)로 고쳤고, 고려 현종 9년(1018)에 청주(淸州)에 소속되었으며, 고려 명종 2년(1172)에 감무(監務)를 두고 연기감무(燕岐監務)까지 겸임시켰다. 조선 태종 때에 두 고을을 나누어 연기(燕岐)를 설치하고, 동왕 13년(1413)에 목천현감(木川縣監)으로 개칭하였다.

「읍호」(邑號)

신정(新定)〈고려 성종때 정한 것이다〉

「관원」(官員)

현감이 1인이다.〈청주진관병마절제도위(淸州鎭管兵馬節制都尉)를 겸하였다〉

「방면」(坊面)

읍내면(邑內面)〈읍치에서 시작하여 10리에서 끝난다〉

근동면(近東面)〈읍치에서 동쪽 10리에서 시작하여 20리에서 끝난다〉

일원면(一遠面)〈읍치에서 동쪽 20리에서 시작하여 30리에서 끝난다〉

이원면(二遠面)〈읍치에서 동쪽 20리에서 시작하여 40리에서 끝난다〉

남면(南面)〈읍치에서 15리에서 시작하여 20리에서 끝난다〉

북면(北面)〈읍치에서 5리에서 시작하여 30리에서 끝난다〉

서면(西面)〈읍치에서 7리에서 시작하여 20리에서 끝난다〉

세성면(細城面)〈읍치에서 남쪽 10리에서 시작하여 20리에서 끝난다〉

『산수』(山水)

작성산(鵲城山)〈읍치의 동쪽 5리에 있다〉

흑성산(黑城山)〈읍치의 서쪽 10리에 있으며, 예전에는 승천사(勝天寺)가 있었다〉

세성산(細城山)〈읍치의 남쪽 10리에 있다〉

취암산(鷲岩山)〈읍치의 서북쪽 12리에 있으며, 용혈(龍穴)이 있다〉

성거산(聖居山)〈읍치의 서북쪽 30리에 있으며, 직산(稷山)과의 경계이며, 남쪽에 유왕동(留王洞)이 있는데 심히 깊고 험하다. 천안(天安) 경계이다〉

길상산(吉祥山)〈읍치의 동쪽 20리에 있으며, 진천(鎭川)과의 경계이다〉

「영로」(嶺路)

만일령(萬日嶺)〈읍치의 서북쪽 30리에 있으며, 직산(稷山)으로 가는 사잇길이다〉

납운치(納雲峙)〈읍치의 서쪽 18리에 있으며, 천안대로(天安大路)와 통한다〉

굴운치(屈雲峙)〈읍치의 서남쪽 20리에 있으며, 전의(全義)와 통한다〉

금치(金峙)〈읍치의 동쪽 20리에 있으며, 진천(鎭川)과 통한다〉

【부소치(扶所峙)가 있다】

장교치(將校峙)〈읍치의 북쪽 30리에 있으며, 안성(安城)가는 길과 통한다〉

○산방동천(山方洞川)〈북면(北面)의 여러 계곡에서 수원(水源)이 시작하여 남쪽으로 흘러, 현의 동쪽을 경유하여 병천(幷川)에 합쳐진다〉

병천(幷川)〈성거산(聖居山)에서 수원(水源)이 시작하여 남쪽으로 흘러, 현의 남쪽 10리 복구정(伏龜亭)에 이르러, 산방천(山方川)과 합쳐져서 병천(幷川)이 되고, 청주(淸州)땅에 이르러 소탄(所灘)이 되며, 소정신원(所亭薪院)을 경유하여 작천(鵲川)의 진목탄(眞木灘)으로 들어간다〉

『성지』(城池)

흑성(黑城)〈성의 둘레가 2,290척(尺)이고 연못이 하나있다〉

작성(鵲城)〈옛터가 있다〉

세성(細城)〈옛터가 있다〉

『역참』(驛站)

연춘역(延春驛)〈읍치의 동쪽에 있다〉

『토산』(土産)

철(鐵)·자초(紫草)·벌꿀[봉밀(蜂蜜)]·감[시(柿)]·대추[조(棗)]·도루묵[은구어(銀口魚)]

『장시』(場市)

읍내장날은 4일과 9일이고, 병천(幷川)장날은 1일과 6일이다.

『사원』(祠院)

도동서원(道東書院)〈인조 기축년(1649)에 세웠고, 숙종 병진년(1676)에 사액되었다〉에 주자(朱子)〈문묘(文廟)조를 보라〉, 정구(鄭逑)〈충주(忠州)조를 보라〉, 김일손(金馹孫)〈자는 계운(季雲), 호는 탁영(濯纓)이며, 본관은 김해(金海)이다. 연산군 무오년(1498)에 화를 입었다. 관직은 헌납(獻納)이었는데, 도승지(都承旨)로 증직되었다〉, 황종해(黃宗海)〈자는 대진(大進)이고, 호는 후천(朽淺)이며, 본관은 회덕(懷德)이다. 관직은 장원서별제(掌苑署別提)였다〉를 봉안하였다.

「전고」(典故)

고려 태조 13년(930)에 대목군(大木郡)에 행행(行幸)하였다. 우왕 원년(1375), 4년(1378)에 왜구가 목주(木州)에 쳐들어왔다. 동왕 9년(1383)에 원수(元帥) 김사혁(金斯革)이 목주의 흑참(黑站)〈흑성(黑城)이다〉에서 왜구를 격파하고, 20명의 목을 베었다.

○조선 선조 25년(1592)에 왜군이 목천(木川)을 함락하였다.

16. 회인현(懷仁縣)

「연혁」(沿革)

본래 신라의 미곡(未谷)이었는데, 신라 경덕왕 16년(757)에 매곡(昧谷)으로 고치고 연산군(燕山郡)의 영현(領縣)으로 삼았다. 고려 태조 23년(940)에 회인(懷仁)으로 고치고, 고려 현종 9년(1018)에 청주(淸州)에 소속시켰는데, 후에 회덕감무(懷德監務)가 겸직하였다. 우왕 9년(1383)에 별도로 감무(監務)를 두었다. 조선 태종 13년(1413)에 현감으로 고쳤다.

「관원」(官員)

현감이 1인이다.〈청주진관병마절제도위(淸州鎭管兵馬節制都尉)를 겸하였다〉

「방면」(坊面)

현내면(縣內面)〈읍치로부터 시작하여 5리에서 끝난다〉

동면(東面)〈읍치로부터 3리에서 시작하여 15리에서 끝난다〉

남면(南面)〈읍치로부터 5리에서 시작하여 15리에서 끝난다〉

서면(西面)〈읍치로부터 2리에서 시작하여 10에서 끝난다〉

북면(北面)〈읍치로부터 10리에서 시작하여 20리에서 끝난다〉

강외면(江外面)〈읍치로부터 서남쪽 15리에서 시작하여 30리에서 끝난다〉

【풍계촌(楓溪村)은 토지가 비옥하고 계곡과 산이 아름답다】

「산수」(山水)

아마산(阿麽山)〈읍치의 서쪽 2리에 있다〉

보리산(甫里山)〈읍치의 동쪽 2리에 있다〉

매곡산(昧谷山)〈읍치의 동북쪽 2리에 있다〉

호점산(虎岾山)〈읍치의 남쪽 9리에 있다〉

마산(馬山)〈읍치의 서북쪽 10리에 있다〉

목감산(牧監山)〈읍치의 서북쪽 10리에 있으며, 산 아래에 목장(牧場)의 옛터가 있다.『고려사(高麗史)』에는 청주회인장(淸州懷仁場)이라고 부른다〉

가산(駕山)〈읍치의 남쪽 20리에 있다〉

노성산(老城山)〈읍치의 남쪽 10리에 있다〉

「영로」(嶺路)

피반령(皮盤嶺)〈읍치로부터 서북쪽 20리에 있으며, 청주대로(淸州大路)로 통하며, 높고 험하고, 꾸불꾸불하다〉

차의현(車衣峴)〈읍치로부터 동쪽 15리에 있으며, 보은(報恩)과의 경계이다〉

노령(蘆嶺)〈읍치의 동쪽 10리에 있으며, 보은대로(報恩大路)와 통한다〉

말흘령(末訖嶺)〈읍치의 서남쪽 20리에 있으며, 문의(文義)와 경계하고 있으며, 회덕(懷德)으로 통한다〉

묵현(墨峴)〈읍치로부터 서쪽 13리에 있으며, 문의대로(文義大路)로 통한다〉

○말흘탄(末訖灘)〈읍치의 남쪽 25리에 있으며, 옥천(沃川)의 화인진(化仁津)의 하류이고, 문의(文義)의 형각진(荊角津)의 상류이다. 진도(津渡)가 있는데, 옥천(沃川)으로 통한다〉

웅암천(熊岩川)〈수원(水源)이 피반령(皮盤嶺)과 구룡산(九龍山)에서 나와서 남쪽으로 흘러, 현의 동쪽을 경유하여 다시 회전하여 현 앞을 이리저리 좌우로 꺾여 말흘탄(末訖灘)으로 들어간다〉

『성지』(城池)

고성(古城)〈읍치의 북쪽 1리, 말곡산(昧谷山)에 있으며, 성의 둘레가 1,152척(尺)이다〉

호점산고성(虎岾山古城)〈성의 둘레 5,148척(尺)이고, 우물이 한 개 있다. 고성(古城) 소재지를 별도로 노성산(老城山)이라고 부른다〉

『토산』(土産)

철(鐵)·잣[해송자(海松子)]·자초(紫草)·벌꿀[봉밀(蜂蜜)]·감[시(柿)]·대추[조(棗)]

『장시』(場市)

읍내장날은 4일과 9일이고, 두산(斗山)장날은 3일과 8일이다.

『전고』(典故)

고려 공민왕 10년(1361)에 왕이 회인(懷仁)에 머물렀다.〈보은(報恩)으로부터 이곳에 이르러 청주(淸州)로 어가(御駕)를 옮겼다〉

17. 청안현(淸安縣)

『연혁』(沿革)

본래 신라 땅이었는데,〈읍호를 잃어버렸다〉 경덕왕 16년(757)에 청연(淸淵)이라고 고쳐서 괴양군(槐壤郡)의 영현(領縣)으로 삼았다. 고려 태조 23년(940)에 청당(淸塘)으로 고쳤고, 고려 현종 9년(1018)에 청주(淸州)에 소속되었으며, 후에 감무(監務)를 두었는데, 도안현(道安縣)을 겸임하였다.

조선 태종 5년(1415)에 두 현을 합쳐, 청안(淸安)이라고 하였다. 동왕 13년(1413)에 현감이라고 고쳤다.【선조 25년 음성현을 청안에 합쳤고, 광해군 10년 나누었다】

「관원」(官員)

현감이 1인이다.〈청주진관병마절제도위(淸州鎭管兵馬節制都尉)를 겸하였다〉

『고읍』(古邑)

도안(道安)〈읍치로부터 서쪽 15리에 있다. 본래 신라의 도서(道西)였는데, 도익(都益)이라고도 부른다. 경덕왕 16년(757)에 도서(都西)라고 고치고 흑양군(黑壤郡)의 영현(領縣)을 삼았다. 고려 태조 23년(940)에 도안(道安)이라고 고쳤고, 고려 현종 9년(1018)에 청주(淸州)에 소속시켰다. 조선 태종 5년(1405)에 청당(淸塘)에 병합시켰다〉

『방면』(坊面)

읍내면(邑內面)〈읍치로부터 시작하여 5리에서 끝난다〉

동면(東面)〈읍치로부터 7리에서 시작하여 35리에서 끝난다〉

근남면(近南面)〈읍치로부터 5리에서 시작하여 10리에서 끝난다〉

북면(北面)〈읍치로부터 5리에서 시작하여 20리에서 끝난다〉

근서면(近西面)〈읍치로부터 시작하여 10리에서 끝난다〉

원서면(遠西面)〈읍치로부터 10리에서 시작하여 25리에서 끝난다〉

○정안부곡(靜安部曲)〈도안현(道安縣)에 있었다〉

완곡소(藯谷所)〈읍치로부터 동쪽 12리에 있다〉

유통소(遊筒所)·염곡소(念谷所)·은곡소(銀谷所)〈모두 청당(淸塘)에 있다〉

『산수』(山水)

칠보산(七寶山)〈읍치의 동쪽 6리에 있으며, 괴산(槐山)과의 경계이다〉

좌구산(坐龜山)〈읍치의 남쪽 10리에 있으며, 청주(淸州)와의 경계이다〉

봉학산(鳳鶴山)〈읍치의 동북쪽 10리에 있으며, 괴산(槐山)과의 경계이다〉

안자산(顔子山)〈읍치의 서쪽 15리에 있다〉

두타산(頭陀山)〈읍치의 서북쪽 20리에 있나〉

뉴성상(杻城山)〈읍치의 서쪽 20리에 있으며, 위의 두산은 진천(鎭川)과의 경계이다〉

「영로」(嶺路)

송현(松峴)〈읍치로부터 동쪽 7리에 있으면, 괴산(槐山)으로 가는 길이 있다〉

사현(蛇峴)〈읍치로부터 북쪽 12리에 있다〉

송오리현(松五里峴)〈읍치로부터 북쪽 20리에 있으며, 음성(陰城)으로 가는 길과 나란히 있다〉

분현(粉峴)〈읍치로부터 남쪽 10리에 있으며, 청주(淸州)와의 경계이고, 대로(大路)이다〉

초현(椒峴)〈읍치로부터 동남쪽 15리에 있으며, 보은(報恩)과 통한다〉

구자은현(仇自隱峴)〈읍치로부터 동쪽 7리에 있으면, 연풍(延豐) 통하는 사잇길이다〉

○번탄천(磻灘川)〈읍치로부터 서쪽 20리에 있다. 진천(鎭川)조에 상세하다〉

증자천(曾子川)〈초현(椒峴)에서 수원(水源)이 시작하여 서쪽으로 흘러, 현 앞을 경유하여

송오리현(松五里峴)을 지나 번탄(磻灘)의 하류로 들어간다〉

【수정천(水精遷)이 읍치로부터 동쪽으로 30리에 있다】

『성지』(城池)

도안고성(道安古城)〈뉴성산(杻城山)에 있는데, 옛터가 있다〉

『역참』(驛站)

시화역(時和驛)〈읍치로부터 서쪽 15리에 있다〉

【번탄교(磻灘橋)는 진천으로 통한다】

『토산』(土産)

철(鐵)·자초(紫草)·벌꿀·대추·도루묵[은구어(銀口魚)]

『장시』(場市)

진암(鎭岩)장날은 4일과 9일이고, 번탄(磻灘)장은 1일과 9일이다.

18. 진천현(鎭川縣)

『연혁』(沿革)

본래 신라의 금물노(今勿奴)〈금물내(今勿內) 또는 수지(首知) 또는 신지(新知)라고 부른다〉였는데, 후에 만노(萬弩)〈물노(勿奴)의 전음(轉音)이다. 진평왕 때에 김서현(金舒玄)을 만노군(萬弩郡)의 태수로 삼았다〉으로 고쳤다. 경덕왕 16년(757)에 흑양군(黑壤郡)〈영현(領縣)이 2인데, 도서(都西)·음성(陰城)이다〉으로 고쳐 한주(漢州)에 예속시켰다. 고려 태조 때에 강주(降州)로 고치고, 또 진주(鎭州)로 고쳤다. 고려 성종 14년(995)에 자사(刺史)를 두었고, 목종 8년(1005)에 폐지하였다. 고려 현종 9년(1018)에 청주(淸州)에 소속되었다. 고려 고종 46년(1259)에 창의현령(彰義縣令)으로 승격되었다.〈임연(林衍)의 고향이었기 때문이다〉 원종 10년(1269)에 지의령군사(知義寧郡事)로 승격되었다.〈임연의 연고지이기 때문이다〉 뒤에 강등되어 진주감무(鎭州監務)가 되었다.〈임연을 주살하였기 때문이다〉 조선 태종 13년(1413)에 현감으로 고쳤다.〈연산군 11년(1505)에 경기도로 옮겼다. 중종 원년(1506)에 다시 복귀시켰다〉

「읍호」(邑號)

상산(常山)〈고려 성종때 정한 것이다〉

「관원」(官員)

현감이 1인이다.〈청주진관병마절제도위(淸州鎭管兵馬節制都尉)를 겸하였다〉

『방면』(坊面)

남변면(南邊面)〈읍치로부터 시작하여 10리에서 끝난다〉

북변면(北邊面)〈읍치로부터 시작하여 10리에서 끝난다〉

덕립면(德立面)〈읍치로부터 북쪽 10리에서 시작하여 15리에서 끝난다〉

월촌면(月村面)〈읍치로부터 시작하여 북쪽 20리에서 끝난다〉

백곡면(栢谷面)〈읍치로부터 시작하여 북쪽 20리에서 끝난다〉

이곡면(梨谷面)〈읍치로부터 시작하여 북쪽 25리에서 끝난다〉

만승면(萬升面)〈읍치로부터 시작하여 서북쪽 40리에서 끝난다〉

재동면(齋洞面)〈읍치로부터 동쪽 10리에서 시작하여 20리에서 끝난다〉

산정면(山井面)〈읍치로부터 동쪽 15리에서 시작하여 30리에서 끝난다〉

소답면(所畓面)〈읍치로부터 시작하여 동쪽 25리에서 끝난다〉

초평면(草坪面)〈읍치로부터 시작하여 동남쪽 30리에서 끝난다〉

문방면(文方面)〈읍치로부터 시작하여 남쪽 25리에서 끝난다〉

백락면(白洛面)〈읍치로부터 시작하여 남쪽 30리에서 끝난다〉

성암면(聖岩面)〈읍치로부터 시작하여 서남쪽 30리에서 끝난다〉

행정면(杏亭面)〈읍치로부터 시작하여 서쪽 30리에서 끝난다〉

○향림부곡(香林部曲)〈읍치로부터 북쪽 23리에 있다〉

협탄소(脇呑所)〈읍치로부터 서북쪽 36리에 있다〉

『산수』(山水)

성산(城山)〈읍치의 서남쪽 7리에 있다〉

두타산(頭陀山)〈읍치의 동쪽 20리에 있으며, 청안(淸安)과의 경계이고, 산 위에 평평하게 움푹 패인 곳이 있어서 10,000명이 들어갈 수 있다. 우물과 샘이 있다〉

보련산(寶蓮山)〈읍치의 서북쪽 20리에 있다〉

길상산(吉祥山)〈태령산(胎靈山)이라고도 부르는데, 읍치의 서쪽 20리에 있으며, 보련산(寶蓮山)의 남쪽 갈래이다〉

심곡산(深谷山)〈읍치의 북쪽 20리에 있다〉

「영로」(嶺路)

금치(金峙)〈읍치의 서쪽 20리에 있으며, 목천대로(木川大路)로 통한다〉

대문령(大門嶺)〈읍치의 서북쪽 45리에 있으며, 안성(安城)과의 경계이다〉

협탄령(脇呑嶺)〈읍치의 서북쪽 35리에 있다〉

○주천(注川)〈읍치의 동쪽 15리에 있으며, 음성(陰城)의 보현산(普賢山)에서 수원(水源)이 시작하여 서남쪽으로 흘러, 두타산(頭陀山)의 서쪽을 경유하여, 초평천(草坪川)이 되고, 청안(淸安)의 번탄(磻灘)으로 들어간다〉

우천(牛川)〈대문령(大門嶺)에서 수원(水源)이 시작하여 동남쪽으로 흘러, 현 동쪽을 경유하여, 주천(注川)으로 들어간다〉

가리천(加里川)〈현 동쪽 10리에 있는데, 죽산(竹山)의 칠현산(七絃山)에서 수원(水源)이 시작하여 남쪽으로 흘러, 광혜원(廣惠院)을 경유하여 우천(牛川)에 합친다〉

태산천(胎山川)〈읍치의 남쪽 15리에 있으며, 태령산(胎靈山)에서 수원(水源)이 시작하여, 동쪽으로 흘러, 번탄(磻灘)으로 들어간다〉

우담(牛潭)〈가리천(加里川)과 우천(牛川)이 합치는 곳이다〉

신지(新池)〈읍치의 동쪽 10리에 있으며, 우천(牛川)을 따라 흘러 들어간다〉

『성지』(城池)

고성(古城)〈성산(城山)에 있다〉

고성(古城)〈읍치의 동쪽 3리에 있으며, 민간에서 도당산성(都堂山城)이라고 부른다. 성의 둘레는 1,836척(尺)이고 우물이 2개이다〉

이흘성(伊訖城)〈보련산(寶蓮山)위에 있으며, 성의 둘레는 3,980척(尺)이고, 우물이 한 개이다〉

대모성(大母城)〈읍치의 동쪽 10리에 있으며, 성의 2,670척(尺)이고, 우물이 한 개이다〉

『봉수』(烽燧)

소을산(所乙山)〈읍치의 서쪽 7리에 있다〉

『역참』(驛站)

장양역(長楊驛)〈읍치의 북쪽 20리에 있다〉

태랑역(台郞驛)〈읍치의 남쪽 14리에 있다〉

○광혜원(廣惠院)〈읍치의 북쪽 38리에 있다〉

『토산』(土産)

벌꿀[봉밀(蜂蜜)]·감[시(枾)]·대추[조(棗)]·자초(紫草)·도루묵[은구어(銀口魚)]

『장시』(場市)

읍내장날은 2일과 7일이고, 장양(長楊)장날은 5일과 10일이며, 광혜원 장날은 3일과 8일이고, 한천(閑川)장날은 1일과 6일이다.

『단유』(壇壝)

도서성(道西城)〈【삼국사(三國史)】에는 만노군(萬弩郡)에 있다고 적혀있다. 명산(名山)으로써 소사처(小祀處)로 기록되어있다.○도서(道西)는 지금 청안(淸安)에 소속되어 있으며, 진천(鎭川) 동쪽에 있고, 지금 두타산(頭陀山)이 이것이다〉

『사원』(祠院)

백원서원(百源書院)〈선조 정유년(1597)에 세워졌고, 현종 기유년(1669)에 사액되었다〉에 이종학(李種學)〈개성(開城)조를 보라〉, 김덕숭(金德崇)〈자는 자유(子悠)이고, 호는 모암(慕庵)이며, 본관은 강릉(江陵)이다. 관직은 한산군수(韓山郡守)였고, 이조참의(吏曹參議)에 증직되었다〉, 이여(李畬)〈자는 유추(有秋)고, 호는 송애(松崖)이며, 이종학(李種學)의 5세손이고, 관직은 교리(校理)이다〉, 이부(李阜)〈자는 자능(子陵)이고, 호는 행원(杏園)이며, 본관은 고성(固

城)이다. 관직은 교리(校理)인데, 부제학(副提學)에 증직되었다〉를 봉안하였다.

○지산서원(芝山書院)〈경종 임인년(1722)에 세워졌고, 계묘년(1723)에 사액되었다〉에 최석정(崔錫鼎)〈태묘(太廟)조를 보라〉을 봉안하였다.

○금발한사(金潑翰祠)〈신라 때에 길상산(吉祥山)에 세웠고, 봄·가을로 향축(香祝)을 내려 제사를 지내었다. 고려 때도 그대로 따랐는데, 조선 태종 8년(1408)에 정지시키고, 본 읍에 영을 내려 제사를 지내게 하였다〉에 김유신(金庾信)〈김서현(金舒玄)의 아들로 길상산(吉祥山)에서 태어났다. 경주(慶州)조를 보라〉을 봉안하였다.

『전고』(典故)

고려 명종 7년(1177)에 공주(公州)의 반란군 망이(亡伊)등이 진천(鎭川)에 쳐들어왔다.

19. 영동현(永同縣)

『연혁』(沿革)

본래 신라의 길동(吉同)이었는데, 신라 경덕왕 16년(757)에 영동군(永同郡)〈영현(領縣)이 2인데 황간(黃澗)과 양산(陽山)이다〉로 고쳐 상주(尙州)에 예속시켰다. 고려 성종 14년(995)에 계주자사(稽州刺史)로 승격되었고, 목종 8년(1005)에 폐지하였다. 고려 현종 9년(1018)에 상주(尙州)에 소속되었고, 고려 명종 2년(1172)에 감무(監務)를 두었다. 동왕 6년(1176)에 현령으로 승격되었고, 후에 다시 강등되어 감무(監務)를 두었다가 곧바로 혁파(革罷)하였다. 조선 태종 13년(1413)에 다시 영동현감(永同縣監)으로 고쳤다.〈경상도에서 충청도로 예속되었다〉

「읍호」(邑號)

영산(永山)·계산(稽山)

「관원」(官員)

현감이 1인이다.〈청주진관병마절제도위(淸州鎭管兵馬節制都尉)를 겸하였다〉

『방면』(坊面)

현동면(縣東面)〈읍치로부터 1리에서 시작하여 18리에서 끝난다〉

남일면(南一面)〈읍치로부터 5리에서 시작하여 30리에서 끝난다〉
남이면(南二面)〈읍치로부터 20리에서 시작하여 50리에서 끝난다〉
서일면(西一面)〈읍치로부터 15리에서 시작하여 30리에서 끝난다〉
서이면(西二面)〈읍치로부터 5리에서 시작하여 40리에서 끝난다〉
북일면(北一面)〈읍치로부터 10리에서 시작하여 40리에서 끝난다〉
북이면(北二面)〈읍치로부터 20리에서 시작하여 35리에서 끝난다〉
【풍곡부곡(楓谷部曲)이 읍치로부터 북쪽으로 25리에 있다】
【앙암부곡(仰岩部曲)과 율곡소(栗谷所)는 모두 읍치로부터 북쪽으로 20리에 있다】

『산수』(山水)
성황산(城隍山)〈읍치의 북쪽 1리에 있다〉
박달산(朴達山)〈읍치의 북쪽 17리에 있다〉
마니산(摩尼山)〈읍치의 서쪽 16리에 있으며, 옥천(沃川)의 양산(陽山)과의 경계이다〉
남각산(南角山)〈읍치의 남쪽 16리에 있다〉
어리산(於里山)〈읍치의 서쪽 14리에 있다〉
기산(箕山)〈읍치의 남쪽 10리에 있다〉
침산(砧山)〈읍치의 남쪽 7리에 있다〉
천마산(天摩山)〈읍치의 남쪽 25리에 있다. 옥천(沃川)의 양남면(陽南面)과 경계이다〉
각괴산(角魁山)〈읍치의 동남쪽 30리에 있다〉
금성산(錦城山)〈읍치의 서쪽 2리에 있다〉
만영산(萬影山)〈읍치의 동쪽 5리에 있다〉
마편산(馬鞭山)〈읍치의 서쪽 30리에 있다. 옥천(沃川)의 적등강변(赤登江邊)이다〉
고당산(高唐山)〈읍치의 서쪽 25리에 있으며, 남쪽에는 고당강(高唐江)과 접해있다〉
삼봉(三峰)〈남각산(南角山)의 남쪽에 있다〉
대암(臺岩)〈기산(箕山)의 서쪽이며, 동천강(東川江)가에 있다〉
관어대(觀魚臺)〈읍치의 서쪽 10여리 강변에 있다〉
낙화대(洛花臺)〈현의 서쪽에 있다〉

「영로」(嶺路)

삽치(鍤峙)〈읍치의 동쪽 15리에 있으며, 황간대로(黃澗大路)로 통한다〉

사치(蛇峙)〈크고 작은 두 고개가 있으며, 읍치의 북쪽 40리에 있으며, 청산대로(青山大路)로 통한다〉

갈치(葛峙)〈읍치의 서쪽 18리에 있으며, 사이길로 양산창(陽山倉)을 지나 금산(錦山)으로 통한다〉

○고당강(高唐江)〈고당산(高唐山)아래에 있는데, 옥천(沃川)의 호탄(虎灘) 하류이고, 적등강(赤登江)의 상류이다〉

송천(松川)〈상주(尙州)의 구봉산(九峯山)에서 수원(水源)이 시작하여, 남쪽으로 흘러, 화령(化寧)과 중모(中牟)의 두 옛 고을의 서쪽을 지나 통천(通川)이 되고, 서쪽으로 흘러 좌측으로 황간(黃澗)의 장교천(長橋川)을 지나 풍곡(楓谷)에 이르러 송천(松川)이 된다. 합쳐진 물이 용연(龍淵)이 되고, 심천(深川)이 되어, 서쪽으로 흘러 고당강(高唐江)으로 들어간다〉

동천(東川)〈천마산(天摩山)에서 수원이 시작하여 북쪽으로 흘러, 현의 남쪽을 경유하여, 서쪽으로 흘러, 고당강(高唐江)의 상류로 들어간다〉

용연(龍淵)〈송천(松川)에 있는데, 민간에서는 기연(妓淵)이라고 부른다. 읍치의 서북쪽 16리에 있고, 동구(洞口)의 두 강변에는 석벽(石壁)이 깎아지른 듯 서있고, 2리쯤 가면 두 봉우리가 서로 우뚝 서있고, 바위 봉우리들이 우뚝우뚝 서있으며, 가운데의 석구연(石臼淵)이 있고, 하류에 물이 고여있는데, 그 깊이를 알 수가 없다. 물이 넘쳐서 폭포가 되는데, 그 흩날리는 포말(泡沫)이 수 백척(尺)이다. 그 아래에 깊은 못이 있다〉

『성지』(城池)

읍성(邑城)〈성의 둘레가 2,410척(尺)이고 우물이 2개 있다〉

고성(古城)〈하나는 성황산(城隍山)에 있고, 하나는 금성산(錦城山)에 있는데, 모두 옛터만 남아있다〉

『봉수』(烽燧)

박달산(朴達山)〈읍치의 북쪽 17리에 있다〉

『창고』(倉庫)

읍창(邑倉)

용화창(龍華倉)〈읍치의 남쪽 40리에 있다〉

『역참』(驛站)

회동역(會同驛)〈현성(縣城)의 남쪽에 있다〉

『진도』(津渡)

심천진(深川津)〈읍치의 서쪽 15리에 있으며, 송천(松川)의 하류이며, 적등진대로(赤登津大路)로 통하고, 물이 줄면 다리를 놓는다〉

『토산』(土產)

잣[해송자(海松子)]·감[시(柿)]·벌꿀[봉밀(蜂蜜)]·송이버섯[송심(松蕈)]·자초(紫草)·신감채(辛甘菜)·눌어(訥魚)·쏘가리[금린어(錦鱗魚)]

『장시』(場市)

읍내장닐은 2일과 7일이고, 용산(龍山)장날은 5일과 10일이다.

『전고』(典故)

고려 우왕 6년(1380)에 진포(鎭浦)에서 패한 왜구가 영동(永同)에 침입하여 분탕(焚蕩)질하였다. 동왕 10년(1384)에 왜구가 영동에 침입하였다. 창왕 때 왜구가 영동에 침입하였다.

○조선 선조 25년(1592)에 왜군이 영동을 함락시켰다.

20. 황간현(黃澗縣)

『연혁』(沿革)

본래 신라의 소라(召羅)였는데, 경덕왕 16년(757)에 황간(黃澗)이라고 고쳐 영동군(永同

郡)의 영현(領縣)으로 삼았다. 고려 현종 9년(1018)에 경산(京山)에 소속되었고, 후에 감무(監務)를 두었다. 공민왕 3년(1354)에 다시 경산(京山)에 소속되었고, 공양왕 2년(1390)에 다시 감무(監務)를 두었다가 곧바로 폐지하였다. 조선 태종 13년(1413)에 현감을 다시 설치하였다.〈경상도에서 충청도로 예속되었다〉 동왕 14년(1414)에 청산현(靑山縣)과 합쳐서 황청현(黃靑縣)이라고 개칭하였다. 동왕 16년(1416)에 두 현을 나누었다. 선조 26년(1593)에 청산(靑山)에 합쳤다.〈임진왜란(壬辰倭亂)때에 현감이었던 박몽설(朴夢說)이 진주(晉州)전투에 참여하였다가 한 사람도 살아 돌아오지 못했다〉 광해군 13년(1621)에 현을 다시 설치하였다.

「읍호」(邑號)

황계(黃溪)

「관원」(官員)

현감이 1인이다.〈청주진관병마절제도위(淸州鎭管兵馬節制都尉)를 겸하였다〉

『방면』(坊面)

읍내면(邑內面)〈읍치로부터 시작하여 10리에서 끝난다〉

오곡면(吾谷面)〈읍치로부터 동쪽 5리에서 시작하여 20리에서 끝난다〉

매하면(梅下面)〈읍치로부터 남쪽 15리에서 시작하여 30리에서 끝난다〉

상촌면(上村面)〈읍치로부터 남쪽 30리에서 시작하여 50리에서 끝난다〉

남면(南面)〈읍치로부터 20리에서 시작하여 30리에서 끝난다〉

외남면(外南面)〈읍치로부터 동남쪽 40리에서 시작하여 60리에서 끝난다〉

서면(西面)〈읍치로부터 5리에서 시작하여 20리에서 끝난다〉

○금화부곡(金化部曲)〈읍치의 동쪽 38리에 있으며, 본래 금산(金山)에 소속되었는데, 후에 경산(京山)에 소속되었다. 공양왕 2년(1390)에 이 현에 소속되었다〉

『산수』(山水)

황악산(黃岳山)〈읍치의 동남쪽 30리에 있다. 거대하게 걸쳐져있고, 높고 크며, 첩첩이 쌓여있는 산봉우리들은 마치 울타리 같고, 골짜기는 심히 깊다. 옥연(玉淵)과 용추(龍湫)가 있으며, 산 아래에는 물한리(物閑里)가 있다.○태평사(太平寺)가 있다〉

삼성산(三聖山)〈읍치의 동남쪽 60리에 있다〉

극락산(極樂山)〈읍치의 동남쪽 40리에 있다〉

수락산(水落山)〈추풍령(秋風嶺)의 남쪽이다. 위의 4산은 금산(金山)과 경계이며, 큰 산맥이 연달아 있어, 충청도와 경상도, 양도가 교차된다〉

석교산(石橋山)〈읍치의 남쪽 40리에 있다〉

백화산(白華山)〈읍치의 북쪽 15리에 있으며, 상주(尙州)의 중모(中牟)와 경계이다. 산의 모습이 매우 뾰족하고 준험하며, 암석들이 깎아지른 듯 서있고, 산의 남쪽에 심묘사(深妙寺)가 있는데 난간에 의지하여 굽어보면 절벽이고, 동남쪽 골짜기의 물이 모아져서 그 밑을 휘감고 돈다. ○절에는 8경이 있는데, 사군봉(使君峰)·월류봉(月留峰)·산양벽(山羊壁)·용연동(龍淵洞)·냉천정(冷泉亭)·화헌악(花獻岳)·청학굴(靑鶴窟)·법존암(法尊岩) 등이며 모두 경치가 아름답다〉

「영로」(嶺路)

추풍령(秋風嶺)〈읍치의 동남쪽 20리에 있으며, 금산(金山)과의 경계이다. 매우 높고 준험하지는 않으나 충청도와 경상도의 갈림이 되고, 유사시에는 반드시 지켜야할 곳이다〉

오도치(吾道峙)〈읍치의 동북쪽 20리에 있으며, 상주(尙州)로 통하는 사잇길이다〉

괘방령(掛榜嶺)〈읍치의 동남쪽 40리에 있으며, 금산(金山)과 경계로써 사잇길이다〉

우두령(牛頭嶺)〈읍치의 남쪽 50리에 있으며, 지례(知禮)로 통하는 사잇길이다〉

삽치(鍤峙)〈읍치의 서쪽 15리에 있으며, 영동대로(永同大路)와 통한다〉

이치(梨峙)〈읍치의 서북쪽 20리에 있으며, 청산(靑山)과 통한다〉

○장교천(長橋川)〈수원(水源)이 지례(知禮)의 삼도봉(三道峰)과 우두령(牛頭嶺)에서 시작하여 북쪽으로 흘러, 황악(黃岳)의 여러 산의 물과 합쳐져서 광평(廣坪)을 경유하여 현의 남쪽에 이르러, 추풍령(秋風嶺)의 오도치(吾道峙)의 물과 합쳐져서 서쪽으로 흘러, 영동(永同)의 송천(松川)으로 들어간다〉

석천(石川)〈도천(道川)이라고도 부르며, 수원(水源)이 백화산(白華山)에서 시작하여, 서쪽으로 흘러, 현 북쪽 4리를 경유하여, 산양암(山羊岩)에 이르러 장교천(長橋川)과 합쳐진다〉

『성지』(城池)

읍성(邑城)〈고려 공양왕 2년(1390)에 쌓았으며, 성의 둘레는 1,646척(尺)이고, 우물이 한 개이다〉

『봉수』(烽燧)

눌이정(訥伊頂)〈읍치의 동쪽 20리에 있다〉

소이산(所伊山)〈읍치의 북쪽 10리에 있다〉

『창고』(倉庫)

읍창(邑倉)

외남면창(外南面倉)〈읍치로부터 40리에 있다〉

상촌면창(上村面倉)〈읍치로부터 40리에 있다〉

『역참』(驛站)

신흥역(新興驛)〈읍치의 서쪽 3리에 있다〉

『토산』(土産)

잣[해송자(海松子)]·감[시(柿)]·대추[(棗)]·벌꿀[봉밀(蜂蜜)]·송이버섯[송심(松蕈)]·석이버섯[석심(石蕈)]·신감채(辛甘菜)

『장시』(場市)

읍내장은 1일과 6일이고 둔덕장은 2일과 7일이며 지천장은 3일과 8일이다.

『누정』(樓亭)

황악루(黃岳樓)·가학루(駕鶴樓)·관덕정(觀德亭)

『전고』(典故)

고려 우왕 6년(1380)에 왜구가 황간(黃澗)에 쳐들어왔다. 창왕 때에도 왜구가 황간에 쳐들어왔다.

21. 청산현(青山縣)

『연혁』(沿革)

본래 신라의 굴산(屈山)〈돌산(堗山)이라고도 한다〉인데, 경덕왕 16년(757)에 기산(耆山)이라고 고쳐 삼년군(三年郡)의 영현(領縣)으로 삼았다. 고려 태조 23년(940)에 청산(青山)으로 고쳤고, 고려 현종 9년(1018)에 상주(尙州)에 소속되었다. 공양왕 2년(1380)에 감무(監務)를 두었고, 상주의 주성부곡(酒城部曲)을 나누어 청산에 예속시켰다. 충청도에 예속된 후에 다시 혁파하였다가 다시 상주에 예속되었다. 조선 태종 3년(1403)에 다시 나누어서 감무(監務)를 두었고, 동왕 13년(1413)에 현감으로 고쳤다.〈경상도에서 충청도로 예속되었다〉 동왕 14년(1414)에 황간(黃澗)에 합쳐져서 황청(黃青)이라고 불렀다. 동왕 16년(1416)에 다시 나누었다. 선조 26년(1593)에 황간과 합쳐고, 광해군 13년(1621)에 다시 나누었다.

「관원」(官員)

현감이 1인이다.〈청주진관병마절제도위(淸州鎭管兵馬節制都尉)를 겸하였다〉

『방면』(坊面)

현내면(縣內面)〈읍치로부터 시작하여 8리에서 끝난다〉

동면(東面)〈읍치로부터 3리에서 시작하여 15리에서 끝난다〉

서면(西面)〈읍치로부터 10리에서 시작하여 20리에서 끝난다〉

남면(南面)〈읍치로부터 10리에서 시작하여 30리에서 끝난다〉

북면(北面)〈읍치로부터 10리에서 시작하여 20리에서 끝난다〉

주성면(酒城面)〈읍치로부터 북쪽 70리에서 시작하여 100리에서 끝난다. 보은(報恩)의 북쪽 경계 너머에 있다〉

○은천소(銀川所)

거이소(居尒所)〈읍치의 서쪽 19리에 있다〉

『산수』(山水)

기성산(己城山)〈읍치의 서쪽 8리에 있다〉

덕의산(德義山)〈읍치의 북쪽 5리에 있다〉

천둔산(千屯山)〈읍치의 동쪽 15리에 있다.○청량사(淸凉寺)가 있다〉

팔음산(八音山)〈읍치의 동북쪽 20리에 있으며, 천둔산(千屯山)과 팔음산(八音山)은 상주(尙州)와의 경계이다〉

문수산(文殊山)〈읍치의 북쪽 25리에 있으며, 보은(報恩)과의 경계이다〉

도가산(道家山)〈읍치의 서쪽 10리에 있다〉

두솔산(兜率山)〈읍치의 서북쪽 20리에 있다〉

화암(花岩)〈읍치의 서쪽 20리의 큰 강가에 있다〉

「영로」(嶺路)

정치(井峙)〈읍치의 남쪽 10리에 있으며, 상주(尙州)의 중모(中牟)와 경계이다. 황간(黃澗)으로 통한다〉

마달치(馬達峙)〈읍치의 서쪽 20리에 있으며, 옥천(沃川)의 안동면(安東面)으로 가는 길이다〉

사치(蛇峙)〈읍치의 남쪽 10리에 있으며, 영동(永同)으로 통한다〉

백수치(白水峙)〈읍치의 서남쪽에 있으며, 영동(永同)과 경계하고 있다〉

장군치(將軍峙)〈읍치의 서남쪽에 있으며, 영동(永同)과 경계하고 있다〉

○남천(南川)〈보은(報恩)의 용천(龍川) 하류이며, 북쪽에서 남쪽으로 흘러, 구불구불 서쪽으로 현의 남쪽 2리를 경과하고, 서남쪽으로 흘러, 옥천(沃川)의 적등강(赤登江) 하류로 들어간다. 자세한 것은 보은(報恩)조를 보라〉

『성지』(城池)

기성(己城)〈기성산(己城山)위에 있으며, 성의 둘레는 2,091척(尺)이고, 우물이 한 개이다〉

저점고성(猪岾古城)〈읍치의 서쪽 9리에 있으며, 성의 둘레가 2,057척(尺)이고 우물이 한 개이다〉

신라 소지왕 8년(486)에 굴산성(屈山城)을 개축(改築)하였다.

『창고』(倉庫)

읍창(邑倉)

주성창(酒城倉)

『토산』(土産)

잣[해송자(海松子)]·대추[조(棗)]·자초(紫草)·벌꿀[봉밀(蜂蜜)]

『누정』(樓亭)

백운정(白雲亭)〈읍내에 있는데, 넓은 들에 접해있고, 큰 강을 끼고 있다〉

『전고』(典故)

고려 우왕 4년(1378)에 왜구가 청산(青山)에 쳐들어왔다. 동왕 10년(1384)에 왜구가 은천소(銀川所)에 쳐들어왔고, 또 청산(青山)에도 쳐들어왔다.

부록

1. 강역(疆域)

【신평(新平)의 3개면, 합덕(合德)의 2개면, 운천(雲川)의 1개면, 고구(高邱)의 2개면은 지경(地境)을 넘어가 있다】

【비방곶면(非方串面)은 합덕(合德)의 동쪽을 넘어 들어가 있다】

【주애덕평(周崖德坪)은 다른 경계로 넘어가 있다】

【신실(新實)·덕흥(德興)·돈의(頓義)·모산(毛山)은 다른 경계로 넘어가 있다】

【경양(慶陽) 외타곶(外他串)은 다른 경계로 넘어가 있다】【주성(酒城)은 다른 경계로 넘어가 있다】

2. 전민(田民)

구 분	전(田)	답(畓)	민호(民戶)	인구(人口)	군보(軍保)
공주(公州)	15,164결	7,259결	15,133호	43,189구	15,431명
임천(林川)	1,772결	3,433결	3,824호	16,935구	4,869명
한산(韓山)	1,387결	2,759결	2,583호	9,096구	3,948명
부여(扶餘)	2,338결	1,780결	3,183호	15,229구	2,680명
석성(石城)	1,541결	1,540결	1,535호	7,809구	1,692명
은진(恩津)	2,589결	2,796결	5,098호	19,707구	3,879명
노성(魯城)	1,634결	1,977결	2,542호	10,837구	1,671명
연산(連山)	2,930결	2,130결	3,248호	11,049구	2,135명
진잠(鎭岑)	1,199결	853결	1,409호	6,188구	911명
회덕(懷德)	2,375결	1,218결	2,499호	10,602구	1,340명
연기(燕岐)	1,712결	1,156결	2,418호	10,823구	1,825명
전의(全義)	1,691결	609결	1,732호	7,527구	1,355명
정산(定山)	1,351결	1,173결	2,352호	9,353구	1,834명
홍주(洪州)	6,812결	5,557결	12,853호	54,562구	9,886명

구 분	전(田)	답(畓)	민호(民戶)	인구(人口)	군보(軍保)
면천(沔川)	3,770결	2,125결	3,344호	11,761구	3,422명
서산(瑞山)	4,587결	2,469결	6,093호	22,087구	5,195명
태안(泰安)	3,101결	1,467결	3,733호	13,968구	3,340명
서천(舒川)	2,342결	2,937결	2,773호	10,678구	4,379명
온양(溫陽)	2,048결	1,342결	2,862호	15,944구	2,284명
대흥(大興)	2,462결	1,310결	3,362호	871구	3,130명
덕산(德山)	3,867결	2,771결	5,576호	19,439구	2,914명
홍산(鴻山)	1,972결	2,244결	3,527호	14,842구	3,500명
청양(靑陽)	1,374결	1,077결	3,564호	14,528구	2,162명
비인(庇仁)	1,071결	860결	2,793호	9,217구	1,636명
결성(結城)	1,904결	1,318결	3,892호	15,036구	2,757명
보령(保寧)	2,297결	1,432결	4,148호	17,370구	3,024명
남포(藍浦)	1,540결	1,199결	3,950호	16,048구	1,855명
예산(禮山)	2,796결	1,582결	2,852호	10,014구	3,035명
신창(新昌)	1,782결	1,293결	1,940호	8,003구	1,607명
아산(牙山)	3,590결	2,846결	3,042호	9,678구	3,444명
평택(平澤)	639결	1,140결	1,582호	5,952구	1,281명
당진(唐津)	2,464결	1,218결	3,492호	13,524구	3,199명
해미(海美)	2,247결	1,234결	2,838호	10,148구	1,823명
충주(忠州)	15,390결	5,977결	19,072호	97,000구	14,700명
청풍(淸風)	1,610결	268결	2,637호	8,599구	2,563명
단양(丹陽)	927결	222결	1,876호	7,167구	1,744명
괴산(槐山)	2,279결	739결	3,839호	15,512구	2,276명
연풍(延豐)	1,072결	223결	1,802호	5,824구	1,625명
음성(陰城)	936결	526결	2,119호	7,838구	1,320명
영춘(永春)	909결	99결	1,633호	7,161구	736명

구 분	전(田)	답(畓)	민호(民戶)	인구(人口)	군보(軍保)
제천(堤川)	1,854결	661결	2,858호	14,283구	2,516명
청주(淸州)	13,355결	5,956결	13,314호	46,661구	12,819명
천안(天安)	2,955결	2,305결	3,556호	12,856구	3,032명
옥천(沃川)	3,952결	1,386결	6,016호	27,267구	4,949명
보은(報恩)	3,794결	1,101결	4,408호	15,259구	3,751명
문의(文義)	2,048결	947결	3,042호	9,285구	2,389명
직산(稷山)	3,716결	2,122결	3,413호	15,543구	2,806명
목천(木川)	2,746결	1,111결	3,346호	16,453구	2,901명
회인(懷仁)	1,040결	119결	1,247호	4,445구	738명
청안(淸安)	1,856결	946결	2,812호	10,608구	2,329명
진천(鎭川)	4,525결	2,209결	5,813호	31,357구	5,092명
영동(永同)	2,147결	714결	2,576호	12,764구	2,834명
황간(黃澗)	929결	801결	2,052호	7,479구	1,916명
청산(靑山)	1,553결	283결	2,455호	10,872구	2,087명
평신(平薪)	479결	274결	1,148호	5,070구	1,200명

3. 역참(驛站)

○이인도(利仁道)〈공주(公州)〉·유양(楡楊)〈정산(定山)〉·은산(恩山)·용전(龍田)〈부여(扶餘)〉·숙홍(宿鴻)〈홍산(鴻山)〉·영유(靈楡)〈임천(林川)〉·신곡(新谷)〈한산(韓山)〉·두곡(豆谷)〈서천(舒川)〉·청화(靑化)〈비인(庇仁)〉·남전(藍田)〈남포(藍浦)〉

○금정도(金井道)〈청양(靑陽)〉·세천(世川)·용곡(龍谷)〈홍주(洪州)〉·화천(花川)〈평택(平澤)〉·장시(長時)〈아산(牙山)〉·시흥(時興)〈온양(溫陽)〉·창덕(昌德)〈신창(新昌)〉·일흥(日興)〈예산(禮山)〉·광시(光時)〈대흥(大興)〉·급천(汲泉)〈덕산(德山)〉·순성(順成)〈면천(沔川)〉·흥세(興世)〈당진(唐津)〉·몽웅(夢熊)〈해미(海美)〉·풍전(豊田)〈서산(瑞山)〉·하천(下川)〈태안(泰安)〉·해문(海門)〈결성(結城)〉·청연(靑淵)〈보령(保寧)〉

○율봉도(栗峰道)·쌍수(雙樹)·저산(猪山)〈청주(淸州)〉·정민(貞民)〈회덕(懷德)〉·증약(增若)·가화(嘉和)·토파(土坡)·순양(順陽)·화인(化仁)〈옥천(沃川)〉·회동(會同)〈영동(永同)〉·신흥(新興)〈황간(黃澗)〉·함림(含林)·원암(元岩)〈보은(報恩)〉·덕류(德留)〈문의(文義)〉·시화(時和)〈청안(淸安)〉·태랑(台郎)·장양(長陽)〈진천(鎭川)〉

○연원도(連源道)·가흥(嘉興)·단월(丹月)·용안(用安)〈충주(忠州)〉·감원(坎原)〈음성(陰城)〉·인산(仁山)〈괴산(槐山)〉·신풍(新豊)·안부(安富)〈연풍(延豊)〉·천남(泉南)〈제천(堤川)〉·황강(黃江)·수산(壽山)·안음(安陰)〈청풍(淸風)〉·장림(長林)·영천(靈泉)〈단양(丹陽)〉·오사(吳賜)〈영춘(永春)〉

○성환도(成歡道)〈직산(稷山)〉·신은(新恩)·김제(金蹄)〈천안(天安)〉·광정(廣程)·일신(日新)·경천(敬天)·단평(丹平)·유구(維鳩)〈공주(公州)〉·평천(平川)〈연산(連山)〉·연춘(延春)〈목천(木川)〉·금사(金沙)〈연기(燕岐)〉·장명(長命)〈청주(淸州)〉

공(共)71역(驛) 이졸(吏卒) 22,770명(名) 삼등마(三等馬) 764필(匹)

4. 봉수(烽燧)

망이산(望夷山)〈충주(忠州)의 북쪽에 있으며, 죽산(竹山)의 중지산(中之山)에 준거(準炬)한다〉

가섭산(迦葉山)〈음성(陰城)에 있다〉

마산(馬山)

심정산(心頂山)〈충주(忠州)에 있다〉

의현(衣峴)〈청풍(淸風)에 있다〉

소이산(所伊山)〈단양(丹陽)의 남쪽에 있으며, 순흥(順興)과 죽산(竹山)에 준거(準炬)한다〉

「간봉」(間烽)

대림산(大林山)〈충주(忠州)에 있으며, 마산봉수(馬山烽燧)에 합친다〉

주정산(周井山)〈연풍(延豊)에 있다〉

계립영(鷄立嶺)〈연풍(延豊)의 동쪽에 있으며, 문경(聞慶)의 탄항(炭項)에 준거(準炬)한다〉

「간봉」(間烽)

소흘산(所屹山)〈진천(鎭川)의 북쪽에 있으며, 망이산봉수(望夷山烽燧)와 합쳐진다. 앞에 나와 있다〉

거대령(巨大嶺)〈청주(淸州)에 있다〉

소이산(所伊山)〈문의(文義)에 있다〉

계족산(鷄足山)〈회덕(懷德)에 있다〉

환산(環山)

월이산(月伊山)〈옥천(沃川)에 있다〉

박달산(朴達山)〈영동(永同)에 있다〉

소이산(所伊山)

눌이항(訥伊項)〈황간(黃澗)의 동쪽에 있으며, 금산(金山)의 고성산봉수(高城山烽燧)에 준거(準炬)한다〉

「원봉」(元峰)

망해산(望海山)〈직산(稷山)의 서쪽에 있으며, 양성(陽城)의 괴태곶(槐台串)에 준거(準炬)한다〉

연암산(燕岩山)〈아산(牙山)에 있다〉

대학산(大鶴山)〈천안(天安)에 있다〉

쌍령(雙嶺)

고등산(高登山)

월성산(月城山)〈공주(公州)에 있다〉

노성산(魯城山)〈노성(魯城)에 있다〉

황화대(皇華臺)

강경대(江景臺)〈은진(恩津)의 남쪽에 있으면, 용안(龍安)의 광두원(廣頭院)에 준거(準炬)한다〉

○위의 21처(處)는 병영(兵營)이 관할(管轄)한다.

「간봉」(間烽)

창택곶(倉宅串)〈면천(沔川)의 동북쪽에 있으며, 양성(陽城)의 괴태곶(槐台串)에 준거(準炬)한다〉

고산(高山)〈당진(唐津)에 있다〉

안국산(安國山)〈해미(海美)에 있다〉

북산(北山)〈서산(瑞山)에 있다〉

백화산(白華山)〈태안(泰安)에 있다〉

도비산(都飛山)〈서산(瑞山)에 있다〉

고구성산(高邱城山)〈홍주(洪州)에 있다〉

고산(高山)〈결성(結城)에 있다〉

흥양곶(興陽串)〈홍주(洪州)에 있다〉

조침산(助侵山)〈보령(保寧)에 있다〉

옥미봉(玉眉峰)〈남포(藍浦)에 있다〉

칠지산(漆枝山)〈비인(庇仁)에 있다〉

운은산(雲銀山)〈서천(舒川)의 남쪽에 있으며, 옥구(沃溝)의 화산(花山)에 준거(準炬)한다〉

○위의 연해(沿海) 13처(處)는 수영(水營)이 관할(管轄)한다.

「권설」(權設)

망해정(望海亭)〈수영(水營)에 있다〉

원산도(元山島)

외연도(外烟島)

어청도(於靑島)〈홍주(洪州)에 있다〉

○위의 4곳은 단지 수영(水營)에만 보고(報告)한다.

모두 44처(處)이다.〈원봉(元峰)이 15처(處)이고, 간봉(間烽)이 25처(處)이며, 권설처(權設處)가 4곳이다〉

5. 총수(摠數)

방면(坊面)은 562곳이고, 민호(民戶)는 217,400호(戶)이고, 인구(人口)는 868,100명(名)이며, 전(田)은 160,418결(結)이고, 답(畓)은 95,167결(結)이고, 군보(軍保)는 171,720명(名)이다.

장시(場市)는 157처(處)이고, 보발(步撥)은 5처(處)이고, 진도(津渡)는 43, 목장(牧場)〈폐

목장은 8곳이다〉은 2곳이고, 제언(堤堰)은 535, 동보(垌洑)는 497, 의송산(宜松山)은 134, 송봉산(松封山)〈안면도(安眠島), 홍주(洪州), 서산(瑞山), 태안(泰安)에 있다〉

전죽도(箭竹島)가 13곳이고, 단유(壇壝)〈공주(公州), 충주(忠州), 단양(丹陽) 등이다〉가 4곳, 묘(廟)가 한곳〈청주(清州)에 있다〉이다. 사액서원(賜額書院)이 32곳이고, 사(祠)가 6곳이고, 창고(倉庫)는 137곳〈영(營)·진(鎭)·읍(邑)·역(驛)의 창고들이다〉이다.

충청도
영인본

大東地志目錄

卷五

大東地志目錄 終

哲宗壬戌以淸州逆賊金順成胎地改邑號西原縣改道號公忠道

大東地志卷五

古山子 編

忠淸道 號湖西

本馬韓之域西漢之末百濟新羅分而有之沃川報恩永同黃澗青山懷仁文義本新羅所拓○忠州淸風丹陽槐山堤川永春延豐淸州淸安鎭川百濟南邊後爲高句麗所取至陽原王七年入于新羅 百濟義慈王二十年唐與新羅合攻滅之置五都督府於百濟故地忠淸全羅各統州縣新羅聖德王二十四年唐開元二十三年唐勅賜其地于新羅爲唐地凡七十六年景德王十六年置熊州都督府領郡縣眞聖主時後百濟泰封分而取之後歸高麗成宗十四年以忠淸等州

凡改號限十年復舊

縣爲中原道公運等州縣爲河南道睿宗元年二道並合于闕內道稱楊廣忠淸州道明宗二年析中原河南爲忠淸道忠肅王元年復合于楊廣道恭愍王五年復分爲忠淸道 本朝太祖四年以楊廣州所領郡縣屬京畿忠淸公洪州所領郡縣仍稱忠淸道定宗元年移隸寧越于江原道以江原之永春來隸 太宗十三年移隸驪興安城陰竹振威陽城陽智于京畿以慶尙道之沃川黃澗永同青山報恩來隸 燕山主十一年改忠公道移隸鎭川稷山平澤牙山于京畿 中宗元年復還 明宗五年改淸公道 光海主五年改公淸道 仁祖六年改公洪道二十四年改洪忠道 孝宗七年改公洪道 顯宗十一年改忠洪道 肅宗六年改公洪道 英宗五年改公淸道七年改洪忠道 正宗元年改洪忠道 純祖二十五年改公忠道 哲宗十三年改公忠道凡五十四邑

討捕使巡營中軍兵水虞候例兼

巡營 公州 牧

兵營 淸州 牧

水營 保寧 縣

討捕營 前營洪州 右營公州 右營海美 後營忠州 中營淸州

公州鎭 管 林川韓山扶餘石城恩津魯城連山鎭岑懷德燕岐全義定山

洪州鎭 管 沔川瑞山泰安舒川溫陽大興德山鴻山青陽庇仁結城保寧藍浦禮山新昌牙山平澤唐津海美

文聖王十四年以眞亮爲熊州都督

忠州鎭 管 淸風丹陽槐山延豐陰城永春堤川

淸州鎭 管 天安沃川報恩文義稷山木川懷仁淸安鎭川永同黃澗青山

公州

沿革 本百濟熊川 文周王元年自北漢山徙都于此稱漢城歷五主六十三年 聖王十六年移都泗沘城今扶餘 義慈王二十年唐高宗顯慶五年庚申唐遣蘇定方滅百濟置熊津都督府以左衛中郎將王文度爲都督次以劉仁願劉仁軌留兵鎭之開元乙亥還其地于新羅新羅爲熊川郡神文王五年改爲州置都督稱熊川停景德王十六年改熊州都督府九州之一○領州一小京一郡十三縣三十一○都督府領縣二尼山淸音後陷于後百濟高麗太祖二十三

年改公州 成宗二年置牧 十二牧之一官員同廣州 十四年置安節軍節度使 十二節度之一 隸河南道 顯宗三年改按撫使 九年降知府事 屬郡四德恩懷德扶餘連山屬縣八市津德津鎭岑儒城石城定山尼山新豐 忠惠王後二年陞爲牧 以元平章闊闊赤妻敬和翁主外鄕 本朝 世祖十二年置鎭 管十二邑 仁祖二十四年降公山縣 因柳濯賊變 尋還陞 顯宗十一年降縣 肅宗五年復陞 英宗四年降縣 十三年復陞 正宗二年降縣 十一年復陞

邑號 懷道 高麗成宗所定

官員 牧使 宣祖三十六年以觀察使兼四十年罷顯宗十年復兼肅宗三年罷景宗四年復兼英宗二十七年罷三十四年復兼 判官 觀察使兼牧使則置○兼公州 鎭兵馬節制都尉各一員

古邑 儒城 東五十四里本百濟奴斯只奴一依內新羅景德王十六年改儒城爲比豐郡領縣○本縣古址在廢縣東四里廣道院傍 德津 東五十里本百濟所比浦縣景德王改赤烏爲比豐郡領縣高麗太祖二十三年改德津○勝覽云古會山在州東五十里世傳古縣基疑是 新豐 西北五十里本百濟伐音支一云武夫唐改富林爲東明州領縣景德王改清音爲熊州領縣高麗太祖改新豐○右三縣高麗顯宗九年來屬 忠順 在儒城東十里本州之鳴鶴所高麗明宗六年所人亡伊嘯聚黨與攻陷本州朝廷陞其所爲忠順縣置令尉以撫之亡伊降而復叛七年削縣號 廣程 本百濟時置縣而今不可考

坊面 山內 東南初八十終一百二十 柳等浦 東南初七十終八十 川內 東南初六十終七十 炭洞 東初五十終七十 辰頭 南初三十終四十 半灘 西南初三十終五十 木洞 南初十終三十 南部 南終十 東部 東終二十 寺谷 西北初二十終六十 新上 西北初五十終八十 新下 西北初四十終七十 九則 東初五十終六十 鳴灘 東初四十終六十 陽

清流東四十 乾蓋西四十 美化東南三十八 貴智南二十九 右部曲 今册南二十 甲村伐城北十 村介 彌水俱伐城東二十三 橫山德津東五 金生德津東七 右所

也里 古良化部曲東初四十終五十 益貴谷 東初三十終五十 三岐 東初三十終四十 長尺洞 北初二十終四十 正安 北初二十終六十 栗堂 北初十五終三十 城北 西初二十終四十 反浦 初二十終五十 曲火川 初二十終五十 縣內 東初終六十 牛井 西北初十五終三十

山水 月城山 東五里 舟尾山 南五里 艇止山 西北五里 鳳凰山 西三里 金美山 西七里 鷄龍山 東南四十里盤據本州連山鎭岑三邑之界東西兩山自南抱野至北而合四山高嶂環圍野中平闊邊迤撤麓秀拔頸岑之九峯山又宝文山掌峙技南氣像清明田地肥沃局內大平地東南又不啟豁然閒府深舊西北有龍淵極深且大溢爲大溪山之南北多泉石○岬寺東學寺上元寺迦葉庵 武城山 西北四十里與天安廣德山連紆支麓盤回洞空重疊土季水深且宜黍栗木綿烟草麦燒倉耕作○麻谷寺 母岳山 北十里 油站山 西三十里 東穴山 北二

東月明峙西一里 西月明峙西二里

秋餘峴

十里山上有岩岩有小峯 宝文山 東南八十里 馬山 東四十里 鷲山 一云車山東四十里 [illegible]無山 西二十里 就利山 北六里新羅文武王與勅使劉仁願熊津都督扶餘隆同盟于熊津之就利山其詞載三國史 誓決工岩 南三里 元師臺 西七里 板積鄕 三國史云向德熊川州板積鄕人有至孝景德王賜租三百斛宅一區命有司立石紀事至今人號其地爲孝家里轉稱孝浦

嶺路 車嶺 北五十里通京大路 車踰嶺 西四十五里大興界通內浦十邑 板峙 南三十里通全羅道 笠温峴 西三十五里 狄踰峴 東二十五里 角屹峙 西北七十里通温陽 儀郎峙 東北四十里通燕岐 陵峴 東五里有百濟王陵古址 甥峴 西南四十里通扶餘 火峴 馬峴 俱東二十五里 介峙 北路 ○ 錦江 本熊川河東北五里源出長水水分峙北流經鎭安龍潭茂朱錦山永同沃川懷德環州之北經定山扶餘爲白馬江經石城恩津林川韓山舒川爲鎭浦入于海 甲川 儒城東二十里源出錦山松院峙北流爲蹬清淵至珍山東北爲柳浦川至龍頭村

利仁川

為省川過大田川為艾川至宝文山北為甲川五懷德西為舡岩川入于錦江之新灘為

者川 儒城東七里

大田川 一云官田川儒城東二十五里 柳浦川 儒城東二十里下為者川 銅川 西二十里武城山角屹峙及定山大朴山之水會而東南流經維鳩驛古新豊入于錦江

日新川 北十里車嶺雙嶺之水會而南流經廣程弓院日新入于錦江

豆磨川 東四十里出雞龍山南流經連山鎮岑北流入錦江氐灘

瓦灘 東四十里文義新灘下流 箭灘 雙樹山城之陰 加德灘 箭灘之下右三灘處罕則徙淺

丰灘 西南三十里下濟扶餘石灘 龍湫 雞龍山迦葉庵下黝碧可愕 逼泉 儒城東三里太祖相宅于鷄龍太宗講武于伦實時便幸浴于此

形勝 巨岳盤紆長江襟帶南控完城東連上黨表裡山

河天府用武之地境界甚廣土壤肥沃民物富繁

百濟威德王十八年築熊峴城 新羅文武王元年築熊峴城

城池 雙樹山城 北二里百濟聖王四年修熊津城者是勝覽云公山城石築有一井三池新羅

五

守城將判官兼僧摠攝一 倉二 行宮

中軍留鎭雙樹山城

金富昌叛據之地本朝宣祖癸卯修築仁祖二年李适之叛南幸駐驆于此名之以雙樹石築周二千四

百四十丈有南北二門東北水口門外有一池外城長三百五十丈左邊翼城門長二十五丈右邊翼城長與左邊

大周有暗門一城北有扶北樓櫓以絕壁西臨江水 儒城古城 在縣東五里周一百八十尺井一

德津古城 古縣南一里周一百六十七尺井一 新豊古城 古縣南一里周七百一尺 良

化古城 東南四十里周一千三百尺井一 仁古城 西南二十里周一千五百二十尺井一

尹峴古城 北二十大里周一千二百五尺 武城古城 古址在武城山上有月城山遺址

營衙 巡營 本朝太祖四年設忠州觀察使 宣祖三十五年移營于本州 **官員** 觀察

使 兼兵馬水軍節度使公州牧使 巡察使都事 舊兼都運判官領兵 納英宗

中軍 兼討捕使 審藥 檢律各一員○右營 右營將一員○仁祖朝置

午減 口扁邑公州沃川燕岐石城扶餘 恩津連山魯城鎮岑懷德全義

烽燧 月城山 見上 高登山 北三十里 雙嶺 北五十里

倉庫 倉五 三在州內二在山城 庫六 州內 南倉 南三十里 北倉 廣程 西倉 維鳩

東倉 東五十里

驛站 利仁道 西南二十五里古云仁部 曲○屬驛九○察訪一員 廣程驛 古云廣庭北四十五里

日新驛 北十里 丹平驛 古云丹坪西二十里 維鳩驛 西四十里 敬天

驛 南四十里 **廢驛** 得延驛

津渡 錦江津 東北五里 熊津 西七里 紙洞津 東三十里 今尚津 西十五里

土產 鐵 紙 墨 柿 棗 訥魚 錦鱗魚 葦魚 秀魚 蟹

壇壝 雞龍山壇 新羅以西岳載中祀高麗以南岳載中祀本朝以名山載小祀 熊津

壇 新羅以西瀆載中祀高麗及本朝俱以南瀆載中祀

卷五

六

祠院 忠賢書院 宣祖辛巳建 仁祖乙丑賜額 朱子 李存吾 見驪州 李

穆 字仲雍全州人燕山戊午被禍文科官永安道評事贈吏曹判書謚貞簡 成悌元 字子敬號東洲

昌寧人官報恩縣監 趙憲 見金浦 金長生 宋浚吉 宋時烈 俱見文廟

徐起 字大可號孤青利川人贈持平享別祠 ○滄江書院 仁祖己巳建 肅宗壬戌賜額

黃愼 字思叔號秋浦昌原人光海丁巳謫卒官行戶曹判書贈右議政謚文敏

典故 百濟溫祚王二十四年王作熊川柵馬韓遣使責

讓王遂壞其柵 文周王元年移都熊津 漢水南北盡入于高句麗

東城王五年獵於熊津北 十三年熊津水漲漂沒

王都二百餘家 二十年設熊津橋 二十三年獵於

熊津北原 威德王元年高句麗 陽原王十年 大學兵來攻

熊川城敗衄而歸　十四年新羅真平王四十九年王命將軍沙
乞侵新羅椵西郡二城虜男女三百餘口又大擧兵屯
熊津而止○新羅文武王元年前年百濟亡王會唐兵伐高
句麗寶藏王二十年次熊峴停攻百濟甕山城未詳拔之　二年
百濟殘賊屯聚內斯只城儒城作惡王遣金欽純等十九
將軍討破之　三年百濟故將高福信宗室及浮圖道琛
迎立故王子扶餘豐圍劉仁願於熊津城唐帝詔劉仁
軌檢校帶方州今羅州刺史與新羅兵向百濟營轉鬪陷
陣福信等解仁願圍退保任存城今大興兵勢甚張仁軌
仁願乃請益兵詔遣右威衛將軍孫仁師率兵四十萬

至德勿島今德積鎭就熊津府城王領金庾信等二十八將
軍與之合攻豆陵尹城今定山周留城今洪州等皆下之扶
餘豐脫身走王子忠勝忠志等率其衆降獨遲受信百濟
舊將據任存城不下旬日攻之不克遂班師至舌利停今舒
川論功行賞　十一年以中侍金禮元發兵侵百濟戰
於熊津南幢主官名夫果死之時百濟亡已十一年而餘衆往〻據郡邑以叛其
憲德王十四年熊川州都督金憲昌以其父周元不
得爲王擧兵叛國號長安建元慶元脅武州全州康州
中原西原金官諸州郡爲己屬康州都督向榮走密城
漢州朔州良州北原浿江等諸城以兵固守王遣伊飡

金均貞大阿飡祐徵均貞子是爲神武王等四人掌三軍分道擊
之張雄遇賊於道冬峴擊敗之衛恭悌隆是爲僖康王繼之
攻三年郡克之進兵俗離山均貞又遇賊於星山擊敗
之諸軍共到熊津與賊大戰斬獲不可勝計憲昌以身
免入城固守諸軍圍攻浹旬城將陷憲昌自殺及城陷
得其屍誅之戮宗黨凡二百餘人　孝恭王九年熊州
守將弘奇降於弓裔　景明王二年熊運等十餘州縣
叛附後百濟　景哀王三年甄萱進軍於熊津高麗王
太祖九年命諸城堅壁不出　四年高麗王親伐百濟熊州
降之○高麗顯宗元年王自全州次公州留六日顯宗避契

八

丹南奔本州節度使金殷傅等備禮迎于熊津獻衣帶土物王至巳山驛御廚闕膳殷傅又進膳羞分供朝夕
及丹兵退王還次公州殷傅納長女于王是爲元成王后　明宗六年鳴鶴所民亡
伊聚黨自稱山行兵馬使攻陷公州命大將軍丁黃載
等討之高宗二十三年夜別抄朴仁傑等遇蒙古兵於
公州孝家里與戰死者十六人　蒙古兵百餘人自溫
水郡南下趣車懸峴今車嶺四十二年公山城入保民飢
死者甚衆老弱塡壑　辛禑二年倭至公州牧使金斯革
戰于鼎峴敗績賊遂陷公州　四年六年倭寇公州
及新豐金斯革擊走之　倭又寇儒城遂入雞龍山殺
害民物楊廣道元帥金斯革擊走之　九年倭賊千餘

入開泰寺據雞龍山文達漢等進攻之賊棄馬登山公州牧使崔有慶判官宋子浩與戰于仇峙子浩敗死達漢等與戰于公州盤龍寺斬八級○本朝 仁祖二年正月李适叛兵犯京師 上奉大妃仁穆王后幸公州以兩湖兵分守山城及錦江 二十四年三月土賊柳濯等率兵於高山縣約以先破全州次攻公州因直犯京城約已成監司林墰撽召兵使李時亮領兵來會急發諸邑兵進薄賊所斬柳濯等數百人餘黨悉平

林川 林川

九

沿革 本百濟加林城新羅景德王十六年改嘉林郡領縣二馬山翰山隸熊州高麗成宗十四年陞林州刺史顯宗九年降嘉林縣令屬郡一西林屬縣四庇仁鴻山藍浦韓山忠肅王二年陞知林州事以元平章阿李海妻林氏之鄉本朝太祖三年陞為府以入明官者陳漢龍之請太宗元年復為知林州事三年陞為府以入明官者朱允端之請明年復為知州事十三年改林川郡

官員 郡守兼公州鎮管兵馬同僉節制使一員

安良部曲西六八 古多只所北三十五 召羅所南十五 今者所南二 今忽村處今豆毛谷

坊面 東邊初五終十 西邊初五終十 豆毛谷南初十終二十 草洞東初十終十五 南山東初十五終二十五 內洞東北初十終二十五 北調弓北初十終二十 朴谷北初十終二十 八忠西初十終二十 紙谷南初七終十三 世道東南初二十終三十 仁義東初二十終二十五 白岩東初二十終二十五 葛花西初二十終三十 紅花南初二十五終三十

上之浦西初二十五終三十 赤良土西南初十五終二十 大洞同上 城北北終十五

新里南初七終十五 郡內終五

聖林寺 宜松山四 嘉林藪東二 脇峯

山水 聖興山北二里 乾止山西二里 聖住山西十二里東支稱普光山有普光寺 周城山北十里古城址 有七星山南十里七峯斗廣野南環大江起鳳凰山南十里 九浪山東北二十里 花山南十里 老姑山西二十五里鴻山界山形曲如老人背 德林山西十五里 蓼山聖住南支 天燈山有五德寺香林寺右諸山皆平郊高閣間鍇

嶺路 升達嶺西十里 揄峴北十里 發峴西十里 ○場岩江東北十五里扶餘白馬江下流西岸有場岩斗入江中其上可坐百餘人 九浪浦北十五里出鴻山月明山東流為蒲造川過同縣陽陰山之金川至場岩入白馬江 南川出老姑山東流經乳止山之陽南流入于江 上之浦西南三十里韓山界出聖住山之北南流入南塘津之下

邑內四九 南塘六 海陸亭

城池 聖興山古城古加林城周二千七百五尺井三舊有倉

倉庫 邑倉 海倉南二十里江邊

驛站 靈楡驛北十五里

津渡 場岩津東北十六里通扶餘 古多津東二十九里潮勢迅駛西岸有鼓岩通石城 浪清津東南三十里恩津江景里通 菁浦津東南二十二里通龍安 南塘津南十五里北岸上有舍人岩閘寺潮勢凶湧通咸悅 龍上之浦津西南三十里通韓山

橋梁 大橋南七里南川 九浪浦橋北十五里石造

土産 白魚 葦魚 秀魚 鯽魚 蟹 鰕 柿 苧 布

祠院 七山書院肅宗丁卯建丁丑賜額 俞棨字武仲號市南杞溪人官吏曹參判贈左參贊諡文忠

典故 百濟東城王二十三年築城于加林即聖興山古城王田於泗沘西原阻大雪宿於馬浦村加林城守苩加使人刺王諭月甍 武寧王元年佐平苩加據加林城叛王帥兵馬至牛頭城韓山命扞率解明討之苩加出降王斬之投於白江○新羅武烈王三年唐劉仁願擊扶餘豐王子故百濟諸將曰加林城水陸之衝合先擊之劉仁軌曰加林險而固攻則傷士守則曠日遂趨周留城今洪州文武王十二年攻加林城不克○高麗辛禑二年倭賊二十餘艘寇林州全羅道兵馬使柳實與知益州事金密等力戰却之 四年倭再寇林州 六年元帥金斯革

十一

追捕餘倭于林州斬四十六級 八年倭再寇林州都巡問使吳彥擊之不克 十三年倭寇林韓西三州及鴻山縣都巡問使王承貴與戰敗績○本朝 宣祖二十九年鴻山土賊李夢鶴陷林川郡守朴振國被虜

韓山

沿革 本百濟牛頭城新羅神文王六年置馬山縣景德王十六年為嘉林郡領縣高麗太祖二十三年改韓山顯宗九年屬于嘉林縣明宗五年置監務兼任鴻山縣後陞知韓州事 本朝太宗十三年改韓山郡

邑號 馬邑 鵝州

官員 郡守兼公州鎮管兵馬同僉節制使一員

金保御南十五 鷄谷所北十三 宜松山五

坊面 東上初五終十五 東下同上 南下同上 南上初十終二十 西上同上 西下初五終二十 上北初二十終二十 下北初五終二十 北部終五

山水 乾止山西一里 鷲峯山南五里有日光寺石壘 麒麟山西五里南支曰崇井山 月明山北十里 圓山在瓦浦芽浦之間南臨鎮浦 雞岾南五里 馬山東北十里 於里山東十里右諸山皆野中高岡 鴨野郡西北野綿邂廣

嶺路 箕峴西五里 赤峴西六里 曲峴北二十五里鴻山界○鎮浦南十五里白馬江下流 上之浦東十八里見林川 朽浦東十一里出月明山南流入鎮浦 岐浦東十五里 尾浦南十四里出崇井山南入鎮浦 芽浦西南二十里界舒川郡

城池 邑城周四千七十尺曲城一瓮城五井四渠一 乾止山古城即牛頭城周三千大十一尺泉七池一古有倉○百濟武王二十三年改築馬山城義慈王韓山十五年修馬山城

十二

邑內一六 新場三八

倉庫 邑倉 海倉南十五里鎮浦邊

驛站 新谷驛西十一里

津渡 竹山津南十五里通臨坡 吉山浦小津西二十里舒川界石橋之下

土産 白魚 秀魚 鱸魚 葦魚 柿 竹 漆 苧布

祠院 文獻書院宣祖甲戌建光海主辛亥賜額 李穀字仲文初名芸伯號稼亭韓山人忠肅王癸酉入元制科官僉議贊成右文館大提學謚文孝本朝贈韓山君 李穡見長湍 李種學見開城 李塏見果川 李耔見忠州

典故 百濟東城王八年築牛頭城即乾止山古城 二十二年王田於牛頭城○高麗恭愍王七年倭寇韓州 辛禑二年倭寇韓州崔公哲擊之斬百餘級 三年倭又自鎮

浦寇韓州遣商山君金得齊等赴之 四年十三年倭寇韓州

扶餘

沿革 本百濟所夫里一云泗沘一云泗沘聖王十六年自熊津城移都于此改國號南扶餘義慈王二十年歷六主一百二十三年唐高宗遣蘇定方與新羅合攻滅之置東明州都督府領縣四熊津鹵辛久延富林新羅文武王十一年置所夫里州一云泗沘州以阿飡眞汪爲都督神文王六年改爲郡景德王十六年改扶餘郡領縣二石山悅城隸熊州高麗顯宗九年屬公州明宗二年置監務 本朝太宗十三年改縣監

邑號 餘州

官員 縣監

扶餘 十三

石省郡西面十里 今乃卜仍村 楓枝所南十

兼公州鎭管兵馬節制都尉一員

坊面 縣內終十五里 蒙道東初十終三十 草村東初十五終三十 大方南初五終十五 公洞西初十終十五 加佐洞西初十五終三十 方草西初十終三十 大道城西北初五終十五 淺乙西初十終十五 松元堂西南初十五終二十右六面俱在白馬江之西

山水 扶蘇山北三里東岑曰迎月臺西岑曰送月臺〇高蘭寺 浮山西六里即古省津北岸臨白馬江平地突起〇浮山寺 望月山東南十五里石城界 鷲靈山西二十里定山七甲山南支 烏山南七里 虎岩山北十里臨江石壁 蔚陜山西北十五里 天政臺崖岩山頂江北絶巖有岩下臨江水 釣龍臺扶蘇山之西一怪石跨于江渚 自溫臺西五里落花岩之西怪岩跨于江渚可坐十餘人 落花岩北一里釣龍臺之西有巨岩世傳唐兵薄城宮女奔登是岩墮于江故名

嶺路 炭峴一云沉峴東南二十四里石城界東城王二十三年設柵備新羅

烏峴東二十里公州界大路 松峴西十五里通鴻山 羅發峴西三十里青陽界〇

白馬江西五里公州錦江下流百濟稱使伐浦又云泗沘河臨江岩壁奇秀聯江左右七八邑多據水爲村野闊土沃有粳稻柿苧魚蟹之利南北轉輸之會 大王浦南七里出烏山西流入江奇岩怪石錯立百濟武王遊宴之地 良丹浦西七里出羅發峴東流爲恩山川爲北浦入江 九浪浦南二十里見林州 金剛川西二十里見青陽故乙項川 蒲造川西南十五里松元堂面見鴻山 石灘北十二里古省津上流

城池 百濟都城抱扶蘇西築兩頭抵白江形如半月故云半月城今有土築遺址周一萬三千六尺今邑治在其中西二里有蘇定方碑 青山城東一里周一千八百尺泉三 古省城西十四里今稱甑山城周一千二百六十九尺井一

倉庫 邑倉 江倉白江西岸 海倉松元堂面

十四

邑內三八 恩山一六

清風亭

驛站 恩山驛西十五里 龍田驛東八里

津渡 古省津西五里通西大面 王津北十五里通定山

土産 白魚 葦魚 秀魚 鯽魚 蟹 柿

祠院 浮山書院肅宗乙亥建同年賜額 金集見太廟 李敬輿字直夫號白江全州人官領議政謚文貞 〇義烈祠東十里宣祖丙子建戊寅賜額 成忠百濟官佐平義慈王十六年極諫下獄死 興首百濟官佐平義慈王二十年直諫 階伯名升百濟同姓官遷率義慈王二十年戰亡 李存吾見驪州 鄭澤雷字休吉號花岡何東人光海主五年上疏明大義竄南海十年卒贈持平 一 黃一皓見江華

典故 百濟東城王十二年王田於國西泗沘原 法王二年創王興寺武王三十五年王興寺成 義慈王二十年唐征百

今突城卽新昌

濟勅新羅爲聲援新羅王武烈王與金庾信眞珠天存等
領兵出京次南川停六月十八日唐將蘇定方等率水陸軍
十三萬發自萊州羅王遣太子法敏是文武王遣兵舡一百
艘卽二十一日迎定方於德物島羅王與諸將率精兵五萬
久今突城應之百濟將軍階伯帥死士五千出黃山先
據險設三營以待庾信分軍爲三道階伯凡四戰皆勝
之羅將金盤屈金官狀俱死之羅兵鼓譟進擊百濟軍
大敗階伯死之佐平忠常等二十餘人被執是日定方
與金仁問武烈王弟等到伎伐浦禦熊津口瀕江屯兵定方
出左厓乘山而陣與之戰濟軍大敗羅兵乘潮舳艫銜

十五

尾鼓譟而進定方將步騎直趨都城一舍止濟軍悉衆
拒之敗死者萬餘人唐兵乘勝薄城義慈率左右夜遁
走保熊津城義慈次子泰自立爲王率衆固守居數日
義慈率太子孝及諸將詣定方降定方以王及太子王
子大臣將士八十八人一云九十三人百姓一萬二千八百人
自泗沘乘舡回唐羅王自今突城至所夫里城置酒勞
將士定方以郎將劉仁願以兵一萬人留鎭泗沘城以
羅王子仁泰以兵七千副之百濟本有五部三十七郡
二百城七十六萬戶定方置五都督府各統州縣○新
羅武烈王七年百濟餘衆入泗沘謀掠留守劉仁願出

唐羅人擊走之賊退上泗沘南嶺竪四五柵屯聚伺隙
抄掠城邑百濟人叛之應者二十餘城王率太子及諸
軍攻尒禮城卽連山縣率山古城克取之百濟二十餘城震懼皆
降又攻泗沘南嶺軍柵斬一千五百人　文武王四年
百濟殘衆據泗沘山城叛熊津都督發兵攻破之　十
二年王遣將攻百濟古省城克之　十六年沙飡施得
領舡兵與薛仁貴戰於所夫里州伎伐浦敗績又進大
小二十二戰克之斬四千餘級○高麗辛禑二年三年六
年八年倭寇扶餘

石城

石城

十六

沿革 本百濟珍惡山新羅神文王六年置石山縣景德
王十六年爲扶餘郡領縣高麗太祖二十三年改石城
顯宗九年屬公州明宗二年置監務後罷之恭愍王二
十年以扶餘監務來兼恭讓王二年復置監務　本朝
太宗十三年改縣監十四年合于尼山爲尼城十五年
以古多津爲往來要衝復析之官員 縣監兼公州鎭管兵馬節制都尉
一員

坊面 縣內終五里 甑山北初四終七 院北東初五終十 定之東南終十三
山南初五終十 弁村同上 北面初五終十 碑堂東五終 牛昆南十終

山水 望月山北十三里扶餘界 波鎭山西四里斉岩逶迤入江石壁如削舡泊處名曰

凰亭頭 佛岩山南八里 太祖峯北九里 鳳凰岩東五里 藏軍洞北九里與太祖峯相對中有大路洞門曲狹疑若無洞罘入其內極廣闊可藏萬兵

嶺路 白也峙西北六里扶餘路 梨峴東十五里魯城界 三峙南里息津路 ○觀音浦縣南出縣北正覺洞南流入猪浦 水湯川東七里魯城石橋川水共甑山川水合西南流為此浦 猪浦南二里觀音浦水湯川合為此浦經縣南入古多津 甑山川東六里一出扶餘元息洞一出縣北禾洞合入水湯川 倉浦西十里白馬江下流

城池 古城縣北五里山上有遺址

倉庫 邑倉 江倉在猪浦

津渡 古多津西十里通林川

橋梁 觀音浦橋 水湯川橋東十三里 猪浦橋南五里右三處石造

十七

邑內場二七五十 甬十二市

土產 白魚 葦魚 秀魚 鯽魚 蟹 鐵 苧布

典故 新羅文武王十一年遣將軍竹旨等領兵踐百濟加林城禾遂與唐兵戰於石城斬五千三百級獲百濟將軍二人唐果毅六人 ○高麗辛禑二年八年倭寇石城 ○本朝 宣祖二十九年土賊李夢鶴作亂勢甚盛都元帥權慄領全羅監司以下諸將由礪山向尼山又傳令嶺南收寧倭以來湖南兵進屯石城賊徒驚駭斬夢鶴於臥席徒潰散

恩津

沿革 本百濟德近支後改得安唐滅百濟置德安都督

府新羅景德王十六年改德殷郡領縣三礪良雲梯市津隸全州

高麗太祖二十三年改德恩顯宗九年屬公州 本朝

太祖六年以市津來合為德恩監務 太宗十三年改

縣監 世宗元年改恩津 仁祖二十四年合恩津尼

山連山為一縣號恩山詳連山 孝宗七年各復舊 古治在東

南十二里

官員 縣監兼公州鎮管兵馬節制都尉一員

古邑 市津西北十里皇華山西南本百濟加知乃一云乞乃一云薪浦景德王十六年改市津為德殷郡領縣高麗顯宗九年屬公州 本朝太祖六年來併

坊面 豆上東南初二十終三十 豆下初十終二十 竹本東初五終十 大鳥谷東初三終七 道谷 花山俱南初五終十 九子谷南初十終二十 城本西初五終十

恩津

十六

九老峴東南 甑山浦下有羅岩橋 南川出香嶺西北流經縣南入市津浦有孫羅橋

金浦西初十終二十 渴馬洞東初二十終三十 可也谷東初十五終二十 花之山北初五終十五 松山東五終 彩雲西南初二十終三十本彩雲卿

山水 乾止山北二里 摩耶山東南二十四里 佛明山東南三十三里高山界○雙溪寺 般若山北七里○灌燭寺寺前有石像蒲勒高五十四尺高麗光宗時僧慧明所造巍然臨于大野 蘇湖山一云馬山南十里東有龔泉 御床山西北十里 皇華臺西北十里有大石平廣俯瞰津水百濟義慈王遊宴其上 江景臺西二十里一小山在廣野中臨江斗起前有大川右扶大江居忠全二道海陸之要海夫峽户出沒支易舟舡凌集貨物委輸錦南之大都會

嶺路 香嶺東南三十里通高山 ○白馬江西二十五里扶餘白江下流 甑山浦西南二十里出礪山地為篤子川西流經江景臺下入白江 市津浦一云論山浦北十二里出鎮安珠岸山之陰西流為高山龍溪過陽良所川經佛明山由渴馬洞為連山居斯里同市川北流為私津右會草浦西南流徑黃山橋

東寒亭江景 引風亭邑內

邑內一六 路揭二七 論山三八 江景九

環江景臺之私津（北十二里連山布川及草浦合流處）栗嶺川（東十里出豆下面北）

北入于白江 流入于私津

○風溪村（南十二里有後百濟王甄萱墓）

城池 市津古城（在皇華山周一千大百五十尺井二舊有倉）摩耶山古城（東南二十里周五千七百十尺井二城下二里有大井俗云古國御井西有裏虎山東有裏龍串○按此是百濟時邑城而古號未傳）

烽燧 皇華臺 江景臺

倉庫 邑倉 江倉（在江景浦）○魯城連山兩邑江倉（在市津浦北岸）

橋梁 潮岩橋（在甑山浦橋下有岩潮退則見名曰潮岩）論山浦橋（即市津浦）

土產 鐵 箭竹 白魚 秀魚 葦魚 鯽魚 蟹 柿

典故 新羅文武三年金欽純等攻德安城斬一千七十

十九

級○高麗辛禑八年倭寇德恩市津

魯城

沿革 本百濟熱也山（唐改魯山州領大縣魯山唐山淳遲支年烏鷺阿錯）新羅景德王十六年改尼山為熊州領縣高麗顯宗九年仍屬公州　本朝太宗十三年改縣監十四年以石城來合號尼城十六年復析為尼山　仁祖二十四年合恩津連山尼山為一縣號恩山　孝宗七年各復舊正宗丙申改尼城後改魯城

陞邑 魯山

官員 縣監（兼公州鎮管兵馬節制都尉一員）

坊面 縣內（終五里）上道 下道（俱東初五終十）月午洞 至寺

泉洞（俱南初五終十）素次 得尹（俱西初十終二十）禾谷（西初五終十）廣石（西南初十終二十）長久洞（北初五終十）

山水 魯山（北五里一云城山又塔山）接枝山（北三里）○國士峯（東十里離龍山南支）高浪原（南三里大阜起路出其上）斗竹山（西南十五里）○大川（東五里出公州板峙南流為葦浦會于市津浦）石橋川（北大里出木谷西入石城水湯川）長者池（西南十五里長七百六十尺灌溉甚廣）鹽井（南八里兩井夾出）葦浦（南十里有石橋通南大路）

城池 魯山古城（周一千九百五十一尺井四）

烽燧 城山

倉庫 邑倉 江倉（西南三十里恩津市津浦北岸）

土產 鐵 鯽魚 蟹

魯城

二十

祠院 魯岡書院（肅宗乙卯建壬戌賜額）尹煌（字德耀號八松坡平人官吏曹參議贈領議政諡文正）尹文舉（字汝望號石湖煌子官吏曹參判贈左贊成諡忠敬）尹宣舉（見交河）尹拯（字子仁號明齋宣舉子官右議政諡文成）

典故 高麗辛禑四年倭寇尼山

連山

沿革 本百濟黃等也山 新羅景德王十六年改黃山郡（領縣二鎮嶺珍同）高麗太祖二十三年改連山顯宗九年屬公州後置監務　本朝太宗十三年改縣監　仁祖二十四年合恩津尼山連山為一縣號恩山（以土賊柳濯等謀叛○設治平川驛之西）孝宗七年復舊

官員 縣監（兼公州鎮管兵馬節制都尉一員）

廣坪部曲今屬東村

古邑 居斯勿 本百濟居斯勿唐改隆化爲支潯州領縣新羅置居斯勿停後來併○今外城面

坊面 縣內 終十里 代谷 東初十終四十 豆磨 北初十五終二十 外城 西初十終十五

大人處 西初十五終三十 食漢 北初五終三十 白石 西北初五終二十 赤寺

谷 南初五終二十 茅村 東南初五終二十

山水 鷄龍山 北三十里詳公州本朝太祖二年欲移都于山之南車駕親巡卜吉路定基址肇興工役乃以漕運路遠而罷至今鉀爲新都遺墟礎砌猶在 定宗元年九月 上王幸親都○鳳林洞有大石成臼水注其中遂而成瀑○龍泉洞一云僧淵兩峯間呀中有大石如龜形成穴如臼其廣可三十餘尺山水注道其深無底

天護山 一云黃山高麗命名天護在東五里百濟將軍階伯與新羅鏖戰于黃山之野死之即此處○開泰寺高麗太祖十九年剏凡五年而成寺有大鑊今猶在新都後百濟王甄萱死于此○孤雲寺

兜率山 東十五里 大芚山 東三十里珍山界

馬皐坪 西二十里北距魯城

連山

二十一

南距恩津土地肥沃

嶺路 開泰峙 鎭岑路 黃山嶺 珍山路 羅務峙 南路 汔浦峙 魯城路 沈峴 公州敬天驛路 長古峙 一云代谷峴一云方峴珍山界 芋丁峙 北路

梨峙 珍山界東路 唐突峙 南路全州陽良所界 乃布川 一云沈橋川西二十五里 居斯里川 西十里右二川詳恩津市津浦 豆磨川 北二十里出雞龍山之南東南流入鎭岑地

漢二川 東十三里出大芚山北流入豆磨川 沈溪 西二里出雞龍山之南南流復折而西入于草浦

草浦 西二十里詳恩津魯城

城池 北山古城 北三里周一千七百四十三尺井一甚險阻 介禮城 在兜率山有遺址俗稱所伊里城○新羅武烈王七年王滅百濟班師率太子及諸軍攻介禮城取之百濟二十餘城震懼皆降

大芚山古城 四面絶壁削立環擁依城可謂天設其中可容數萬兵而但井泉不多俗稱達伊城

倉庫 邑倉 江倉 在恩津市津浦北岸

邑內三八 豆磨一六 沈橋五十

按麗史以兩往郡護作一善郡一善今善山利川郡至磨川

驛站 平川驛 西十里 沈橋 居斯里川下流南北大路

土産 鐵 苧 楮 漆 柹 栗 蜂蜜 錦鱗魚 鯽魚 蟹 銀口魚

祠院 遯岩書院 仁祖甲戌建顯宗庚子賜額 金長生 見文廟 金集 見太廟

宋浚吉 宋時烈 俱見文廟

典故 高麗太祖十九年王將征神劍 後百濟王甄萱子逐父篡立 先遣長子武 即惠宗 領步騎一萬趣天安府王率三軍至天安合兵進次雨述郡 今懷德 神劍以兵逆之隔一利川而陣王與甄萱觀兵騎步並七萬七千五百分爲十一隊援兵鼓行而前敵兵大潰虜將佐三千二百人斬五千七百餘級敵倒戈相攻麗兵追至黃山郡踰炭嶺 在高山

二十二

駐營馬城 高山縣龍溪古城 神劍與其弟良劍龍劍及文武官僚來降王免神劍死賜官甄萱憂懣發疽數日卒于黃山佛舍王入百濟都城 全州 秋毫不犯州縣安堵 辛禑二年倭賊自石城趣連山縣屠開泰寺揚廣道元帥朴仁桂迎戰墮馬被殺 四年倭寇連山 辛昌時倭寇連山縣開泰寺

鎭岑

沿革 本百濟眞峴新羅景德王十六年改鎭嶺爲黃山郡領縣高麗太祖二十三年改鎭岑顯宗九年屬公州後置監務 本朝太宗十三年改縣監

邑號 杞城

官員 縣監

兼公州鎭管兵馬節制都尉一員

坊面 東面(初五終十) 西面(終二十) 上南(終三十里) 下南(初五終二十五) 北面(初五終十)

山水 雞龍山(西十五里詳公州) 産長山(西五里峯腰有岩謂之雞龍岩) 所足山(南五里) 安平山(一云押岾南二十里珍山界) 三岐山(南二里) 九峯山(南五里) 玉山(東南三里) 錦繡山(西北七里雞龍東支) 分界山(西北五里) 窯岩山(南十五里石峯臨水壁立) 藥師峯(西七里龍東支) 雞龍胎洞南

路嶺 插峙(北十里公州界通儒城) 新峙(東二十里珍山界) ○豆磨川(出雞龍山之陽間東南流經連山地過漢三川經縣南五里過介水院東北流為車灘入錦江之羅里津) 龍頭川(北七里) 甑山川(南十五里出珍山大芚山北流入于車灘) 車灘(南九里) 雞龍泉(出雞龍山東流入于雞灘)

鎭岑

二十三

邑內場三八 道逸亭

城池 窯岩山古城(有遺址俗稱美林古城)

土産 楮漆蜂蜜柿

典故 新羅文武王二年唐熊津都督劉仁願大破百濟餘衆於熊津東拔支羅城(未詳)及尹城(定山)大山(鴻山)沙井(未詳)等柵百濟故將高福信以真峴城(密岩古城)臨江高險加兵守之劉仁軌與羅兵夜薄真峴擊破之○高麗(辛禑)時倭寇鎭岑

懷德

沿革 本百濟兩述(一云朽淺)新羅景德王十六年改比豊郡(領縣二儒城赤烏)隷熊州高麗太祖二十三年改懷德顯宗九年屬公州明宗二年置監務兼任懷仁禑九年析之

本朝太宗十三年改縣監

官員 縣監(兼公州鎭管兵馬節制都尉)一員

坊面 縣內(終十里) 東面(初十終二十) 西面(初五終十) 北面(初十終十五) 內南(終十) 外南(初十五終三十) 一道(初十終三十)

山水 雞足山(東三里法泉寺) 食藏山(南二十三里沃川界)

路嶺 質峴(東十二里) 雞峴(南二十五里珍山界) 東峙(東五里) 遠峙(東十五里沃川界) ○甲川(西五里下為舡岩川經儒城入于錦江之新灘詳公州) 舡岩川(西三里) 錦江(自東環而北為一邑襟帶)

城池 雞足山古城(周一千九百六十九尺井一)

烽燧 雞足山(古城內)

驛站 貞民驛(西十里)

西峯部曲東三十 與仁部曲東十八 針伊所北十八

懷德

二十四

新灘三八

津渡 荊角津(一云利遠津北二十五里)

土産 鐵紫草訥魚錦鱗魚柿

祠院 崇賢書院(光海主己酉建同年賜額) 重 鄭光弼(見太廟) 金淨 宋麟壽(俱見清州) 金長生 宋浚吉 宋時烈(俱見文廟) (別祠顯宗丁未建) 李時稷 宋時榮(俱見江華)

典故 新羅文武王元年百濟殘賊據瓮山城(未詳)王率大將軍及諸州摠管會唐兵伐高句麗進次熊峴停追軍圍瓮山城先燒大柵斬殺數千人遂降之築熊峴城上州將軍品日等率兵攻雨述城斬一千級其將助服等降○高麗(辛禑)四年倭寇懷德

燕岐

大興部曲北十三 鶯川所南十

沿革 本百濟豆仍只 新羅景德王十六年改燕岐爲燕山郡領縣 高麗顯宗九年屬淸州 明宗二年置監務 後以木州監務來兼 本朝太宗六年析置監務 十三年改縣監 十四年併于全義 稱全岐 十六年析之 肅宗六年併于文義 以邑人晩說講逆伏誅 十一年復置

官員 縣監 兼公州鎭管兵馬節制都尉 一員

坊面 縣內 終五里 東一 初五終十 東二 初十終二十 南面 初十終二十 北一 初十五終二十 北二 初二十終三十 北三 初二十終二十五

山水 元帥山 南五里 高麗韓希愈金忻等偕元兵與哈丹戰于正左山下大破之駐軍于此山因名焉 龍水山 南三里 正左山 北十五里 五峯山 北十三里淸州界 屯之山 西南五里 轉月山 南十里元帥山之南上有靈泉 八峯山 東十五里淸州界 大朴山 北五里 雲住山 西十五里公州界 葉鶴洞 元帥山南 養仁洞 八峯山西

嶺路 儀郎峙 西南五里公州路 大峙 北二十里全義路 ○東津江 東五里 淸州浮灘下流 至龍塘之西入于錦江羅里津 南川 出全義碑岩峙之南南流經縣南一里東流入于東津 龍塘 八峯山西支盡處江邊

城池 古城 東一里 權城山 周二千六百七十一尺

驛站 金沙驛 南五里

津渡 東津 東五里 通文義懷仁 羅里津 南二十里 通儒城鎭岑

土産 訥魚 錦鱗魚 蟹

邑內二七

燕岐 二十五

祠院 鳳岩書院 孝宗辛卯建 顯宗乙巳賜額 韓忠 見淸州 金長生 宋浚吉 宋時烈 俱見文廟

典故 高麗忠烈王十七年 元將薛闍干率大軍來救 與我軍合擊哈丹于燕岐正左山下大敗之 追至公州河 卽羅里津 伏屍三十餘里 溺死甚多

全義

沿革 本百濟仇知 唐改久遲 爲東明州領縣 新羅景德王十六年改金池 爲大麓郡領縣 高麗太祖二十三年改全義 顯宗九年屬淸州 本朝太祖四年置監務 太宗十三年改縣監 十四年以燕岐來併 號全岐 十六年復析之

全義 二十六

官員 縣監 兼公州鎭管兵馬節制都尉 一員

大部鄕北六 加乙井處北五

坊面 東面 終二十 南面 終十五 大西 終十 小西 終二十 北面 終三十

山水 龍子山 東十五里淸州界 雲住山 東十里與甑山高山界峙 月照山 北十里 高麗山 西十里 沙器山 西十五里

嶺路 栗峙 東十四里淸州路 松峴 南十五里燕岐路 大峙 西淸州邑路 燕岐 碑岩峙 西南公州路 ○高羅院川 東十三里 出栗峙西流合于生拱川 生拱川 西南五里出公州芝峴至縣南 與古城小溪合而南流經孤岩在二水之間 又與大部川合 大部川 北五里出木川居雲峙與高山小溪合經孤岩入生拱川 右三川合而南流至燕岐入東津江

城池 甑山古城 西北五里 周九百三十二尺 井一 高山古城 東八里 周五千一百三十二尺 井三 雲住山北城 在山之北峯 周一千一百八十四尺 井一 其中寬敞 ○高麗太師李

柳藪岐一大

棹所居故稱李城 雲住山南城東南八里周一千五百二十八尺井一○俗稱金城山城

驛站 廢革 蒲谷驛東十八里

定山

沿革 本百濟豆良尹城一作豆陵尹城一作豆城一作尹城一作悅己 率新羅景德王十六年改悅城爲扶餘郡領縣高麗太祖二十三年改定山顯宗九年屬公州後置監務 本朝太宗十三年改縣監 顯宗五年以青陽來倂十五年析之尹城時古址在雞鳳山下白谷里

官員 縣監兼公州鎭管兵馬節制都尉一員

坊面 木洞東初五終二十 青所東南初十終二十 赤谷西初十終二十 皮峴北初十五終三十 白谷南十終 大朴谷北十終 揚村後初十二十五 仍火達初五終二十

定山 二十七

山水 大朴山北七里含人峯 有雞鳳山一云白谷山東南九里 七甲山西十大里青陽界○定慧寺 先生山南三里 梧桐山西十里 聖住山東北十五里 蒲勒堂坪西南十二里野廣土沃

嶺路 松峙北十五里公州界鳩路 狐峙東三里 獐項峙西五里青陽路 直峴西南二十里扶餘界思山驛路 大峴西十五里青陽界○ 錦江南二十五里公州熊津下流下爲白馬江 金剛川西三十里見青陽項川見扶餘青陽芑 南川出獐項峙東流經縣南入錦江

城池 鷄鳳山古城卽古邑城周一千二百尺井一 古城在七甲山本豆率城或慈悲城

倉庫 邑倉 江倉錦江北岸

驛站 榆楊驛東五里

邑內二七五山五十 達海亭南二十

津渡 王之津南二十六里通扶餘

土産 苧楮漆鐵蜂蜜訥魚錦鱗魚蟹

典故 新羅文武王三年遣將攻豆陵尹城下之詳公州 百濟諸城潛圖興復據豆率城乞師於倭爲援王率庾信等諸將次熊津州與劉仁願合兵至豆率城百濟人與倭人出陣羅兵力戰大破之百濟人與倭人皆降 八年百濟殘賊來攻泗沘城王命諸將往救之伊湌品日先至豆良尹城南相地百濟人急擊不意羅軍驚駭潰北已而大軍來屯古泗沘城外進攻豆良尹城三十六日不克因班師至賓骨壤未詳遇百濟軍相鬪敗退又遇於角山而進擊克之遂入百濟屯堡斬二千級○高麗禑三年六年倭寇定山○本朝 宣祖二十九年土賊李夢鶴陷定山

二十八

周留城一作支羅城

洪州

沿革 本百濟周留城唐改支潯州領縣九支潯己汶馬津于來解禮古魯平 表珊瑚潼化 新羅合于任城郡高麗太祖折置運州成宗十四年置都團練使隸河南道顯宗三年改知州事九年改洪州領郡三大興禮城結城領縣十一高邱興陽驪陽新平保寧青陽德豐伊山唐津貞海餘美 恭愍王五年陞爲牧以王師僧普愚之鄕 十七年降知州事二十年復爲牧 本朝因之 世祖朝置鎭管十九邑 顯宗朝

降洪陽縣尋復陞 純祖朝降縣後復陞 【邑號】海豐 高麗成宗所定 安平 海興 【官員】牧使 兼洪州鎭兵馬僉節制使一員

【古邑】驪陽 南三十七里本百濟沙尸良新羅置沙羅停景德王十六年改新良爲潔城郡領縣高麗太祖二十三年改驪陽縣 新平 東北九十里沔川郡東界本百濟地新羅神文王六年置沙平縣景德王十六年改新平爲潔城郡領縣 高丘 西二十里本百濟牛見新羅景德王十六年改今牛爲伊山郡領縣高麗太祖二十三年改高丘 興陽 西南五十里本百濟仇尸波知唐改安遠爲熊津都督府領縣一云遠郡新羅改興陽爲潔城郡領縣 右四邑顯宗九年來屬 合德 東北五十里本德豐縣之合德部曲高麗忠烈王二十四年以部曲人宦者黃石良入元有寵陞爲縣後來屬

【坊面】州南 終十 州北 終十 城技 南初二十終三十 島史 本島史所西南初二十終三十 蕎川 南初十終二十 湯川 本龍泉部曲西南初三十終五十 高南 西初十終三十 高

洪州 二十九

蘇豆鄕南五十二 用和鄕南三十五 馬餘所北十五 明海所新平北 陽金所南四十七 高伊山所西五十 上田所

北 西北初三十終五十右二面高邱古縣 雲川 本雲川鄕北初五十終六十越在瑞山東海美北 合南 東北初四十終五十 合北 東北初五十終六十右二面合德古縣 縣內 東北初八十終一百 新南 東北初六十終七十 新北 東北初一百終一百十右三面新平古縣 松枝谷 東初五終十五 洪安松 南初十終二十 西谷 南初二十終三十五 躬耕 本躬耕部曲南初二十終三十 芝方 南初四十終五十 金洞 東南初十終二十五 弘天 東初五終十 雉寺 東初十終二十 大甘介 同上 坪里 東初十終二十五 牛坡 南初五十終六十五 化城 本化城部曲南初五十終六十 興口香 本興古鄕初終同上 上田 南初六十終七十

【山水】月山 古云五山西二里 乙城山 東四里 三尊山 西十五里 八峯山 北十里德山界石峯列立如戟有靈鳳寺 鳳首山 東三十里大興界 白月山 一云飛鳳山東南四十里大興界 烏棲山 本島史山南四十里山勢穹窿其上高平如屛西鎭結城南壓保寧

宜松山二處 青光山

三峯山 東二十里中峯有崔瑩祠 元堂山 東北四十里 【嶺路】鴈峙 在化城面南爲保寧界通藍浦 狐洞峙 東路通大興 吾里峙 南四十五里青陽界 大峙 北三十里德山海美交界通海美及雲川面 〇海 新平之北高邱興陽之西 金馬川 源出烏棲山北流爲善川右會驪陽川至州東五里左過月山川東北流爲金馬川經八峯之東北至德山揷橋左過狐川爲宣化川左過大川爲九灣浦東流至天安新宗面界與禮山狐頭浦合 驪陽川 南四十五里出烏棲山之東藍浦聖住山之北北流入金馬川 月山川 出月山東流入金馬川 合德堤 在合德古縣東堤長五百餘支周二十里水滿則爲巨湖南有廣野土甚肥沃灌溉甚廣 【島嶼】內島 在新北面之北界大津之下 行擔島 新北之東小島也下有大洋通水程捷路中有今翁岩許水程 元山島 在保寧水營西南南北舟船經由處水軍虞候自三月至九月入防于此有濟民倉水營軍餉倉舊有牧場當宁癸丑置別將於青島 一云薪盆島周三十里地肥沃出猪箭竹有宮室遺址古使行發船於此 外安島

三十

箭竹島一

黃島在橫看西 波羅島在鹿島西

古揷島安周三十里有箭竹 揷時島 在安眠之西周二十里養鹿子 流島 一云與兒音島周二十里 古道島 又云古台周二十里 長鼓島 與古道島相對 人島 於草代島 出箭竹 橫看島 西南對於青島 烏島 楮島 青島 內所島 外所島 右二所安眠西 孝子味島 元山東 佛母島 狐島 外所西 鹿島 龍島 吉山南 吉山島 狐島南 訥島 麻次島 揷時南 穀竹島 安眠南 末應島 元山南 女邑島 訥島西島殺竹 南訥呂煸島 長鼓西 栗島 女邑西 居兒島 鞍島 達月島 蔬島 木島 大也島 興陽串西 看月島 高邱之西瑞山禾邊之南邊戶多居有白蓮庵月景最勝 竹島 安眠島 瑞山泰安洪州三邑分界本州封山二所隸瑞山

【形勝】西環大海沿海凡十邑而本州處其樞轄原陸廣

廢牧場元山島興陽串

衍岡麓相繆木椽魚塩為一道之最 十邑大同

[城池] 邑城 古之周留城周五千八百五十尺泉三門四曲城八 月山古城 高麗太祖十一年城運州玉山置戌卒周九千七百尺井一 驪陽古城 周六千四十尺井二 高卯古城 今猶城山有遺址 興陽古城 有遺址 合德古城 有遺址

[營衙] 前營 仁祖朝置○前營將一員○屬邑洪州舒川林川保寧韓山青陽定山鴻山庇仁藍浦

[烽燧] 興陽串 古縣西 高卯城 古城山內 元山島 外烟島 卯外 每島於青島 右二處構設

[倉庫] 邑倉 新平倉 北倉 雲川倉 元山倉 湧川倉 西倉

濟民倉 元山 金井倉

[驛站] 龍谷驛 南四十五里金井察訪發在于此 世川驛 南十五里

恩卧樓 四達亭

邑內一六 野山二七 驛場三八 廿峙一六 大橋三八 葛田四九 巨山五十

[土産] 魚物二十餘種緞蛤蟹鉄竹柿莞草

[祠院] 魯恩書院 肅宗丙辰建壬申賜額 朴彭年 成三問 李塏

柳誠源 河緯地 俞應孚 俱見果川 成勝 三問之父世祖丙子與大臣同殉官都摠管贈左贊成謚忠肅享別祠

[典故] 新羅武烈王七年太子法敏 文武王 見蘇定方來告

于王率將士行至沙羅之停 驪陽 文武王二年百濟宗

室福信與僧道琛據周留城迎立故王子扶餘豊為主

百濟餘衆皆應之後豊殺福信乞師倭國以拒唐羅兵

三年唐孫仁師與新羅兵攻拔周留城扶餘豊脫身奔

高句麗 詳公州定山 ○高麗太祖十年三月王入運州敗其

恭愍九年倭寇新平

城主兢俊於城下 十七年王自將征運州甄萱簡甲

士五千至康黔弼以勁騎五千突擊之斬獲三千餘級

熊津以北三十餘郡縣聞風自降 元宗十三年三別

抄 見江華 寇孤瀾島 今高巒島 焚戰舡六艘執洪州副使李行

儉及結城藍浦監務 忠烈王十八年元流哈丹阿里

秃大王于茄盆島 恭愍王十三年全羅道都巡察使

金鋐領漕舡至內浦 大津以南通稱內浦 與倭戰敗績死者太半

十九年倭寇內浦破兵舡三十餘艘掠諸州租粟

二十一年倭寇洪州 辛禑 三年倭寇新平縣楊廣道都

巡問使洪仁桂擊之 倭屠燒洪州殺牧使妻虜判官

妻子元帥王安德等與戰于蘆峴敗績 四年倭寇合

德 六年倭賊百餘艘寇洪州○本朝 宣祖二十九

年七月土賊李夢鶴等起兵數萬陷林川鴻山青陽定

山大興等邑兵使李時彥討之官軍再潰夢鶴後被斬

於石城其黨韓玄領數千兵屯於洪州聲言上京都中

洶懼兵使李時彥洪州牧使洪可臣等討平之 純祖

三十二年七月西洋商舡胡夏米等到古代島獻土物

其國合曼蘭國斯吉蘭國英吉利國稱大英國舡中人凡六十七人又有大刀三十銃三十鎗二十四火砲八門其京城則地名蘭墩周七十五里王姓威氏云其土物曰大呢緞紅色青黑色葡色各一疋羽毛緞紅色青黑色葡色棕色各一疋洋布四疋千里鏡二箇玻瓈器六件花金鈕扣六排本國道理書四十六種并留本州

沔川

上奎見忠州 與故

加里諸郡 南東二十 合加羅安 堰月部曲 東十五 猫村所 北二十

沿革 本百濟槥山 新羅景德王十六年改槥城郡 領縣三 唐津 餘邑 新平 隸熊州 高麗顯宗九年屬洪州 後置監務 忠烈王十九年陞知沔州事 以縣人卜奎禦哈丹兵 本朝太宗十三年改沔川郡 邑號 馬山 海宗 官員 郡守 兼洪州鎮管兵馬同僉節制使一員

坊面 邑內 終七 馬山 南初十終五 竹林 東初十終十三 大德頭 北初二終十 嘉火 東初十終二十五 沔川 東初十終南三十二 孫洞 東初十終北三十二 淨界 北初十終十五 葛川 北初四終十三十 中興 北初五終十三十 甘泉 北初五終十三五十 松山 北初四終十三十 昇仙 北初三終十十五 松岩 西北初二終十五

山水 中岩山 北二十里 蒙山 北四里 馬山 南八里 鳳棲山 東二 多

沔川

南山 宜松山 十一

邑內 二七 一朔 十二市 鳴 五里 二七 化乃 一六 鵝池 一六 三八 一朔 十二市

倉宅 牧場 廢

伴月樓 達寄樓

佛山 西北五里 十嵐眉山 北八里

嶺路 老隱峙 西十五里 唐津界 通唐津 ○海 北十里 郡前川 出馬山 經郡南 北流入昇仙川 昇仙川 東北三十里 出高山 東南流會郡前川 東流入大江門浦 在沔川面頓串浦下流 居民築泥生處 為堤堰

城池 邑城 周二千二百尺 井二 蒙山古城 周一千三百四十尺 井二

烽燧 倉宅山 一云高山 北五十里 海東 對陽城槐台串

倉庫 邑倉 北倉 西海邊 倉宅山 海倉 東南二十里 沔川面 七 ○ 漕倉 今海倉 舊有公洪州所領漕倉 成宗九年以泥生水淺 移于牙山貢稅串

驛站 順成驛 東四里

土產 柿 紫草 鹽 魚物十餘種 石花 蟹 鰕 蛤 等

典故 百濟時置倉於石頭東 即加里浦 積粟為水軍之資 後

唐兵渡海 因亂倉廢 新羅平百濟 復置倉於古址 又置館於槥山之東堰 多積穀 民呼為綠館 凡唐船之使价商賈 皆就館 羅人朝貢往返者 皆就途 因呼大津 人物之無如此界 至甄萱之亂 皆沒於賊 ○高麗太祖十六年 後百濟王甄萱 劫掠槥山城 阿弗鎮 今禾 嘉等處 太祖遣庾黔弼 遴壯士八千人赴之 至槥灘 未詳 甄萱軍潰 黔弼至新羅 留七日而返 遇神劍等於子道 未詳 與戰大克 恭愍王七年 倭侵沔州 新平 龍城 水原南界屬縣 知州事郭翀龍與戰 獲賊船二艘 十八年 倭掠寧州 天安 溫水 溫陽 禮山 沔州 漕船

二十五

瑞山

沿革 本百濟基谷 新羅景德王十六年改富城郡 領縣二 地谷 蘇泰 隸熊州 高麗因之 仁宗二十一年改縣令 屬縣二 地谷 蘇泰 青藏 ○明宗十二年 縣人逐縣官 有司奏除官號 忠烈王十年陞瑞州郡 以邑人鄭仁卿有功 見新昌 ○汰牧諸 三十四年陞瑞州牧 忠宣王二年降瑞寧府 後又降知瑞州事 本朝太宗十三年改瑞山郡 邑號 宗二十一年降縣 以奴弑主 三十九年復舊 英宗九年降縣 以邑人謀逆 十八年復舊 正宗丙申降縣 九年復舊 官員 郡守 兼洪州鎮管兵馬同僉節制使一員

古邑 地谷 北三十里 本百濟知六 新羅景德王十六年改地育 為富城郡領縣 高麗太祖二十三年

改地谷顯宗九年來屬

廣地鄉南九十 井所部曲北十

世峴西十五里

坊面 郡內終五 大寺洞南初五終十五 豆峙東初十終十五 吾山南初十終二十 禾邊本禾邊所南初二十終五十 馬山西初十終二十 蘆旨 永豐俱北初十五終二十 大山本洪州大山部曲北初三十終六十 栗串東初五終十 仁政本仁政部曲南初十終十五 文知峴北初十五終三十 地谷即古邑北初二十終三十 聖淵本聖淵部曲東北初十五終二十五 銅岩東南初二十終三十

山水 聖旺山北八里 文殊山東三十里海美象王山北支○開心寺 八峯山西北十五里海邊石峯叢立○雲岩寺 金剛山東南三十里海美界 都飛山南四十里禾邊面海邊 蓮花山西北三十里 望日山北五十里

嶺路 武陵峴東北四十里唐津界

○海北九十里南五十里

龍游川瑞山東十八里出聖旺山南流入海 板橋川南文里

三十五

興仁橋川西二十里泰安界出八峯山南流入于海 聖淵浦北十五里以溪港而通潮商船所會 倭懸浦南五十里禾邊之末 倉浦西二十里泰安界 大山串本助立部曲北五十餘里 白沙汀北七十里大山串周十餘里中有池 葦浦串本葦浦所南十五里 安眠串本安眠所距郡西南一百四十里即絕境也自泰安南界越小浦平坡形如拖帶綫入海中長七十里廣二三十里南四十里屬本郡北二十餘里分屬洪州泰安昔泰安郡吏獻議監營鑿其入海連陸處遂爲一島今名爲掘浦島中小峯環列溪間甚多海水吐呑處景甚佳麗有金沙產石雄黃青藤漁戶幾數十南北舟船必道於此串南即要兒梁也東有元山島南對穀竹島串中有新峽里中場衣店等處自高麗至于今宮殿舟船之材皆取於此○本郡封山五十一處

島嶼 熊島 金島 招魂島 猪島俱西北三十里海中皆如丸小島 羅拜島 豆知島俱南海中

城池 邑城周二千七百十七尺井三西有小溪流入城內 地谷古城周一千二十七尺

北山古城北三里周一千六百八十尺井三

鎮堡 平薪鎮古助立部曲今大山串北六十里至于串末九十里平坡一支斗入海中周百餘里移波知浦萬戶于此陞僉使 正宗甲寅爲獨鎮○水軍僉節制使兼摠理營屯牙兵把摠一員○有牧場周二十里甲寅罷因減僉使兼監牧官

廢革 波知浦鎮北三十八里中宗十一年築城周一千三百三十七尺井一有萬戶後移合于平薪鎮 古波知島戍波知島萬戶分兵戍之 要兒梁戍安眠串南支入海處水軍節度使分兵戍之

烽燧 都飛山 北山

倉庫 邑倉 海倉在倭縣浦 海倉在聖淵西之鳴川即高麗永豐倉之古址

驛站 豐田驛西六里英宗二年復置昔海美縣得熊驛來屬

橋梁 興仁橋西二十里泰安界大路 大橋東二十里海美界大路

二十六

邑內三七四九一朔十二市 羅五介一六 方吉五十 坪村二八 鳴門一六

土産 莘鐵柿竹魚物十餘種塩鰒蛤等雜物

祠院 聖岩書院肅宗乙亥建景宗辛丑賜額 柳淑字純夫號思庵瑞山人恭愍王戊申爲辛旽所害官贊成藝文提學瑞寧君諡文僖 金弘郁字文叔號鶴洲慶州人孝宗甲午被禍官黃海監司贈吏曹判書諡文貞

典故 高麗恭愍王元年瑞州防護所獲倭船一艘殲之 辛禑元年四年七年倭寇瑞州○本朝端宗即位之年停瑞山築城役

泰安

沿革 本百濟省大兮新羅景德王十六年改蘇泰爲富城郡領縣高麗顯宗九年屬洪州忠烈王時陞知泰安

當宁三年改防禦使

孫坪鄉西十五 梁骨所南十三 吳山所南十五

宜松山四

郡事 以縣人宦者李大順有寵於元 恭愍王二十二年被倭禍甚慘守僑寓瑞山郡禑九年又移禮山縣恭讓王二年倭患稍息還保于瑞山郡之蓴堤 本朝初稱蓴城鎮令知郡節制之 太宗十六年命復還舊治 世祖十二年改郡守

官員 郡守 兼洪州鎮管兵馬同僉節制使 一員

坊面 郡內 初五終二十 東一導 南初十五終三十 東二導 東初十七終二十 南面 初二十終六十 近西 西南初十終四十 遠一導 西初十終二十 遠二導 初西二十終四十 北一導 終七十 北二導 終四十

山水 白華山 北三里四面皆石北十三里又有白華山亦四面皆石二山相類 奈山 西二十五里 金骨山 北十二里 水鉄山 東十里 知靈山 西二十五里 望山 南十里

泰安

三十七

宮坪南

南掘浦東有大岩

所介浦 東津浦

萬頃串東北七十里

兜率山

嶺路 石井峙 南二十里入安眠島小路 ○ 海 三面皆海東畔一條路

南掘浦 右入安眠一支線路連陸掘其入海處為島詳瑞山後 東掘浦 東十二里瑞山界南北兩邊皆海浦挾之其間連陸未滿十里高麗仁宗時以安興水路絕險遠鄭襲明發丁夫數千鑿之未就後宗室王康獻議曰泰安瑞州之境有炭浦從南流至與仁橋幾八十餘里倉浦自北流至蓴堤城下七十里二浦間古有浚渠處深鑿者十餘里其未鑿者不過七里若畢鑿則海水流通則每歲漕運不涉安興梁四百餘里之險請始役於七月終於八月於是發丁夫浚之石在水底且海潮往來隨鑿隨塞未易施功事竟無成 本朝世祖朝遣安哲孫施之功亦未成

釜浦 西三十里新羅哀莊王三年釜浦水變為血色者即此

閘市浦 北四十里 倉浦 東十里瑞山界 大小山串 西二十五里 梨山串 北四十里 薪串 北二十里 安眠串 南六十五里封山二十處詳瑞山 白沙汀 西北三十里海邊沙周十餘里中有大池有蓴池之左右海棠爛開有魚防風甚微芽作菜味甚香佳

安興梁 西三十五里安興鎮北二里即冠丈嶼古稱難行梁水底多石水中巉岩峭起每從兩石間過去故船路危險漕船屢敗

加乙里島 黃島 伊作島 青島 夕伊島 楮島 仙甲島 加音島

箭竹島三

島嶼 波濤只島 在所斤浦西海中長三十里廣四五里距安興鎮四十里 防伊島 在波濤只之北小島十二一行排立如琴之鴈足有大筋呂防等島甚奇怪 兄弟島 葛項島 竹島 末應介島 賈誼島 本加外島 兔島 上山島 居島 下草島 甑浮島 積峙島 居兒島 間音山島 羅治島 獨島 黑島 馬島 有松封山 三峯島 麻島 鏡島 有鏡亭 三島 花似島 一云弓射 屏風島 田橫島 黃金島 葛岱嶼 冠丈嶼 巨文嶼 鴨足嶼 隱嶼 分之葦 已上諸島自葛岱串至于安眠串星羅碁布或大或小或遠或近望之若兒孫焉

城池 邑城 太宗十七年築周一千五百六十一尺井四 白華山古城 周二千四十二尺井一口城內有太一殿古址成宗十年自義城縣移太一殿于此後廢

三十八

宜松山四

宜松山三

俗稱古泰安

邑內三八五十 朔十三市

鎮堡 所斤浦鎮 一云朽斤伊浦西三十里中宗九年築城周二千一百六十五尺井一○水軍僉節制使一員 安興鎮 西四十里本安興梁戍所斤浦僉使分兵戍之 孝宗四年移設花亭島 六年士人金石堅請建置設鎮城周三千六百二十一尺 顯宗十年還于本鎮有制勝樓待變亭泰國寺倉三○水軍僉節制使一員 ○ 蓴城鎮 東十四里堀浦邊恭愍王二年還保于蓴堤備禦海寇 太宗十七年還于舊治仍廢本鎮城周一千三百五十三尺

烽燧 白華山 古城內

倉庫 邑倉 海倉 北十里海口

驛站 下川驛 東十二里

牧場 梨山串場 ○ 知靈山串 大小山串 薪串 右三處廢

土產 魚物十餘種 海參 甘藿 海衣 黃角 細毛 鹽 柿 竹

懷夷亭

典故 高麗恭愍王二十二年倭陷泰安 辛禑四年倭寇
泰安 麗末倭寇大侵本郡爲倭寇往來之衝闔境荊榛 本朝太宗十六年駕幸講武命還舊治又城之
舒川
沿革 本百濟舌林新羅置舌利停景德王十六年改西
林郡 領縣二藍浦庇仁 隸熊州高麗顯宗九年屬嘉林縣後置
監務忠肅王元年陞知西州事 以縣人李彦忠有勞於忠宣王 本朝
太宗十三年改舒川郡 屬邑 舒州南陽 官員 郡守 兼洪州鎮管兵馬同
僉節制使一員
坊面 閑谷 東終三里 東部 初七終十五 西部 初十終三十 南部 初十終三十
馬吉 南初十五終二十 文長 北初十五終二十 韓項 西初七終十五 板山 東初十終

舒川 三十九

文熙洞東二十五 林迷所北十五今韓項村
宜松山五
箭竹島一 加耶所島

十五 葦廐 北初十終十五 至山洞 北初二十終三十
山川 烏山 郡北城緣其上 雲銀山 南七里 靈鷲山 南六里 千方山 東二
十里 扶蘇山 北三十里庇仁界 鳳林 東北二十里一云大藪山 路嶺 猪嶺 北四十里鴻山
界 金福峴 北二十里鴻山路 扶蘇峙 庇仁路 ○海 西十五里 長橋川 出扶
蘇山經庇仁南流 郡西五里入于海 經 泊浦 南十里自長橋川 經郡南注於吉山浦 鑿 渠東流 灌漑甚
廣人 受洑 林 吉山浦 東十三里出猪 嶺南流入鎮浦 茅浦 東南十五里吉山 浦入鎮浦處見韓山
山 鎮浦 南二十五里郡白馬江入海之口古有長岩鎮 故指鎮浦自林川鶴山以下通稱之號也浦以
南爲全羅道界 白沙汀 西南十三里海邊 島嶼 加耶所島牙項島韓島竹
島 産竹 箭 蘆項島 與西海中
城池 邑城 周三千五百二十五又泉五 池二堆城二十七東南二門 古邑城 在靈鷲山項周

箭竹島二

邑內二七 吉山四九 大東五十

一千五百四十五尺井一 世宗朝以其地欹側 阻絶移于今治其南又有古邑基有土城遺址
鎮堡 舒川浦鎮 西南三十五里本高麗長岩鎮中宗九年置鎮築城周一千三百十一尺○
水軍萬戶一員
烽燧 雲銀山
倉庫 邑倉 海倉 西十里
驛站 豆谷驛 南十里
津渡 龍堂津 南二十五里古稱長岩津通沃溝縣自津 西南至古群山鎮一百里南至群山鎮十 里西北至馬梁鎮三十里以上並水路 前有加耶所島又全羅道之烏竹島
橋梁 長橋 西五里 吉山浦橋 石造通韓山大路
土産 魚物鰒蛤等二十餘種箭竹柿海衣黃角

壇壝 龍堂津壇 南二十里高麗稱熊津溟所壇 載小祀本朝今本邑春秋致祭 ○上
助音居西 新羅祀典在西林郡以 名山載小祀今未詳
祠院 建岩書院 顯宗壬寅建 肅宗癸巳賜額 李山甫 字仲擧號鳴谷 韓山人官吏曹
判書贈領議政韓 興府院君謚忠簡 趙憲 見金浦 趙守倫 字景陽號風玉軒 漢陽人上舍光海壬子
被禍官戶曹佐 郎贈兵曹參判 趙涑 見廣州
典故 高麗元宗四年日本官船如眞等將入宋漂風僧
俗二百三十人泊加耶所島二百六十人到群山楸子
二島 十四年將擊三別抄 見江華 西海道戰艦二十艘
至加耶所島遇大風敗慶尚道戰艦二十七艘亦敗
後 恭愍王九年命捕倭使金暉南禦倭不戰而退遂

還西江請濟師與倭戰于突梁安興長岩等處獲賊舡一艘 十二年以楊廣道都巡問使李珣出鎭長岩 辛禑一年倭寇鎭浦 四年六年倭寇西州羅世沈德符崔茂宣等擊倭于鎭浦克之奪所虜二百三十四人 十三年倭寇西州 十四年倭舡八十餘艘來泊鎭浦寇旁近州郡

溫陽

沿革 本百濟湯井 新羅文武王十一年陞湯井州置摠管 惛湯井停 景德王十六年降爲湯井郡 領縣陰峯新昌平澤 隸熊州 高麗太祖二十三年改溫水 顯宗九年屬天安郡

溫陽 四十

明宗二年置監務 本朝太宗十四年合於新昌改號溫昌 十六年析置溫水縣監 世宗二十四年幸溫泉陞溫陽郡

官員 郡守 兼洪州鎭管兵馬同僉節制使 一員

坊面 邑內 終五 東面 初二十五 終 西面 終卄 南郡內 初五 終十五 南上 初十 五終 二十 南下 初十 終五 一北 東北初十 終二十 二北 初十 終十五

閑興 西十四 上谷 南十五 木村 東十 林山 南十三 秀林 北十 卯山 東二十 右部 西

山水 燕山 北一里 排方山 東八里山頂四峯互峙最奇俗稱過雁峯 雪峨山 一云西遠山南八里石峯卓立峻峭 松岳山 西南三十里禮山界 廣德山 東南十五里天安太華山西支 白雲山 雪峨山南支公州界

嶺路 角屹峙 南三十里通公州維鳩驛 金谷峙 東南十里通天安豊歲公州弓院 葛峴 廣德南支通公州麻谷 小寧峙 西南二十里禮山界 ○ 布川 東十五里出公州車嶺雙嶺北流經天安豊歲西流爲郁川烽川左過岐川爲車輪灘見新昌 又

廣峴

邑內一大 土石二七

岐川 一云加里川出角屹峙廣峴小寧峙北流經時興驛環郡東北入于烽川 烽川 東北十里布川下流

溫泉 西北七里水源泓而甚熱療病有效

城池 湯井古城 在排方山周三千五百十三尺井二

驛站 時興驛 南八里古稱理安爲驛丞本後以丞陞察訪屬于金井道

土産 漆 柿 棗

宮室 溫泉行宮 在溫泉列聖駐蹕

典故 百濟溫祚王三十六年築湯井城分大豆城民戶居之○高麗太祖十年幸湯井郡命庾黔弼城之 文宗三十六年幸溫水郡 九月南巡十月還京 高宗二十三年蒙古兵圍溫水郡郡吏玄呂等開門出戰大敗之斬二級

四十

中矢石死者二百餘人所獲兵仗甚多 四十三年將軍李阡與蒙兵戰于溫水縣斬數十級奪所虜男女百餘人 辛禑三年四年倭寇溫水縣○本朝 太祖二年幸溫泉 世宗二十四年幸溫泉 世祖九年 上自報恩俗離山幸溫陽有神井 在溫泉傍 湧出其冷如氷味甘 而掫八道抗表稱賀 中宮 即貞熹王后 及王世子 即睿宗大王 隨行 十三年幸溫泉 成宗十四年貞熹大王大妃幸溫泉二大妃 德宗妃昭惠王后韓氏 睿宗妃安順王后韓氏 隨行 大王大妃昇遐于行宮 顯宗六年幸溫泉 七年 上奉王大妃 孝宗妃仁宣王后張氏 幸溫泉 八年幸溫泉 九年幸

溫泉 十年 上奉王大妃幸溫泉 王妃 即明聖王后金氏
及四公主 大妃誕出 隨行 肅宗四十三年幸溫泉 英宗
二十六年幸溫泉 三十六年 莊獻世子幸溫泉

大興

沿革 本百濟只多村唐改支潯為支潯州領縣新羅景
德王十六年改任城郡 領縣二青正孤山 隸熊州高麗太祖二
十三年改大興顯宗九年屬洪州明宗二年置監務
本朝 太宗十三年改縣監 肅宗七年以藏 顯宗
御胎陞為郡 **邑號** 今州 **官員** 郡守 兼洪州鎮管兵馬同僉節制使 一員
坊面 邑內 終七 一南 初七終二十 二南 初六終二十 居邊 東初十七終三十

大興 四十三

近東 初七終二十 遠東 初十終二十五 內北 初十終十九 外北 西北初十終二十
山水 鳳首山 西五里 獅子山 東二十一里青陽界 白月山 西南二十里洪州青
陽大興界盤踞甚廣 金籠山 南十六里 堂山 東二十里 朴山 東十二里 加次山 東北
十一里 松林山 東十九里 **路嶺** 飛到峴 東十四里 車踰嶺 東三十里洪州等十餘邑
通公州大路 〇奈川 出白月山北流至郡東為奈川其下為京結川會竹遷川匯川擎壤川至禮山
之西為無根城川 竹遷川 東十七里出獅子山居曲北流 達川 竹遷下流 擎壤川 東十
五里出禮山納雲峙南流合于達川
城池 邑城 周一千一百十五尺井三 任存城 在鳳首山周五千一百九十四尺井三〇百濟
高福信黑齒常之距劉仁軌于此 **倉庫** 邑倉 海倉 在禮山新禮院北狐頸浦
驛站 光時驛 南十九里

邑內二七 夬時平子 新陽 完

祠院 蘇都督祠 在大岑島自高麗春秋降香祝致祭 蘇定方 唐高宗時平百濟
典故 新羅武烈王七年百濟舊臣佐平正武聚衆豆尸
原 未詳 抄掠唐羅人又攻任存大柵 任存城許公州典故 兵多地險
不能克但攻破小柵〇高麗太祖八年庚黔弼自燕山
鎮 文義 又攻後百濟任存城殺獲邢積等三千餘人 高
宗二十三年蒙兵攻大興城數日城中開門出戰大敗
之〇本朝 宣祖二十九年土賊李夢鶴陷大興

德山

沿革 本百濟馬尸山新羅景德王十六年改伊山郡 領縣
二今 目牛 武隸熊州高麗顯宗九年屬洪州後置監務 本

德山 四十四

封憲宗御胎陞

朝 太宗五年以德豐來併 以伊山人物凋殘 改號德山十三
年改縣監 純祖二十八年陞郡守 高麗恭愍王時崔塋建議置都節制
使營于伊山縣 本朝太宗二年改兵馬節度使營十六年幸泰安郡時命移營于海美縣以伊山舊營為本
縣治所 **官員** 郡守 兼洪州鎮管兵馬同僉節制使 一員
古邑 德豐 北十三里本百濟今勿唐改巳汶為支潯州領縣新羅景德王十六年改今武為伊山郡
領縣高麗太祖二十三年改德豐顯宗九年屬洪州明宗五年置監務 本朝太宗五年來屬
坊面 縣內 終五十 羅朴所 古乃朴所南初十五終二十 大德山 南初五終十
內也 北初五終十 外也 北初十終二十 古縣內 北初十終十五 大島旨 東北初五
終十 塘村 東初十五終二十 道川 東初七終二十 高山 東北初十五終二十 居等 東初
二十終二十五 非方串 東初三十終四十越在洪州合德之東

山水 加耶山 西十里海美界雄厚高大有加耶洞之龍洞水簾洞之岩瀑講堂洞之水石○加耶寺龍淵寺

象王山 加耶北支海美界古有象王寺 八峯山 南十里見洪州 德崇山 南十二里○修德寺

大德山 小一云捿山南里野中小山 八 鶯山 北四里 大聖山 加耶南支

揷小山 東十五里

嶺路 大峙 西十八里海美界通海美瑞山 琵琶峙 東北沔川通○頓

串浦 在非方串面本邑宣化川禮山狐頭浦合而北流勝覽云井浦廢後轉爲由宮浦其下流會彌勒川

素以河北流峕大津入于海○濁潮甚賊水勢悍聳非俟朝滿不可用船浦之左右挾大野上下百餘里迷泥

生堤堰京外南舡湊集 宣化川 東十七里洪州金馬川下流東北流任天安新宗入于頓串浦川之

左右皆平野 禾尺灘 東十六里宣化川下流 九灣浦 在居等面禾尺灘下流其下卽天安

地 狐川 南五里出大峙東流入宣化川 大川 東十里出象王山東南流入宣化川下流 溫泉

南五里 龍湫 在加耶洞

四五

邑內 二七 崇賢里 四九 揷橋 一六 大川 三八

城池 邑城 周一千六百五十五尺井二 加耶古城 在山之北支城址盡圮而獨有石門

倉庫 邑倉 海倉 在非方串面

驛站 汲泉驛 東八里

津渡 頓串津 東四十里通新昌 ○揷橋 東十五里宣化川大路高麗扵新橋川

土産 紫草 漆 鰣魚 秀魚 蟹 柿 蒲 萃

壇壝 加耶山壇 新羅揷加耶岬岳以西鎭載中祀 本朝令本邑春秋祭之

典故 高麗明宗七年公州賊亡伊復叛寇加耶寺 辛禑

三年倭焚伊山營元帥印海戰于薪橋 卽揷橋 夜賊四圍

士卒多被殺傷 四年 倭寇德豐火都巡問使營 七年

倭寇伊山戍楊廣道都巡問使吳彥戰却之擒斬九級

鴻山

非力所古云鴻站 出四十一 古合所南大

沿革 本百濟大山 新羅景德王十六年改翰山爲嘉林郡領縣 高麗太祖二十三年改鴻山 顯宗九年仍屬 明宗五年以韓山監務來兼 本朝太宗十三年改置縣

官員 縣監 兼洪州鎭管兵馬節制都尉 一員

坊面 縣內 終五 上東 初五終十五 下東 初十五終二十五 南面 初八終二十 上西 初七終二十 下西 初五終十五 內北 初十五終三十 外北 初三十終五十 海

岸 東初十五終二十 大也谷 北初七終十五

山水 飛鴻山 西二里 龜山 北二里 月明山 北九里 天寶山 北十三里

峩嵋山 北三十五里 星台山 北五十里 陽陰山 西十八里右三山藍浦界 居次

鴻山

四六

馬嶺

薪橋在金川

邑內 二七 馬井 一六 光德峙 三八 臨水臺 一六

山 一云荒山北二十五里 萬壽山 北四十五里○無量寺 崆綠山 東二十里扶餘界

嶺路 栗峴 北十五里靑陽路 烏峙 九折阪 俱西十里藍浦界 ○蒲造川 東十五里出月明山東流入九浪浦見林川扶餘 金川 出陽陰山東流經縣南三里合于蒲造川 鍾

沉淵 北三十五里萬壽山之南有臨水臺見藍浦

城池 邑城 南一里周一千二十尺井二 峩嵋古城 在山南有石城古址

驛站 舊鴻驛 東五里古名非熊 太宗元年改今名

土産 漆 苧 布 柿

祠院 清逸書院 光海主辛酉建 肅宗甲申賜額 金時習 見揚州 ○彰烈書院 肅宗丁酉建 景宗辛丑賜額 尹集 洪翼漢 俱見江華 吳達濟 見廣州

典故 高麗辛禑二年判三司崔瑩等率諸將至鴻山倭先

據險隘壹身先士卒力戰大敗之俘斬殆盡 三年六年十三年倭寇鴻山○本朝 宣祖二十七年鴻山土賊宋儒真聚徒傳檄刼掠後皆伏誅 土賊李夢鶴陷鴻山縣監尹英賢被虜 詳洪州

青陽

【沿革】本百濟古良夫里唐改麟德為熊州都督府領縣新羅置古良夫里停景德王十六年改青武為任城郡領縣高麗太祖二十三年改青陽顯宗九年屬洪州本朝 太祖四年置監務 太宗十三年改縣監 顯宗五年革屬定山十五年復析之【官員】縣監 兼洪州鎮管兵馬節制都尉一員

青陽 四七

【坊面】縣內終五 東上初十終二十 東下初七終二十 南上初五終十 南下初十終二十 西上西北初十五終二十 西下初五終十五 北上初五終二十 北下東北初二十終三十○永壽部曲曲北二十壽一作新北二十五攫川所東十八 又本部

【山水】牛山一云騎龍山北一里 七甲山東十五里定山界○長谷寺 白月山一云飛鳳山西北十九里大興界東有月山洞○月山寺 九峯山西五里 頭陀山南十里 獅子山東北二十大興界南有雲谷寺 猫山北十三里 南山一云官坪山南一里 水石洞東七里泉石殊勝【嶺路】餘道峴西南十里通保寧 大峴東十五里定山路 吾里峴西十里洪州界 羅發峴南十里扶餘路 峯五嶺南路通鴻山○金剛川源出七甲山西流至水石洞為芚項川右過獅子山川經縣前右過西川南流經金井驛東折為鵲川右過白月山川為泗水灘至定山南界為金剛川經扶餘地入于白馬江 白月山川南二十里東流入泗水灘 鵲川南十里 泗水灘白月山川鵲川會合處 西川出吾里峴東流入于芚項川

【城池】牛山古城周二千二百三十大尺井二

【倉庫】邑倉 海倉在禮山新禮院北狐頭浦

【驛站】金井道南十里屬驛十六○察訪一員移在洪州龍谷

【土産】苧紫草川魚

【典故】高麗辛禑六年倭寇青陽

邑內 四九

高井 一六

鷲山 二七

雙清樓

庇仁

沿革本百濟比勿一云比衆唐改賓汶為熊州都督府領縣新羅景德王十六年改庇仁為西林郡領縣高麗顯宗

庇仁 四六

九年屬嘉林後置監務 本朝 太宗十三年改縣監【官員】縣監兼洪州鎮管兵馬節制都尉一員

【坊面】縣內終七 東面初十五終三十 西面初八終三十 北面初十終十二 一方南初七終二十 二方東南初二十終三十○沃田鄉

【山水】月明山東七里 兩儀山東十里 同山東二十里 月牙山西十五里 扶蘇山東三十里舒川界 甑山北十里藍浦界【嶺路】於運峴南九里 屯德峙東五里 唐德峙北路 膏石峴南三里 渴馬峴東北十里藍浦界 鴈峙北九里藍浦界○海西十里 鐘川南十五里出東北深洞里西南流入海 都屯串西二十大里 長背串南十九里【島嶼】烟島在馬梁西南水路差遠島之近處產青魚石魚道味魚 冬柏島馬梁鎮西 島刀島茅島竝島右二島過連陸 潮河尾島南大里

宜松山十九

蕎竹島一

宜松山二

邑內三八
鍾川一大
板橋五十

城池 邑城[周一千一百六十八步甕城二井三去海口 一百六十步 世宗三年令諸邑早戌之]

古邑城[東二十五里周五百三十七尺井一] 古城[西二里周八百二十八尺井一]

鎭堡 馬梁鎭[西三十里內都屯串 孝宗六年自藍浦廣岩移設于此以舊鎭不便於藏船故也]

[○水軍僉節制使一員○本鎭管舒川浦]

烽燧 漆枝山[西七里]

倉庫 邑倉 海倉 ○濟民倉[英宗癸未左議政洪鳳漢啓請爲凶荒拯濟之]

[資凡四處曰庇仁羅州順天在市邑者穀二萬石後廢]

驛站 青化驛[南二里]

橋梁 閑福橋[東十五里] 鍾川橋[南十五里右二處石造]

土產 魚物十餘種 鰒蛤海衣細毛黃角柿竹

四九

觀海亭邑內

典故 高麗[辛禑]四年七年倭寇庇仁縣 恭讓王元年倭

寇都屯串揚廣道都體察使王安德與戰大敗○本朝

世宗元年倭船五十餘艘圍都屯串兵船焚之萬戶金

成吉與其子倫拒戰成吉中梁泅水而免倫射賊殪三

人顧見其父已墮水以爲死遂投水死

結城

沿革 本百濟結己 新羅景德王十六年改潔城郡[領縣新邑]

[新良興陽]隸熊州 高麗顯宗九年屬洪州 明宗二年置結城

監務 本朝 太宗十三年改縣監 英宗九年革屬

保寧[以罪人武]文十二年析之

官員 縣監[兼洪州鎭管兵馬節制都尉]一員

宜松山一

箭竹島一

坊面 縣內[終五] 乙谷[東初五終十] 加次山[南初七終十五] 廣川[東南初二十終

三十] 牛尺[東初十終二十] 邑項[東初十終十七] 花山[東初十五終二十五] 古等山[東初

十終十五] 合西[西初五終二十 合上西下西二面]○ 安興部曲[西十八里]

山水 衛山[北七里] 青龍山[西北五里○高山寺] 月山[東二十五里洪州界] 碧池

山[東十三里] 烏棲山[東南三十里見保寧洪州] 寶蓋山[東北二十五里] 鹿看山[西十

五里] 官奴山[東大里] 愁音串山[西十三里] ○海[西十八里] 未訖川[東五里出

衛山碧池山合而南流入東山浦] 龍骨川[北十五里出德山之德崇山及月山合而西流入于海]

廣川[東南二十五里出洪州烏史而及月山西南流入于海] 東山浦[東三里未訖川環縣南而

復西其入海處爲石串浦] 母山堂浦[西二十二里] 長浦[西二十里] 石串浦[西二十五

里母船經泊處] 廣川浦[魚鹽萃會之地爲內浦一都會]

島嶼 竹島[西三十里海中] 風流島

結城

五十

邑內二七
用川三八
廣川四九

[東五里東山浦前]

城池 邑城[周三千三百二十五尺井六] 神衿城[北五里周一千三百五十尺]

烽燧 高山[卽青龍山]

倉庫 邑倉 海倉[西十里]

驛站 海門驛[北五里本朝 太宗十五年置]

土產 魚物十餘種 鰒蟹海衣黃角竹

壇壝 烏西岳[新羅以名山載中祀 保結己郡高麗降]

典故 高麗[辛禑]元年六年倭寇結城○本朝 太宗七年

倭船來泊母山堂浦縣監金訛與戰却之

保寧

沿革 本百濟新村 一云沙村 唐改散昆為熊津都督府領縣 新羅景德王十六年改新邑為潔城郡領縣 高麗太祖二十三年改保寧 顯宗九年屬洪州 睿宗元年置監務 本朝 太宗十三年改縣監 孝宗三年陞都護府 以水軍節度使兼府使 六年復降縣 如舊

官員 縣監 兼洪州鎭管兵馬節制都尉 一員

坊面 長尺 終五 金神 本金神部曲 初五終十五 西 周浦 南十終 睦忠 東初七終十五 靑蘿洞 東初五終二十 烏山外 東初十終二十五 靑所 東北初十終二十五 鳴岩 東南初二十終三十 ○七 縣河部曲南二十八 巾子山所北二十 宝院部曲東十

山水 唐山 東北四里 烏棲山 邑東二十里洪州結城界 山南有靑蘿洞 西 白月山

保寧 五十一

宜松山 二十里 三溪 狐浦 西十里戰舡 廢 箭竹島 一

見大興 東三十里 五臺山 東南三十里藍浦界 助侵山 西南十五里 打鼓島山 西十三里

嶺路 鴈峙 東三十里洪州界 我峴 西十里 揷峴 南九里 牛耳峴 東二十七里 鶴峴 西路 ○ 海 西二十里 南十里 大川 南二十四里出 白月山西流 花岩川 東十里出烏棲山 南流合于大川 白鷺洲 大川花岩 川會流處 檜灘 白鷺洲下流 蟹所浦 檜灘下流入海 縣南二十四里 靑所川 東北二十里出烏棲 山西流入結城廣川 熊浦 西十里 龍淵 一在北十五里 一在東十五里

島嶼 竹島 產竹箭 高巒島 古有亭舘 為中朝使命往來之所 後移舘于海美 蟹所島 右三島縣南 抽島 元山東 松島 西南 潮退與高巒島連 茅島 西北

城池 邑城 本朝世宗十二年築 周二千一百九尺井三 唐山古城 周一千八百十一尺井一 我峴古城 周七百四十五尺 鳳堂古城 西二里 本朝定宗二年築城 址淺狹

高巒島戍 國初置 後廢

營衙 水營 西二十里海邊 節制使開營保寧 本朝太祖五年置水軍僉節制使 世宗三年改都安撫處置使 世祖十二年改水軍節度使

官員 忠淸道水軍節度使 中軍 即水軍虞候 各一員

屬邑 洪州 泰安 瑞山 唐津 沔川 舒川 林川 韓山 庇仁 藍浦 保寧 結城 海美 屬鎭 所斤浦 馬梁 安興 平薪 舒川浦

城池 本朝中宗五年築 周三千一百七十四尺 甕城五 門四 井四 池一

樓亭 永保亭 觀德樓 待變樓 凌虛閣 ○ 姑蘇臺 雙鰲島 寒山寺 本營及屬邑屬鎭各擄戰舡九十二艘 津舡四十艘

烽燧 助侵山 見上 望海亭 水營

倉庫 邑倉 海倉 南十五里

驛站 靑淵驛 南大里

五十二

邑內 一六 水營 二七 大川 三八 舟楫 五十

土產 魚物十餘種 細毛 海衣 柿 箭竹

祠院 花岩書院 光海主庚戌建 肅宗丙寅賜 李之菡 字馨伯號土亭 韓山人官牙山縣監 贈吏曹判書諡文康 李山甫 見舒川 李夢奎 字昌瑞號天休堂 慶州人贈大司憲

典故 高麗辛禑七年倭寇保寧

藍浦

沿革 本百濟寺浦 新羅景德王十六年改藍浦為西林郡領縣 高麗顯宗九年屬嘉林 後置監務 本朝太祖六年置兵馬使兼判縣事 世祖十二年罷鎭為縣監 古邑址在治南十五里 稱古藍浦

號邑 馬山

官員 縣監 兼洪州鎭管兵馬節制都尉 一員

坊面 深田 本樸坪所 東初三十終四十 習衣 東南初三十五終四十 熊川 南初十終

宜松山古
聖住寺 崇岩寺
觜竹島二

三十邑內終五佛恩東南初二十終三十古邑東南初十終二十新安西南初七
五十北面初三十五終〇橫川所東二十一

山水 九龍山西南十五里玉馬山東八里峩嵋山東二十五里通達
山西南三十五里海邊聖住山東北二十五里南北二山合為大洞山中兎垣淺山明淨水石蕭洒
溪澗之間古多可居山九南有崔孤雲碑羊角山東二十四里聖住山南支〇玉溪寺五臺山
北十五里保寧界陽陰山東南四十五里鴻山界鷰黎山馬峯北俱 嶺路
馬峙東路九折阪東路鴻山界白雲峙 東路 梨峴南路〇海西七里南三十
里鍾沈淵川源出鴻山居次山西流經聽水臺至峩嵋山之陰為鍾沈淵西至橫川東南折西至
佛尼西折西經藍田至然川浦入于海大川南二十里出聖住山西流入青淵浦青淵浦南二
十二里熊川浦南二十五里彌造浦南三十里聖住浦西十五里軍入浦

藍浦 五十三

北九里出聖住山北西流入于海花溪土地肥沃魚鹽之利 島嶼 栗島巨吹羅島竹
島黃竹島立竹島俱在西南海中
城池 邑城周九百五十尺氣城二井三
鎮堡 廢革 馬梁鎮西南三十三里中宗五年築城周一千三百七十一尺井一孝宗七年移
于庇仁縣
烽燧 玉局山西南[illegible]里
倉庫 邑倉 南倉南三十五里 海倉西南十五里
驛站 藍田驛南二十里
土産 硯石出聖住山之西色烏品佳 碑石色烏品上 魚物十餘種 鰒 紅蛤
細毛 海衣 竹 柿 鹽

大川場 四九

典故 高麗辛禑六年因倭寇人物四散恭讓王二年始置
鎮城招集流亡

禮山

沿革 本百濟孤山一云烏山唐改馬津為支潯州領縣新羅
神文王六年置孤山縣景德王十六年為任城郡領縣
高麗太祖二年改禮山縣一云置鎮顯宗九年屬天安後置
監務 本朝 太宗十三年改縣監 官員 縣監兼洪州鎮管兵馬節
制都尉一員
坊面 縣內終五 述谷東南初五終二十 大技洞本立石所東初十終二十 金坪
北初七終二十 豆村北初十終十五 立岩本化物莊西北初十五終二十 巨仇火西初十終

禮山 五十四

十二 于加山西初七終二十 吾元北初七終十
山水 金烏山北二里 南山南文里 道高山東北二十里新昌界〇隱寂寺 兄
弟山南十里大興界 龍山西北二十五里高起野中 香爐峯北五里 白月峯道高
山南支 嶺路 蘇機峴東北二十八里溫陽界 納雲峙 兄弟峴俱南十里大興
界 葛峙東北二十里新昌界內浦諸邑通京大路 〇 無根城川西北十里大興奈川下流
大路旱檣遮舡 孤頭浦北十五里古云利陵浦無根城川下流其下為頓串浦 邑前川出
高山西流經縣南入無根城川 王字池在龍山北
城池 烏山城卽古邑址在今治西大里孤起平郊故曰孤山又云烏山城周二千二尺有一井
倉庫 邑倉 海倉在孤頭浦〇大興青陽兩邑海倉置于此
驛站 日興驛西十三里 〇 新禮院北十里內浦十一邑通京大路

邑內五十 三八 新禮院四九 驛城

即今突城

土產 柹鄕魚蟹

祠院 德岑書院 肅宗乙酉建甲午賜額 金絿 字大柔號自菴光州人官副提學贈吏曹判書諡文懿

典故 高麗太祖十七年幸禮山鎭 明宗六年公州賊亡伊等陷禮山縣殺監務

新昌

沿革 本百濟屈旨 一云屈直 新羅景德王十六年改折梁爲湯井郡領縣高麗太祖二十三年改新昌顯宗九年屬天安恭讓王三年置漕城萬户兼監務 本朝 太祖元年昔萬户 太宗十三年改縣監十四年合溫水縣

新昌

五十五

號溫昌十六年復析之

官員 縣監 兼洪州鎭管兵馬節制都尉 一員

坊面 縣內 終五 大東 初五終十 小東 初五終八 大西 初五終十五 小西 初十終五十 北面 初五終十三 南面 初五終十五

山水 鶴城山 西一里 琵琶山 西五里 馬山 東三里 道高山 西南十丈里禮山界上峯回國師顏峭峻 孤山 東十里下有短岸長闊

嶺路 大峙 西南五里通禮山大路

○猗浦 西十五里出道高山北流入頓串浦上流 蒲勒川 東十二里溫陽之車輸灘下流蘚牙山 中防浦 一云丹場浦蒲勒川下流 犬浦 一云蟹浦中防浦下流西北十八里右三處牙山界

城池 鶴城 周一千二百十三尺井二 漕城 在猗浦恭讓王時築收近州縣組後漕至京師

倉庫 邑倉 海倉 太西面終境

驛站 昌德驛 東三里

邑內二七 仙藏四九 拱北亭

橋梁 曲橋 在蒲勒川旱橋際坂內浦十餘邑通京大路

土產 柹鄕魚蟹秀魚黃石魚細尾魚

典故 高麗高宗四十四年蒙兵來屯牙山新昌二縣瑞山人鄭仁卿夜攻有功 辛禑時廣州牧使崔雲海擊倭于新昌

牙山

沿革 本百濟牙述 新羅景德王十六年改陰峯 一云陰岑 爲湯井郡領縣高麗太祖二十三年改仁州成宗十四年置刺史穆宗八年罷之顯宗九年屬天安後改牙州置監務 本朝 太宗十三年改牙山縣監 世祖四年

牙山

五十六

黃村 西北十五 德泉 初東二十

蕪峴

省縣分屬溫陽平澤新昌三邑十年復置 燕山主十一年投隸京畿 中宗元年復還本道

邑號 寧仁 高麗成宗所定

官員 縣監 兼洪州鎭管兵馬節制都尉 一員

坊面 縣內 終十 一東 初十五終二十五 二東 初十五終三十 近南 初十終二十五 遠南 東南初二十終三十 一西 初二十終三十 二西 初十終三十五 一北 初十終二十 二北 東北初十終二十 三北 東北初十終三十五

山水 寧仁山 西五里 桐林山 南七里東北麓有佛岩布列國上幾數里 高龍山 北十二里 東深山 東五里 燕岩山 東二十九里 笠岩山 西十二里 元屯山 北十里 屯田坪 北二十五里有古[illegible]遺址

嶺路 於羅項峴 今云御來峴東二十一里內浦十餘邑通京大路甚要害

○海 西北十里不甚廣漫 蒲勒川 東南二十里源出公州車嶺及嶺之北經清州德坪右過良安川西北流至大安豐義左過太華山之水西流爲布川烽川左過岐川爲車輪灘爲

彌勒川右過御來峴之後川左過溫井之水為 丹場浦大浦経天安頓義面入于頓串浦下流 中防浦

即四場浦 南十五里 大浦 西南十三里有小津並新昌界 烽川 東南二十五里見彌勒川 後川

出御來峴西南 流小彌勒川 鶴橋川 北十里出御來峴之北西北流 經高龍山之南入于白石浦

白石浦 西北十里 屯浦 東北三十里平澤濁川下流並魚塩都會 堂浦 北十五里市浦下流

市浦 北二十五里右二浦有小津通水原口天安毛山倉在此 牛坪浦 西十五里頓串浦下流之

西大野甚廣築堤灌溉水田為上腴

城池 薪城 在東仁山上有二古城連築北城石築周四百八十尺井一南城土築周四百八尺昔平澤人避亂于此仍號平澤城 於羅項城 在要路西南五里周三百六十四尺 水漢城 東十里周二千四百二十尺 鶯里城 東二十里周六百五十五尺 ○右諸城百濟時沿邊關防

烽燧 燕岩山 見上

五十七

邑內 四九
屯浦 二七

倉庫 邑倉 漕倉 在西北十里大迺山之北貢稅串稱貢津倉舊在沔川 武宗九年移于此 仁祖九年築倉城周三百八十尺舊收十四邑田稅今收七邑舊以都事兼海運判官領納今則牙山縣監捧領納每船載一千石 ○近來各邑貢賃船以運納

驛站 長時驛 北二里

土產 秀魚 黃小魚 細尾魚 白魚 鰕 蟹 塩 石灰

祠院 顯忠祠 肅宗丙戌建 丁亥賜額 李舜臣 字汝諧德水人宣祖戊戌戰亡于南海露梁官統制使贈左議政德豐府院君諡忠武 李莞 字悅甫舜臣從子 仁祖丁卯以義州府尹殉節贈兵曹判書諡剛愍 李鳳祥 舜臣五代孫見淸州

典故 高麗明宗七年公州賊亡伊等陷牙州 高宗二十三年蒙兵屯于牙州 四十三年忠州道巡問使韓就在牙州海島以船九艘欲擊蒙兵蒙兵逆擊盡殺之 恭愍王九年倭寇牙州 十八年牙州獲倭船三艘獻俘二級 禑辛三年倭寇牙州王安德等諸將與戰于牙州走之 四年倭寇牙州入桐林寺元帥崔公哲等擊斬三級走之

平澤

沿革 本百濟河八 新羅景德王十六年改平澤為湯井郡領縣 高麗顯宗九年屬天安後置監務 本朝 太宗十三年改縣監 燕山主十一年自本道移隸京畿 中宗元年復還本道 宣祖二十九年革屬稷山 因倭寇蕩殘 光海主二年復置

邑號 彭城

平澤 五十八

官員 縣監 兼洪州鎭管兵馬節制都尉 一員

坊面 縣內 初一東南終 二十五里 東面 終八 西面 終七 南面 終八 北面 終八 小北 初十終二十 ○白浪部曲

山水 堂山 北一里縣在野中脈北星高 黑石阜 北十里 ○濁川 南八里小陵西 流入牙山屯浦 軍勿浦 東五里陽城弘慶川下流 鷗池浦 北十里軍勿浦下流 魯山浦 西北十里鷗池浦下流右二浦舟楫之會 新德浦 西五里

城池 古城 在堂山一云城山有遺址

驛站 花川驛 東五里

津渡 軍勿津 通陽城振威間路 鷗池津 通小北面及水原地

土產 鯽魚 秀魚 蟹

邑內 三八

祠院 褒義祠（顯宗辛丑建 肅宗甲申賜額）洪翼漢 尹集（俱見江華）吳達濟（見廣州）

典故 高麗高宗二十三年蒙兵屯于平澤 恭愍王九年倭寇平澤 辛禑三年倭寇平澤 楊廣道副元帥印海與戰不克

唐津

沿革 本百濟代首只（一云夫只）唐改于來為支潯州領縣 新羅景德王十六年改唐津為槥城郡領縣 高麗顯宗九年屬洪州 睿宗元年置監務 本朝太宗十三年改縣監

官員 縣監（兼洪州鎭管兵馬節制都尉）一員

唐津 五十九

坊面 縣內（終十）高山（西北初十終二十）東面（初四終十）南面（初十五終三十）大真（南初五終十五）內孟（西北初四十終五十）外孟（北初三十終三十五）

山水 高山（西北二十二里）利背山（南十五里）三峯山（西北三十里 有石門遺址）西 聖堂山（西十里）泰山（東十里）影波山（西里 影浪寺）

嶺路 赤峴（南十里 通海美）老隱峙（東十里 通沔川）○ 海（北三十里）彩雲浦（出沔川中岩蒙山西流會海美大母川北流至縣西五里為彩雲浦入于海）熊浦（北三十里海邊）孟串（西北三十里斗入于海 其末為五十餘里與端山大山串相對 入孟串者路由長鼓項橋路里）

島嶼 大蘭芝島（周二十里與端山大山串末相對不遠 南北自船經泊處）小蘭芝島 蘇島 草落島 加非島 非兒島（右諸島在孟串西北）

城池 邑城（本朝世宗二十四年築 周一千九百五十四尺 井二）

直串牧場廢

邑內五十 三巨里二七 凡一朔十二市

鎭堡 廢革 唐津浦鎭（西北三十里 中宗九年築 周一千三百四十尺 有水軍萬戶）蘭芝島戍（唐津浦萬戶分兵戍之）

烽燧 高山（見上）

倉庫 邑倉 西倉（西三十里海邊）北倉（北十五里海邊）

驛站 興世驛（南九里）

橋梁 彩雲橋（在彩雲浦 入孟串者由此船行橋下）

土產 魚物十餘種 鹽 柹 青玉石（出縣南五里觀音浦邊）

典故 百濟義慈王二十年唐將蘇定方駐軍德勿島 泊唐津下陸 ○ 本朝宣祖三十年水軍都督陳璘領浙兵五百艘渡海泊唐津

六十

海美

沿革 高麗太祖割高邱縣地置貞海縣（高麗初夢熊驛吏韓姓人有功賜號大匡 置縣為其貫鄉）顯宗九年屬洪州 後置監務 本朝太宗七年以餘美來併 改號海美 十三年改縣監（十六年自德山移兵營于縣 孝宗二年移于清州）

官員 縣監（兼洪州鎭管兵馬節制都尉 左營將討捕使）一員

古邑 餘美（北三十里 本百濟餘村 新羅景德王十六年改餘邑為槥城郡領縣 高麗太祖二十三年改餘美 顯宗九年屬洪州 睿宗元年置監務 本朝太宗七年來併）

坊面 東面（終十五里）南面（終十一）西面（終三十）一道（北終四十）塩亭（本塩亭部曲 北終五十 右二面 蹄山東 唐津西 ○ 北三十二 妙壹部曲 在餘美 寺名所 東一 塩貞部曲）

金剛山西十三瑞山

山水 加耶山〇東十二里日岳寺 象王山 餘美東四里 二山德山界 文殊山 北二十二里象王北支瑞山界 安國山 北三十八里塩寧面 武陵洞 在加耶山泉石甚佳 嶺路

大峙 東十二里山界大路 德〇 海 在西面塩寧面 大母川 北五十里出象王山北流為唐津縣彩雲浦 大橋川 西九里瑞山界出象王山西支南流經洪州雲川面入陽陵浦 陽陵浦 西十里海邊浦之西岸有安興亭古址高麗文宗三十一年中國使命往來以保寧縣高巒一島船泊不便移置貞海縣為迎送之所名為安興亭明統之國中牧地舊有客館曰安興亭 一 顧祖浦 北四十二里塩寧面海塩

島嶼 馬島 陽陵浦西一依李島舊有牧場 挑

城池 邑城 周二千六百三十尺荒城 井二 大城外環以枳棘 餘美古城 周八百八十一尺 兵營古城 東三里周三千一百七十二尺 井三 舊有倉 犬城 東九里周九千九百六十 古城 磚城山周一千四百三十二尺

海美

六十一

驛址古豊熊鄉 邑內五十 大橋三八 餘美一大 升浦辛 清盧亭

營衙 左營 仁祖朝置于溫陽 肅宗三十八年移于本縣〇左營將本縣監兼〇屬邑海美大興溫陽沔川瑞山泰安結城禮山平澤牙山新昌德山唐津

烽燧 安國山 見上

倉庫 邑倉 海倉 在陽陵浦西

驛站 豊熊驛 北五里 廢革 得熊驛 本保餘美 本朝定宗二年移于瑞山為豊田

土產 魚物十餘種 塩 柿

典故 高麗 禑三年五年倭寇餘美

大東地志卷五

大東地志卷六

古山子 編

忠州

沿革 本任那國 後為百濟所有 稱狼子谷城 一云娘子城 一云未乙省 新羅真興王十二年取之 十八年置國原小京 置仕臣仕大舍各一人 十九年徙貴戚子弟及六部豪民以實之 景德王十六年改中原京 置大尹少尹各一人 隸漢州 高麗太祖二十三年改忠州 成宗二年置牧 十二牧之一 十四年置昌化軍節度使 十二節度之一 隸中原道 顯宗三年改置安撫使 九年置牧 八牧之一〇屬郡一槐州 屬縣五 長延 長豐 陰竹 陰城 清風 屬縣 隸楊廣道 高宗四

卷六 忠州

一

宣祖三十五年移觀察使營于公州

十一年陞國原京 後還為牧 忠宣王二年降知州事 汰諸牧 恭愍王五年復為牧 本朝因之 太祖四年置觀察使營 世宗三十一年以觀察使兼牧使罷之 世祖十二年置鎮 管七邑 明宗五年降維新縣 以李洪亂之 宣祖即位丁卯復舊 以趙得卞獄 光海主五年降縣 以柳仁賢逆誅 仁祖元年復舊 六年降忠原縣 以安執中逆誅 十五年復舊 二十五年降縣 以蔡門亨逆誅 孝宗三年復舊 肅宗六年降縣 以罪人獄 文 十五年復舊 英宗五年降縣 以李祖讓逆誅 十四年復舊 十五年降縣 以罪人獄 夫 二十四年復舊 三十一年降縣 以柳壽垣逆誅 四十年復舊 邑號 大原 高麗成宗所定 蘂城 官員 牧使 兼忠州鎮兵馬僉節制使 一員

古邑 翼安 西三十里本州之多仁鐵所高麗高宗四十三年以土人禦蒙兵有功陞為縣後來屬

坊面 南邊 終十 北邊 終十 金遷 西初十終二十五 刋安 西南初十五終三十 薪石 西初四十終六十 德西 西初三十終四十 中尼谷 西終六十 福城洞 西初五十終六十 所呑 古閒呑處西初八十終九十 法王 仝上 金目洞 西初六十終八十 者谷 西初十終二十五 大島谷 本大島谷處初百終百十 西 汶多山 西初一百終百十五 川岐音 同上 豆衣谷 西初八十終九十 蘇古 西初三十五終五十 柳等谷 南初三十終四十 佛頂 同上 栗枝洞 南初二十五終四十 甘勿內 本甘勿內部曲南初三十終五十 孟洞 西初八十終一百 甘味谷 西北初六十終八十 居谷 仝上 汶乙味 本廣叉石部曲東南初二十五終五十 可興 西北初二十五終三十五 仰岩 西北初五十終六十 省台陽 西北初三十終五十 金生 北初十終二十 加次山 西北初十五終二十 二 嚴政 北初三十終六十 山尺 東北初三十終五十 周柳等 西南初四十終五十 汶里浦 初四十終五十 栗洞 初八十終一百 德山 本德山鄕東南初五十五終一百五 赤火峴 初十終六十 ○炭村部曲 南二十五里 上下麥谷 西北四十五 所仍林部曲 東南六十

亇波 南
東良 東
老隱 西
內浦 西
技內 西
伊次呑部曲
陁離山 西一百

山水 大林山 南十里有靈鵲寺依峭壁俯蒼流 末訖山 北三十里 月岳山 東四十五里清風界雄高盤巘有上下德周寺開天寺高麗藏史籍 天龍山 西二十五里○寶蓮寺 淨土山 北三十里 大門山 西八里 風流山 南三十里 迦葉山 西四十里陰城地界山頗高聳 國望山 西五十里 薔薇山 西二十八里 天燈山 北四十里與淨土山相連有開天寺碑 梧桐山 北七里 金鳳山 東五里 宗堂山 北十二里産異石可做碑碣 紫眉山 東南八十里聞慶界 芙蓉山 西一百里 鷲山 西十里 大圓通山 同上 鳥岬山 西北七十里驪州界 釼岩山 南二十里石峯削立如釼 小俗離山 西九十里

捿岩
赤岩

望月山 臺表山南 清溪山 西北十里 大王心山 清溪東南 月下山 王心東北 連珠山 南五里下有飛仙洞 彈琴臺 大門山南達川邊蒼壁斗絶高二十餘丈俯臨江水新羅時于勒彈琴處 沱毋臺 在風流山上高岩盤圓高數十丈

嶺路 毛女峴 東六十里清風界大路 惡峴 西五十里崖城閒路石逶盤回界 兩大峙 南三十里閒路 林烏峙 西路陰竹界大路 六十峙 西路 吾信峙 西路安城界 渴馬峴 南二十里通鳥嶺 楡峴 南路延豐通 ○ 漢江 卽北江清風惶恐灘下流經州北至金遷與達川會 浦灘 東北二十里新塘津下流 辰浦 東北十五里浦灘下流澄溪無底俗稱龍淵 龍灘 北十里辰浦灘之下 金遷 西十里 月落灘 西北十五里金遷之次 荷淵 月落之次北二十里 西 莫喜樂灘 西北三十里荷淵之下 固有愁灘 西北六十里 禹至灘 固有之次 愁達川 西八里大門山之下為琴休浦入于金遷 閑雲川 西南四十里出迦葉山東流入達川 三 大挑川 西南三十里出鷲山圓通迦葉等山東流經崇善刋安入于達川 月川 東三十里出毛女峴月岳山戴石山雞立嶺北流為新塘津入浦灘 嚴政川 北五十里出天燈山西流入漢江

形勝 東南負重關複嶺西北據長江大野北與忠州為犄角南引清州為聲援左以控扼嶺南右以藩屏畿甸南北之衝水陸之會土地饒沃人民稠衆

城池 邑城 古稱藏長城郎娘子城之訛新羅文武王十三年修築周二千五百九十二步南北二門 有捿 大林山古城 南十五里周九千百三十八尺井一 大 德周古城 東南五十里月岳山之南周三萬二千七百七十尺泉二漢一 桐岳古城 東三十里周二千二百八十尺井一 天龍山古城 一云鳳凰城周六千一百二十一尺井一 薔薇山古城 有遺址

營衙 後營 仁祖朝置○後營將一員○屬邑忠州清風丹陽槐山延豐堤川永春陰城

漕船十艘一船載二百石

烽燧 大林山見上 心項山東九里 馬山西三十里 望夷山西一百十里 可
倉庫 邑倉 揚津倉肅宗十二年建于揚津之東十大年移建于邑內以儲軍餉
興倉在西北三十里江邊本高麗德興倉又稱慶源倉高麗時漕倉也鄭文忠夢周建設水站 本朝
世祖朝自金遷移建于可興驛東稱左水站收嶺南湖
西十二邑稅穀漕至京師今則收忠州陰城鎮川延豐
清安槐山大邑田稅漕至京師舊有水運判官領納
正宗三年革判官以忠州牧使定為都差使員專掌監
捧川五邑守令輪定領運差使員 東倉東南十里清風界 南倉南四十里 西倉西四十里
北倉北十里遷北岸今 內倉西北三十里
驛站 連源道東北五里屬驛十四山察訪一員 嘉興驛西北三十里 丹月驛
本丹月部曲南十里 用安驛西四十五里高麗稱道安 廢站 林島站 崇善站
丹月站

四

邑內二七四九 [illegible]洞十二市 新塘三八 南倉四九 內倉三八 石院二七 大東院五十 可興[illegible] 用安三八 牛日一六 慶迎樓 望京樓

津渡 浦灘津東北二十五里通堤川 達川津西南八里自京通嶺南大路旱則設橋
新塘津東二十五里通清風黃江驛 木溪津西北二十里通忠州堤川自可 青龍
津西北十里四 北山津北十里通京州及荷潤津 荷潤津西北二十里通可興大路 可
興津在倉北間路
土產 鐵 滑石 海松子 石蕈 松蕈 水獺 蜂蜜 紫草 栗 訥魚
錦鱗魚 鯽魚 白綿紙用中國歲幣
壇壝 揚津溟所壇在翠休浦口高麗以大川載小祀 本朝因之
祠院 八峯書院宣祖壬午建顯宗壬子賜額 李耔字次野號陰崖山人官右參贊贈
左贊成謚文懿 李延慶字長吉號灘叟廣州人官校理贈吏曹參判 金世弼字公碩號十清
慶州人官吏曹參判贈吏曹判書謚文簡 盧守慎字寡悔號蘇齋光州人官領議政謚文懿 ○

雲谷書院顯宗辛丑建肅宗丙辰賜額 朱子 鄭逑字道可號寒岡清州人官大司
憲贈領議政謚文穆 ○ 樓岩書院肅宗乙亥建壬午賜額 宋時烈見文廟 閔
鼎重見楊州 權尚夏字致道號遂菴安東人官左議政謚文純 鄭澔字仲淳號丈岩延日
人官領議政謚文敬 ○ 忠烈祠在達川肅宗丁丑建英宗丁未賜額有御製碑 林慶業
字英伯平澤人官知中樞贈左贊成謚忠愍有畫像
典故 新羅脫解王五年百濟拓地至娘子谷城溫祚十九年
七年百濟王侵新羅娘子谷城溫祚二十一年 二十二年百
濟王至娘子谷城仍遣使新羅請會不從溫祚三十六年一云多婁
三十六年者非 真興王十二年王巡狩次娘城召見于勒令
製琴樂及其弟子尼文于河臨宮令奏其樂 二十六

五

年命阿飡春賦出守國原 興德王三年以金陽溟州郡王
周元曾孫拜中原大尹 ○ 高麗太祖十一年幸中原 穆宗
四年幸中原 高宗四年崔元世金就礪追丹兵于忠
原二州問戰于麥谷追至朴達峴大敗之賊踰大關嶺
江陵而遁 十九年忠州奴隷賊據城作亂遣三軍兵馬
使李子晟討平之 四十年忠州倉正崔守設伏金堂
峽邀擊蒙兵頗多殺獲奪所虜男女二百餘人 蒙古
元帥也窟等圍攻忠州前大卿鄭壽自京山府星州來降
凡七十餘日解圍 蒙兵攻天龍山城黃驪縣令鄭臣
旦防護別監趙邦彥出降 四十一年蒙古元帥車羅

大攻忠州山城風雨暴作城中人抽精銳奮擊之敵遂
解圍南下　四十二年蒙兵踰大院嶺忠州出精銳擊
殺千餘人　四十三年蒙兵屠州城又攻月岳山城官
吏老弱登月岳山祠忽雲霧雷電風雨俱作蒙兵以為
神助不攻而退　四十五年忠州別抄設伏朴達峴狙
擊蒙兵奪所虜人物牛馬兵仗　忠烈王十七年忠州
山城別監報破哈丹獻馘四十級　辛禑七年倭入丑山
島在海寧欲寇安東等處徑甫州醴泉普門社所藏史籍于
忠州開天寺　十一年忠州兵馬使崔雲海斬倭六級
○本朝　宣祖二十五年四月都巡邊使申砬到忠州

六

次丹月驛倭已踰鳥嶺分路直入忠州左軍循達川沿
江而下右軍循山而東從上流渡江戈戟耀日砲聲震
天砬引兵出屯彈琴臺上背達川而陣衆纔數千人賊
大至圍之將卒驚惶大潰盡入達川浮屍蔽江砬與從
事金汝岉忠州牧使射殺賊數十人同赴水而死前巡邊使
李鎰初敗尚州軍脫身從間路渡江馳報兵敗狀　三十年
八月經理楊鎬以吳惟忠統南兵四千守忠州

清風

沿革 本新羅沙熱伊景德王十六年改清風為奈堤郡
領縣高麗顯宗九年屬忠州後置監務忠肅王四年陞

木村所出一
荊山所出七
紺貢所出二

知郡事以縣僧清恭為王師　本朝　世祖十二年改郡守　顯
宗元年以　中宮殿下金氏明聖王后貫鄉陞都護府官員都
護府使兼忠州鎮管兵馬同僉節制使一員
坊面 邑內終五 近南初十終三十 遠南初二十終四十 近西初五終三十 遠
西初三十終五十五 東面初十終二十 北面初五終十五 水化南初三十終五十
山水 因地山南一里 茂岩山東十里有倉庫遺址 三方山一云大德山西北十
三里川界 堤 金谷山西二十五里 錦屏山一云屏風山北五里北有國師峯南有龍湫又
有風穴水穴花楓之辰偏江相望燦然若錦帳 錦繡山東北二十里丹陽界峯巍秀盤據十餘里羣
飛鳳山西南一里峯形峭峻端妙上有湧泉 月岳山南五十里忠州界三國史云月兄山在奈
吐郡沙熱伊縣新羅以名山載小祀本朝係忠州即月岳山祠 白也山南三十里 城隍山

七

清風

寺庵十餘區
毛女灘西南忠州
鳳凰臺
鸚鵡洲
長淮灘

東三里 婦山西十五里堤川界 箭山北十五里 鷲山南一里 嶺路 長善峴西二
十里忠州路 加羅峴西十五里抵陰阻 竹方路北路堤川 通衣峴南十里大路
德山嶺南德山西界 嚴城遷西二十里山腰嶂絕石南遷下臨千丈清江大路 ○潢
江自丹陽龜潭西流為長淮灘環府北經錦屏之陽巖城遷為惶恐灘黃江驛北入忠州地 惶恐灘
西二十里上下兩灘石如門閫下灘水色深黑水底皆盤石甚湮慄 青草湖在錦屏山下江分一派瀦
為湖加蘆 色 玉溪南三十里出鶴城山北流至丹陽界龜潭下流入長淮灘 高橋川北十里許
堤川 滄川西北二十五里忠州界川北之川下流畔堤川 堤 月川西四十里畔忠州
城池 古城補猪城東五里有遺址 古城在城隍山有遺址 新羅文武王十
三年增築沙熱山城
烽燧 衣峴一云甕峙南八里

邑西一大 壽山三八 明月樓

倉庫 邑倉 西倉(西二十里) 北倉(北十里) 轉漕倉(在茂岩山下 高麗時輸慶尚道田賦于此) 古軍倉(在鷲山)

驛站 黃江驛(西三十里) 壽山驛(南二十里) 安陰驛(北五里)

津渡 北江津(北五里 通堤川) 黃江津(在驛北 通忠州)

土産 鐵 棗 紫草 松蕈 石蕈 蜂蜜 訥魚 錦鱗魚 鱉 墨

樓亭 寒碧樓(在客館東 據千尋翠壁 環九曲清江 自樓以下至黃江 通稱巴水)

祠院 鳳岡書院(顯宗辛亥建 賜額) 金淀(字老泉 清風人 中宗庚辰 自號 官副提學 贈領議政 諡文懿) 金權(字而中 號松潭 光海主壬戌 請 宰官戶曹判書 贈領議政 諡忠簡) 金 增(見城) 閣 ○黃江書院(肅宗丙午建 丁未賜額) 權尚夏(見忠州)

典故 高麗辛禑九年 倭寇清風郡 都巡察使韓邦彥與戰

八

于金谷村 斬八級

丹陽

沿革 本新羅赤山(一云赤城○上岳之 山村有赤山古語)東 景德王十六年 爲奈堤郡領縣 高麗太祖二十三年改丹山 顯宗九年屬原州 後改屬忠州 置監務(以縣人能拒哈丹之亂 賞其功) 忠肅王五年 改丹陽 陞知郡事 本朝 世祖十二年 改郡守

官員 郡守(兼忠州鎭管兵馬同僉節制使)一員

坊面 邑內(終十) 東面(初十 終三十) 南面(同上) 西面(初十 終二十五) 造山村(北初五 終十五)所也 村(北初二十 終三十) 北面(東北初二十 終四十) ○金衣谷所(東三十)

山水 凡山(西十里) 乾止山(西北十五里 錦繡山之南) 上岳山(西北十里 南連可隱)

寺庵五大區 翠積峯 鶴棲岩

岩山甚險 但山頂有石井二處 古號赤城 以此 樂樓北壁有巨岳如 城郭之狀 四然倚天 郡之 西南有竜峯 可隱 餘勿真山(東十里 白山西支) 小雞頭山(南二十里 小白山東支 鵲城北支里) 十五里 順興永春界 山之西 距郡三十里 有龍淵 即小白則三 層潭也 潭之左右 鐵壁墻立 過此爲攜內山 即 支也 有八板洞 山中恢然 可居萬兵 四 塞無路 或云自豐基境有線路可通 頭穴山(南七里) 甲山(北四十里) 虎鳴山(東北三十里 甲山南支) 客山(東五里) 虎鳴山(北三十里 南支) 風流山(北十里) 上 鶯飛山(西十里 有大川經流 即上津 巨爪 相對 岳東支 高大絕險 與上岳相對) 錦繡山 北二十里 清風界 有寒岡 丹邱峽(西二十里 層巒疊翠 積岩對峙 一起江) 中注峻拔 有雪馬洞 擁綠 五老峯 玄鶴峯 彩雲峯(俱在西三十里) 峯 臨水 玉筍峯(西二十里 四五石峯 高仞純是一抽石拔 而如玉筍) 峻拔 直如巨人拱立 又多盤石 長林 隱 雲岩(在南七里 一小 ...) 水落則石出 水深則石沒

九

丹陽

有石壁 而東南山峽之水 大而爲溪 號曰雲溪 又旋繞於 石壁之下 顛有溪山之致 雲岩東數里 有銑潭 又有水 雲亭 棲鶻岩(在上 千尋壓津邊 鐵壁) 三仙岩(在南峽間 川上流十餘里 大里) 溪從石洞流下 溪底 兩岸 俱石 峯當 或如床 揭 或 如城 及 神劍 鵲城之上 奇岩 西北 析至 此亂石間 激 而 下 爲 怪 奇 水 流 懸 崖 經二樂 樓 入 於 大 江 碑 左 南 十 里 岩 峭 截 如 樓 筆 其 高 爲 釋 長 林 環 壁 絕 在 奇 岩 (之上 下 環 流 爲 潭 降仙臺(從江上可坐百餘人 盤 立) 路嶺 竹嶺(東南三十里 順) 與界 通 慶 尚 道 大 路 ○ 新 羅 阿 達 羅 王 五 年 春 使 竹 竹 始 開 此 路 故 名 之 嶺 西 有 竹 竹 祠 嶺 頗 險 阻 上 有 古 城 時 道 址 所 築 新 羅 時 ... 加 文峴(北 三 十 五 里 甚 險 阻) 永 雞 卵 峴 虎 踦 峙(西 北) 路 代 峙 醴 泉 檜 嶺(南 路) ○ 漢 江(自 永 春 界 西 流 經 卵 島 北 入 淸 風 界 有 揄 灘 車 灘) 石 項 花 灘 三 所 要 項 灘 智 島 潭(北 行 迤 東 而 入 江 水 滙 渟 深 潤) 東 二 十 四 里 永 春 界 凌 上 津 北 蒼 壁 千 尋 三 石 峯 峙 于 江 中 各 離 立 而 一 行 如 錢 奇 巧 但 低 小 無 凌 雲 之 象 黃 楊 側 柏 倒 生 石 罅 有 絃 石 門 孔 岩

貢文城

勝之 亀潭 西二十里清風界石峯浸水形如亀兩岸石壁參天江鷹其間石峡重重互遮如門戶西左右

有降仙臺 彩南川出鵲城山北流為仙岩川經郡西入

雲玉笥二峯 南川 于下津猶羽化川〇一出兜率山北

流至仙岩 北坪川 南五里出竹嶺北流經長林驛為雲溪入上津之下 靈川 出甲山南

奥南川 流經靈泉驛南流經買浦倉 會錦繡山之水入上津之下

城池 古城 北三里石築周一千七百六十八尺有大井 獨樂城 在郡東南其西南北皆峻絕唯東面略設堞復亂石崎嶇乃登 可隱岩古城 在江北中有叉川可容數千人古避亂處

岸郡西十五里極險阻周三千十八尺有三泉麗末本郡及堤川清風人避倭于此

烽燧 所伊山 西二十里

倉庫 邑倉 買浦倉 東北三十里

自邑西南至清風槐谷三十里

驛站 靈泉驛 東北四十里 長林驛 東十里

十

邑內 五十 買浦 三八

津渡 上津 北二十里 一云馬津 東 下津 西五里

土産 海松子 棗 漆 紫草 峯蜜 松蕈 石蕈 五味子 黃楊 墨 辛甘菜 訥魚 錦鱗魚

樓亭 二樂樓 郡西三十步川邊積石斗起攢峯疊翠連左右眩東西崖間峡坼一江中注浩漾藍碧江北側而絕險上數百支有城可隱故名可隱岩 鳳棲樓 邑內 蒼霞亭 亀潭上 棲碧亭 舍人岩中 水雲亭 石賓雲岩傍

壇壝 竹嶺壇 在竹嶺山上以名山載小祀 本朝

祠院 丹岩書院 宣祖甲寅建 肅宗壬午賜額 李滉 見文廟 禹倬 字天章丹陽人 官成均祭酒直賢直提學致仕謚文僖

典故 高麗 辛禑 八年倭踰竹嶺寇丹陽郡元帥邊安烈韓

邦彥等擊破之斬八十餘級獲馬二百餘匹 九年十

一年倭寇丹陽

槐山

沿革 本新羅仍斤內 景德王十六年改槐壤郡 上領縣三長 高麗太祖二十三年改槐州 顯宗九年屬忠州 後置監務 本朝 太宗三年陞知槐州事 世祖十二年改槐山郡

邑號 始安 高麗成宗所定

官員 郡守 兼忠州鎮管兵馬同僉節制使 一員

收叔田處南二十 世子處 毛抻所 主乙長伊所

坊面 一道 西五終 二道 西初十五終 東上 初三十終 東中 初三十五終 東下 初二十終 北上 初二十五終五 北下 初二十終 南上 西十三初終南

槐山

十一

南中 初二十八終 南下 東南五終 初四十 西面 初三十終四十

寺庵 五大匠

宜松山一

山水 大原山 北一里山國圓 小錦山 西二里 南山 南三里 元城山 一云明德山

頗伽山 東南二十里〇叉溪寺 軍帶山 同上 松明山 東北二十里一云佛山 與

普光山 西南二十五里 小井 有頂 同上 小馬山 一云老相連鳳鶴山與清安界 善自

所山 北十里 南山 南十七里 寶山 東延豐三十里界 開香山 東十五里 永

瑩山 北二十里 水津山 北五里 金鳳山 南十里 審岩山 南二十里清安界

石奇勝水清澈泉 龍在山 西南十里 二 路嶺 松峴 西三十里清安界 上里峙 西南

二十里 茅峴 東二十里延豐路 窟峴 南三十里華陽洞路 道東衣峴 西北二十里陰

城界 古峴 北二十里忠州界 〇 槐灘 東之忠州地 清川下流為達川〇槐灘 北流以

東籠峡中資盪湲山明淨田地頗善 南川 出松峴東流經郡南 郡東五里與北川合 至北川道出

車衣峴東流經郡北至郡東五里與南川合入槐灘 伊火川 東二十里詳延豐

城池 古城 在帀岱山稱白和城

倉庫 邑倉 柳倉 東二十里古稱世伊倉古之收貢稅處後廢

驛站 仁山驛 北二里

津渡 槐灘津 通延豐水漲則設橋

土產 漆 紫草 蜂蜜 訥魚 錦鱗魚 棗

樓亭 挹翠樓 避暑樓 尊賓樓

典故 高麗高宗四十一年蒙古候騎至槐州城下散負
張子房率別抄擊破之 辛禑八年倭賊二百餘騎寇槐
州元帥王安德金斯革都興戰斬三級 恭讓王二年

倭寇槐州

延豐

沿革 本新羅上芼 景德王十六年為槐壤郡領縣 高麗
太祖二十三年改長延 顯宗九年屬忠州 本朝太祖
三年以長豐來併仍稱長豐置監務 太宗三年改延
豐十三年改縣監 世宗十一年割忠州東南界以屬之成宗七年又割忠州水回村以屬之

官員 縣監 兼忠州鎭管兵馬節制都尉 一員

古邑 長豐 西十里本新羅地景德王十六年改長豐為槐壤郡領縣高麗顯宗九年屬忠州 本朝太祖三年併于長延

坊面 縣內 終十五 古汝里 東北初二十終四十 水回 北初三十終五十 勉義

西初二十終四十五 長豐 西初二十終三十

山水 公正山 東五里 周井山 北三十五里 朴達山 西北三十四里忠州界
亭子山 西十里覺聞寺 ○ 景項山 東北二十里 曦陽山 東南二十里聞慶界 馬
本山 西二十里 萬壽山 東北三十五里 場項山 北三十里 三古山 西二十里 丈
岩 西二十里伊火川邊

嶺路 雞立嶺 一云麻骨岾東北三十里聞慶界新羅阿達羅王三年始開雞
立嶺路 鳥嶺 東北二十里自京通慶尙大路詳聞慶 伊火峴 東七里聞慶界通聞慶捷路
牛峴 北十里 松峴 北三十里並通忠州大路 楡峴 北四十里忠州界 茅峴 西三十里
槐山界大路 周峴 南二十里聞慶界通加恩 ○ 雞立川 北三十里出雞立嶺鳥嶺西北流經
安富驛水回村入于達川上流 伊火川 西五里出鳥嶺及伊火峴合于縣西西北流經丈岩之北入于
槐灘下流 溫井 在安富驛西

烽燧 雞立嶺 周井山 詳見上

倉庫 邑倉 水回倉 北四十里北至清風黃江三十里西至槐山五十里

驛站 安富驛 東北二十八里 新豐驛 北九里

土產 海松子 蜂蜜 棗 松蕈 石蕈 辛甘菜

樓亭 凝香亭 攀桂亭 漱玉亭

典故 高麗辛禑八年倭寇長延縣

陰城

沿革 本百濟仍忽 新羅景德王十六年改陰城為黑壤
郡領縣 高麗顯宗九年屬忠州 後置監務 本朝太宗
十三年改縣監 宣祖二十五年革屬淸安 光海主十

金前部曲西五 巴川部曲南二十

甑山南三十里

白也峙

邑內場二七

陰城

西

年復舊號 邑雲城

官員 縣監 兼忠州鎮管兵馬節制都尉 一員

坊面 東道 終五 南面 初十終二十 近西 初十終二十 遠西 西南初二十終四十

山水 水精山 東三里山下有審者有古邑遺址補官坪 又 迦葉山 北八里忠州界山顚高聳 吹將山 西十里 普賢山 西二十里 射香山 西南十里 三訥文山 西南四十里清安界 玉川山 南五里 亭子山 東南十里 麻谷山 南二十里 熊岩 西南十里

路嶺 品峴 西十里 比音峙 西五里 惡峴 東十里忠州界 行峙 南二十里槐山界 君子峙 西三十里忠州界通鎮川 炭峙 北十五里忠州界 ○ 注川 出普賢山南流為草川至鎮川地為注川 閔雲川 出普賢迦葉兩山東流經縣南至忠州地經洑里佛項里入蓮川

城池 古城 在水精山上補雪城周一千二百七十一尺井一

烽燧 迦葉山 見上

倚松亭

驛站 坎原驛 西一里

典故 高麗恭讓王二年倭寇陰城

永春

沿革 本新羅乙阿旦 一云阿達城 景德王十六年改子春 呼子為阿達 為奈城郡領縣 高麗太祖二十三年改永春 顯宗九年屬原州 本朝定宗元年自江原道移隷本道 始置監務 太宗十三年改縣監 本邑古址在西北三十七里於上川

官員 縣監 兼忠州鎮管兵馬節制都尉 一員

坊面 縣內 終二十五 東面 初七終三十 大谷 西南初二十終二十 加耶 西初二十五終四十 於上川 西北初三十五終五十 車衣谷 北初五終四十 ○ 立石部曲北四十五

赤峴 西

今驚介田村 沓谷部曲東大所 耻谷部曲西北五十六 今水出只村 澤坪所西三十五

山水 北亏介山 東一里 浮雲峯 縣北 城山 南三里山下有石窟高丈餘廣可十餘尺深入無際有水混西出深可浸曉清冷如氷有人持炬十步而入穴猶未竟窟中石壁凡成以物形者奇怪千萬所謂南窟 小白山 西南三十里順興界 太華山 北三十里寺越界 於羅山 西北五十里堤川界 加羅山 西三十里 三朶山 北四十五里堤川界 白也山 南三十里 屛風山 東七里 城閒山 南七里 笛古之山 南三里 毗摩羅山 西八里大江經其前縁崖鑿壁開路 於尼山 東二十里 兄弟山 東南十里 石壁 北五里環江所謂北壁

路嶺 別退峴 東十五里通奉化 重峙 西北三十里通堤川大路 馬兒嶺 串赤嶺 俱在南三十里通順興豊川甚險阻 加文峴 西南丹陽路 每南峴 同上 呂村嶺 東南嶺春 香山遷 西二十里江路 ○ 漢江 北二里自寧越西南流左經龍穴即南窟

永春

十五

右經赤壁即北壁為訥魚灘左過南川經古城山經臺岩石門右過車衣川至香山遷左過伐海川右過加耶川西南為丹陽島潭 義豊川 北二十里訖峙業平川譯亭越 南川 出順興紫蓋山北流經縣南入江 車衣川 北四十里出太華三朶二山南流入江 伐海川 出小白山西流里香山遷入江 加耶川 出於羅山南流為於上川入江

城池 古城 南七里城山之南周一千五百二十三尺井一

倉庫 邑倉 外倉 在北四十里

驛站 吾賜驛 西北四十里

津渡 北津 通堤川大路北二里

土産 海松子 蜂蜜 紫草 黃楊 松蕈 石蕈 訥魚 綿鱗魚

典故 新羅文武王十五年靺鞨潛師入阿達城劫掠城

邑內四九 任縣一六

蘊真亭

生素郡奮擊突賊賊不敢逼但向素郡射之自辰至酉矢集其身如蝟遂死○高麗辛禑八年倭寇永春

堤川

沿革 本新羅奈吐景德王十六年改奈堤郡領縣二赤山淸風隷朔州高麗太祖二十三年改堤州成宗十四年置判史穆宗八年罷之顯宗九年屬原州睿宗元年置監務本朝 太宗十三年改堤川縣監 邑號 大堤 義川高麗成宗所定 義原本邑古址在西二十里 古號 縣監兼忠州鎭管兵馬節制都尉一員

坊面 東面初五終二十 南面同上 北面初二十終三十 縣左東終十 縣右西終三十 近左南初十五終四十 近右西初十終三十 遠西西初四十終七十 ○負林部曲南一十陽城部曲北二十五小堂部曲西二十今所陽里山尺處西四十空持所西五十

堤川 十六

山水 龍頭山北十二里上有小池 大德山一云小岳山北二十里 紺岳山北四十里原州界 釜谷山東二十里永春界 毋遊山西十五里 豆毛谷山西十五里與毋遊山相對 鵄文山西六十里 虎鳴山東南十七里永春界 末應達山南十里 伐山東二里 齊非郞山西五十里 孔雀山西北二十里 三条山西南十八里 九鶴山西五十里上有影臺臺下有井 月白雲山西七十五里原州界重疊間壑甚多 烏鵲山一云歌鳴山東十八里 嶺路 朴達峙西三十五里通忠川木溪距京大路 大峙西南十里淸風路 蘆院峙東南二十里永春路 拜峙西八十里忠州界 石峙東二十里 世扭峙北二十里原州界 ○高橋川西二十里出原州雉岳南流至齊非郞山之北爲層巖左過沙溪至淸風錦屛山之西入于北津下 沙溪出釜谷大德二山會西西流經縣南入高橋川

屯之川西四十三里出白雲九鶴兩山南流經遠西倉爲屯之川爲滄川入于淸風恠恐灘 義林池北十里邑號以堤者此也本朝世宗朝命道臣鄭麟趾修築周可五里以溉一邑之稿田池之對岸有燕臺自此向西泉三十餘里

城池 古城縣北 齊非郞古城 大德山古城 紺岳山古城周三万二千六百尺絶險不用築

倉庫 邑倉 周浦倉西二十里 遠西倉西四十里

邑內乇 倉里天 挹平樓

驛站 泉南驛西六里

土産 鐵 棗 蜂蜜 紫草 松蕈 辛甘菜

典故 高麗高宗四年中軍兵馬使崔元世前軍兵馬使金就礪自忠原二州追擊丹兵於堤州朴達峴大敗之

十七

賊由是不果南下 辛禑九年倭寇堤州 十一年倭寇堤州都兵馬使崔雲海屢戰獲首級以獻

淸州

沿革 本百濟上黨三國史百濟地志云西原縣一云娘子谷城一云娘臂城者皆誤也娘子谷城今忠州娘臂城無所考 新羅神文王五年初置西原小京置仕臣仕大舍各一人○以阿食元泰爲仕臣 景德王十六年改西原京置大尹少尹各一人 隷熊州高麗太祖二十三年改靑州後改淸州成宗二年置牧十二牧之一 牧 十四年置全節軍節度使十二節度之一隷中原道 顯宗三年改安撫使九年置牧八牧之一○屬郡二燕山沐州屬縣七鎭州全義靑川道安淸塘燕岐懷仁 隷楊廣道忠宣王二年降爲知州事沐諸

牧 恭愍王五年復爲牧 本朝 世祖十二年置鎭(管十二邑) 燕山主十一年革本州分屬傍邑(以州人李殷者 公旦官中) 顯宗八年
宗元年復舊 孝宗七年降西原縣(以奴弒主)
復舊 肅宗六年降縣十五年復舊 英宗七年降縣
(以戊申逆亂) 十六年復舊 正宗元年降縣(以逆女孝壬胎地) 純
祖二十五年降縣三十四年復舊 哲宗十三年降縣
(以金順性逆謀)

【邑號】琅城

【官員】牧使(兼淸州鎭兵馬僉節制使)一員

【古邑】淸州(東六十里本百濟薩買縣新羅景德王十六年改淸川爲三年郡領縣高麗顯宗九年來屬)

【坊面】東州內(終十) 西州內(終五) 南州內(終十) 北州內(終十) 山外一(東北初三十終四十) 山外二(東同) 上山內一(東初三終五十) 十山內二(東初二十終八十) 山內二上(東初二十終四十) 山內二下(東初十終三十) 西江內一(西初十終四十) 西江內二(西南初三十終四十) 西江外一(西初四十終五十) 西江外二(西初三十終四十) 南一(初十終三十) 南二(同上) 南次二(西南初十終四十) 北江內一(初十終三十) 北江內二(初三十終五十) 北江外一(初二十終五十) 北江外二(初三十終五十) 修身(西北初五十終六十) 靑川(卽古邑初六十終一百五十) 周岸(本周岸御越在文義懷仁南界○南初七十終八十) 德坪(本德平御越在天安南界○西初八十終九十)

吳境部曲(北三十) 鷄谷部曲(西南二十五) 調里部曲(北四十在靑安) 由身部曲(在靑川) 新羅所(在靑川) 背陰所 楸子所

【山水】唐羨山(東一里有土城基) 洛迦山(東七里) 仙到山(東二十里) 黔丹山(東六十里報恩界百濟僧儀丹所居故名) 猪山(西三十里) 龍子山(西北五十里全義界○桐林寺) 上嶺山(東十五里) 俗離山(東九十里報恩界) 箕谷山(東五十里靑川之西) 入峯山(西十五里鵲川野中皆平)

(寺庵十五區 又壹臨可望京城故老相傳高麗以鎭所靈)
(落影山在州東八十里俗離山北麓峰秀奇岩石壯麗諸傳石上有將軍馬跡畵時放山影落於中流望之畫如勸者出西訪之佛像於峰巒之上故名稱落影山)
(淸州界達文于龍華洞)

用徽麓白決細川 金雞山(南二十五里文義界) 引頸山(東三十里挺高峻) 彌勒山
靑川古縣北 祗羅山(東四十里) 歡喜山(北三十里) 佛日山(俗離之北) 靑華山(寺峰特秀岩石成層世祖大王行幸俗離山時駐蹕于懷仁之卒下馬見鷂飛翔之狀命建寺其上)
俱東一百餘里昔負仙遊之幽邃前臨龍遊之奇勝山水瑞明顯異 落影山(今稱洛陽山一云施串山) 間府深邃大溪灣下石崖石泉千回萬折奇巧淸妙○國士峯 宣祖壬辰提督官趙憲起義兵大捷于此
華陽洞(在治陽山下西至靑川倉二十里北至槐山治五十白石淸泉洞壑晃朗有萬東廟華陽書院煥章庵奉安毅宗皇帝御筆○有曉星臺五雲臺鶴巢岩臥龍岩泣弓岩) 仙遊洞(在靑華東北絕頂是廻洞府深長有虎巢自七星臺東踰嶺脊爲內仙遊洞卽闕慶地) 龍華洞(在靑川之東南通近俗離不甚險阻小開松面里府左靑華俗離之幽隱處郊峒但峽舐佛聚府近廻多有人所不到處)
九老洞(東五十里泉石絕勝)

【嶺路】華淸嶺(東路) 三日峙(報恩界) 塔峴(華陽洞西北槐山界) 杻峙(俗離西支報恩界自報恩通華陽洞) 熊峙(東南報恩界大路) 栗峙(南二十里)

赤峴東南

(文義界大路) 皮盤嶺(東南三十里懷仁界大路險阻) ○鵲川(西北二十里淸安之磻灘西南流爲檜根津鵲川眞木灘網川浮淵灘至燕岐爲東津江詳首巷○川之左右皆大野而徽洞細麓盤回有金城長命寺的正左等村并有灌溉之利川之東南四十餘里大野中有一小山名八峯) 眞木灘(西二十里) 薪浣之南倉 網川(西二十五里) 浮灘(西四十里) 靑川(一云剛川詳首巷達川江東大十里○俗離之水灣環曲抱障北通南內多名村地産鐵且饒室檜榔之材○西有玉流臺川谷岩石巖有幽致以東爲龜灣溪山絕勝風氣寒○東南教十里爲拖西里在淸州尙州聞慶三邑之支) 雙川(東三十里出上嶺山東流并川西北五十里木川之并川南流至入靑川上州界爲所灘入于眞木灘詳木川) 大橋川(皮盤嶺赤峴之水西北流經州城西入于鵲川) 華陽川(靑華佛日俗離之水合而西流經華陽洞入于靑川) 椒水(東三十五里水味椒而冷洽之已疾 本朝世宗 世祖俱幸于此) 北藪(北三里孝宗潛邸時命名風林)

形勝 左據嶺峽右挾原野大川中貫巨岳盤紆境壤遼曠民物富繁北控忠原南扼公山虔湖嶺三道之衝應援易及聲勢得宜故自古為用武之地

城池 邑城 本朝正宗乙巳改築周一千四百二十七步甕城二門四井十二 上黨山城 在上嶺山上肅宗四十二年因古址改築周二千九百十步雉城三砲樓十五井十五○守城將牧使兼兵營將 廣陵古城 東二十里唐羨山周五千二十二尺井四 青川古城 在蒲勒山周五千七百七十九尺井一 猪山古城 周五百四十五尺井一 十 謳羅山古城 周二千七百九十尺井二 母城 西十五里周二千四百二十七尺有大池 ○新羅神文王九年築西原京城 高麗太祖二年城青州 十三年築青州羅城遂幸焉

猪山城謳羅山城 三國時置邑處西 今未詳

二十

管五鎮營

營衙 兵營 高麗恭愍王時崔瑩建議置都節制使營于伊川縣 本朝太宗二年改兵馬節度使營十八年移于海美縣 孝宗二年又移于北 館 忠清道兵馬節度使 中軍 兵節 馬虞候○留營鎮上黨山城 營將各一員○中營 仁祖朝置○中營將一員○屬邑清州天安文義懷仁青山報恩黃澗永同清安鎮川稷山木川

烽燧 巨大嶺 東十五里

倉庫 邑倉 兵營倉 在邑內 軍餉倉 上黨 青川倉 古邑 薪院倉 西北二十里 金城倉 北四十里 五 周岸倉 周岸 楮根倉 北二十里 呼吳公倉 紀

驛站 栗峯道 北七里上嶺山南○屬驛十六○察訪一員 雙樹驛 南十五里 猪山驛 猪山下 長命驛 高麗備長池 西北五十里

橋梁 楮根津橋 真木灘橋 鵲川橋 右三處廢 則用舡

南石橋 二七 新陽 四九 双橋 二十 楮根 三八 長命 二七 烏致院 四九 周岸 二十 米院 四九 青川 二七

土産 鐵 柿 棗 蜂蜜 紫草 石蕈 松蕈 紙 漆 錦鱗魚 銀口魚

樓亭 拱北樓 北三里 望仙樓

廟殿 萬東廟 肅宗甲申建每歲三月九日行祀 神宗顯皇帝 毅宗烈皇帝

祠院 莘巷書院 宣祖庚午建 顯宗庚子賜額 李珥 見文廟 李穡 見長湍 慶延 字大有號南溪清州人 官尼山縣監贈號徵君 朴薰 字馨之號江叟密陽人 官承旨贈吏曹判書謚文度 金淨 字元冲號冲庵慶州人 官刑曹判書贈領議政謚文簡 宋麟壽 字眉叟號圭庵恩津人 明宗丁未被禍官吏曹叅判贈吏曹判書謚文忠 韓忠 字恕卿號松齋清州人 中宗辛巳為南袞所害官承旨贈吏曹判書謚文貞 宋象賢 見開城 李得胤 字克欽號西溪慶州人 官槐山郡守 ○華陽書院 肅宗丙子建同年賜額 丙申御筆揭額 宋時烈 見文廟 ○表忠祠 英宗辛亥建 丙辰賜額 李鳳祥 字儀叔德水人 英宗戊申以忠清兵使為逆賊所害 官訓鍊大將 贈左贊成 謚忠愍 南延年 字壽伯宜寧人 戊申以清州營將殉節 贈左贊成謚忠壯 洪霖 字春卿南陽人 戊申以兵使裨將殉節 贈戶曹叅判

二十一

典故 高麗太祖十一年後百濟將金萱等領兵來侵青州 庾黔弼自湯井郡往趨青州與戰敗之追至禿岐嶺 列傳作禿岐鎮 殺獲三百餘人馳詣中原府見太祖具奏戰狀 太祖遂幸青州 顯宗元年王自公州次清州 自羅州還都時 恭愍王十一年王自尚州幸俗離寺 取觀梁山通度寺所藏佛骨及袈裟 次元岩驛 指沃州 取間道次報令縣 又次懷仁縣至清州 十一年正月王在清州幸北亭拜表遂登拱北樓

命文臣和韻 監寮司上言竊聞乘輿欲幸水原營官闕 水原伏蹊濱海倭寇可虞清州且居之道
之衛使於轄餉賊不能近頸姑駐駕清州 辛禑四年倭寇清州賊鋒甚銳我
軍望風而遁賊四出攻掠我軍復秉間襲之斬十餘級
辛昌時倭寇清州及儒城 公州 ○本朝 宣祖二十五年
四月倭據清州防禦使李沃助防將尹慶祺相繼軍潰
前提督官趙憲倡起義兵募得千餘人公州牧使許頊
使義僧將靈圭率僧軍助憲靈圭獨與賊相持屢日憲
聞之遂進兵清州與靈圭連兵進薄西門親冒矢石竟
日督戰士皆致死賊出戰大敗憲將麾衆登城忽有驟
雨士卒寒慄遂退陣於對峯以臨城中是夜賊燒火樹

二十二

旗爲疑兵空營而潛遁北門 英宗四年逆賊權瑞鳳
等聚軍陽城與清州賊魁李麟佐合兵夜犯清州城中
開門引賊兵使李鳳祥營將南延年裨將洪霖皆罵賊
不屈而死之虞候朴宗元在上黨山城降于賊於是麟
佐據兵營自稱三南大元帥鄭世胤爲副元帥申天永
爲兵使朴宗元爲營將李培爲中軍崔擎宇李晩爲左
右將軍李義衡爲追勇都尉安學基爲防禦使權瑞鳳
爲清州牧使睦涵敬爲清安縣監李之慶爲鎭川縣監
郭長爲木川縣監投撽列邑招聚軍馬留天永等守上
黨山城麟佐率兵一千五百餘世胤率兵一千七百餘

並向鎭川 巡撫使吳命恒自竹山之捷引兵至清州
牧使與召募使俞崇率官砲手三四百名并進上黨城
下則本州士人朴敏雄自爲義兵將倡率同志設機捉
天永麒佐縛麟佐等十八賊並斬之

天安

沿革 高麗太祖十三年割湯井 溫陽 大麓 木川 蛇山之地置
天安府 成宗十四年改歡州置都團練使 穆宗八年罷
之 顯宗九年復爲天安置知郡事 屬郡一溫水屬縣七牙州新昌豐歲平澤
稷山禮山安城 忠宣王二年改寧州 恭愍王十一年復爲天安
府 本朝 太宗十三年改寧山郡 十六年改天安郡

天安

二十三

遠一 遠二 遠三

官員 郡守一員 兼清州鎭管兵馬同僉節制使 一員
古邑 豐歲 西南二十五里本百濟甘買後改林川新羅景德王十六年改馴雉爲大麓郡領縣高麗
太祖二十三年改豐歲顯宗九年來屬
坊面 上里 東終五 下里 西終五 郡南 終十 郡西 終十 大東 南初十五終二
十 小東 南初十終十五 一南 初三十終四十 二南 初二十終三十 内西 初十二十終
北一 初五十五 終 北二 初五初十 新宗 本新宗部曲越在禮山北界西終八十里 德興
本德興部曲越在新昌西界西終大十八里 毛山 本毛山部曲越在牙山東界西北終四十里 頓
義 本頓義鄉越在牙山西界終大十二里 ○新宗德興毛山頓義皆挾浦野地
山水 王字山 稷山聖居山西支東北十五里舊有留巖王寺其東爲木川界稱留王洞甚幽邃
水朝山 東南十里 道高山 東南十五里 太華山 西南四十里西支稱廣德山北支稱

大鶴山皆以寺名也南連公州武城山 西連溫陽白雲雪峩兩山重疊為限 嶺路 直里峙 南四里通公州大路 松峴 西二十里溫陽界通溫陽大路 蓋高峴 北十里稷山里通京大路 納雲峙 東十二里木川大路通〇 太華川 西南三十里出太華山及武城山北支北流與良安川合

良安川 南二十里出車嶺北流與太華川合至溫陽為布川 青池浦 在新宗德興之間郡頓串浦上流 因陽浦 在牙山貫頓義面入頓串浦

城池 王字山古城 距郡二十里高麗太祖南征甄萱時駐軍于此因築壘觀兵山下有鼓庭 遺址 道里峙古壘 在峙上 峙古城 北十里有土築遺址

烽燧 大鶴山 西南二十五里

倉庫 邑倉 毛山倉 在牙山市浦 新宗德興頓義 皆有倉

驛站 新恩驛 北十里 金蹄驛 南二十里

二十四

邑內 三八 豐歲 四九

土産 柿棗鯽魚蟹

典故 高麗文宗三十六年次天安府 幸溫泉時 高宗四十三年避蒙古兵知郡事入仙藏島後還舊地 仙藏島新昌西界頓義南界海浦泥生為島處 辛禑元年四年倭寇寧州 恭讓王二年倭寇揚廣道諸邑遣我 定宗及知密直司事尹師德捕之遇賊于寧州道高山下斬百餘級取所虜男女以歸〇本朝 世祖八年 上與中宮及王世子幸華山之廣德寺

沃川

一云岱山郡 一云管山城

沿革 本新羅古尸山 景德王十六年改管城郡 領縣二 利山安貞 隸尚州 高麗顯宗九年屬京山 仁宗二十一年置縣令 明宗十二年吏民執縣令洪彥出之有司奏除官號 忠宣王五年陞知沃州事割京山府所屬利山安邑陽山三縣以屬之 本朝 太宗十三年改沃川郡 自慶尚道來隸本道〇管城時古基在治西十五里今稱植栗坪

忠烈王時以巨府吏僻尋析之

官員 郡守一員 兼清州鎮管兵馬同僉節制使一員

古邑 利山 南二十里本新羅所利山景德王十六年改利山為管城郡領縣高麗顯宗九年屬京山明宗六年置監務 安邑 東北三十八里本新羅阿冬兮景德王十六年改安貞為管城郡領縣高麗太祖二十三年改安邑顯宗九年屬京山 陽山 南五十九里本新羅助比川景德王十六年改陽山為永同郡領縣高麗顯宗九年屬京山明宗六年置縣令〇右三邑忠宣王五年來屬

坊面 郡東 初十五終三十 郡西 初七終三十 郡南 初十終五十 郡北 初十五終

沃川

二十五

三十 利內 南初二十五終三十 利南 南初三十終四十右二面利山 安內 東北初十五終四十 安南 東初十二終四十 安東 上同右三面安邑 陽內 南初五十終六十五 陽南 南初七十終一百五〇酸汁若鄉南十今銀所村古邑基表峴部曲利山於毛所安邑

南一 南二 歐竹嶺所在管成鄉

山水 馬城山 北一里 智勒山 南十五里 三聖山 西五里 大聖山 古各東林山南二十三里 月伊山 東二十里 摩尼山 南五十里永同陽山古縣北 環山 西北十五里 西臺山 西南二十里珍山界 天摩山 在陽南見永同 飛鳳山 在陽山古縣錦山界 甘露山 西北二十里增若驛北

嶺路 文峙 東北四十里報恩界 長先峙 北三十五里懷仁界 馬鞍項 東南二十里 遠峙 西北二十里懷德路 五 列狐峙 南七十里茂朱界 鞍峙 東四十里 馬達峙 東北四十里 杻峙 東四十里右三處青山界 〇廣石江 在陽山古縣茂朱召角津下流 虎灘 智勒山之陽廣石江下流 赤登江 南四十里永同

界虎灘下流 車灘 東十里赤堂江下流化仁江北大里車灘下流西陽 北流為懷仁赤記灘經

南川 出來同界西 流入廣石江 西華川 源出珍山萬仞山東北流經 西臺山環三聖山之西入化

仁江 彩霞溪 在陽山縣 九龍溪 在利山縣右二溪在赤豊之上 沿溪多層岩秀石西北高障東

南敞銘清而嶤而曈往往涯渟滀可 用舠艭東近黃岳德裕二山可以避兵

城池 馬城 郡北 三聖山古城 一云西山城周二千一百四十一尺井一 摩尼山

古城 陽山古縣北周四千六百三十一尺井一 新羅敬順王二年後百濟王

甄萱命將軍官昕築城於陽山高麗王命吾城將軍王

忠擊走之

烽燧 月伊山 環山 俱見上

倉庫 邑倉 利山倉 安邑倉 陽山倉 各在其古縣

邑內二七 增若四九 舟岩二十 利山一六 陽山三八

驛站 增若驛 西二十里北 文義五十里 化仁驛 東北二十五 里古補利仁 順陽驛

陽山古縣西四里 土坡驛 利山古縣南二 里古補土境 嘉和驛 西三 里

津渡 化仁津 赤登津 虎灘津 右三處冬 則設橋

土産 鐵 紫草 蜂蜜 柿 棗 錦鱗魚 銀口魚 訥魚

祠院 表忠祠 光海主戊申 建己酉賜額 趙憲 見金浦 金集 見太廟 宋浚吉

宋時烈 俱見文廟 趙完基 字德恭白川人憲子宣 祖壬辰同父殉節贈持平

典故 新羅眞興王十五年百濟王 聖王 親率步騎與加良

未詳 城主來攻管山城軍主于德等逆戰失利新州軍主

金武力以所領新州兵赴戰與三年山郡主高于都刀

擊殺百濟王諸軍乘勝斬佐平四人士卒二萬九千大

禑六年鎭浦敗倭焚伊山縣

百人匹馬無返者 武烈王二年遣金歆運代百濟營

陽山下欲進攻助比川城 陽山 敗績歆運死之百濟修馬

川城 卽馬城 新羅將軍金庾信攻百濟助比川城克之

文武王十三年改築馬川城 景文王六年伊飡允興

與弟叔興謀逆事覺走岱山郡王命追捕斬之 ○高麗

辛禑 四年倭寇沃州 六年倭再寇沃州 九年倭陷沃

州 十年倭寇安邑 辛昌 己巳倭寇沃州 ○本朝 宣

祖二十五年倭寇沃川

報恩

沿革 本新羅三年山郡景德王十六年改三年郡 領縣二 清川耆

報恩

林堰郡西東三十

山 高麗太祖二十三年改報令 令作一 顯宗九年屬尚州

明宗二年置監務 本朝 太宗六年改報恩 以與保寧縣音

相似 十三年改縣監 自慶尚道來隸本道 純祖朝陞郡守 邑號 三山

官員 郡守 兼清州鎭管 兵馬同僉節制使一員

坊面 內北 初三 三十終 外北 東北初三 終三十 俗離 東北初十五 終四十五 王

來 東初三十 終四十 馬老 東南初三十 終四十五 三升 南初十七 終三十 炭釜 南初

十五 四十 終 西尼 西初三 終二十 水汗 西初三 終三十 思角 北初四 終二十

山水 蛇山 縣北 蛙山 縣西 鼠山 縣南 烏項山 東五里 大德山 西南 十里

金積山 南二十五 里青山界 換丹山 北三十五 里清州界 歸岩山 東南四十 里尚州界

俗離山 東北四十五里盤據本邑及清州間慶尚州之 界石勢高大重疊峯巒攢空如列萬戟山下皆

道明寺 獅子庵 九峯俗離南支也見尚州 高麗文宗二十年丙午也 自法住至青川店五十里 彌陀庵 文殊山南二十 楸峙西路

石次洞府紆回漈邃多異洞別壑泉奇岩有八潭九
邃之號山之兩崖紆餘開豁九邃之中一水回環曲轉
每曲有潭搭八第一潭曰水潭○俗離寺在山之西
○法住寺在山之南新羅僧義信建聖德王重修有石
槽石搗石瓮石鑊寺中有珊瑚殿五層閣也丈六金身
佛山座銅搗高可百仞架丹梳和二十四年○天福泉
寺在法住寺之東有泉自石縫僧出○天王峯西
在俗離寺之南七里與文藏臺相對○水晶峯在法住之
有大佛寺前封寺中有水口里無其上頂疊石天成層累
有如一其中有水旱無溢可坐三千人臺
上有坎空坐其東江一源西流達川江分為三派南流入
注中路東注俗自然天成其西向靑川江一派
錦江可在法住寺西嶺頂帛然而西
流可坐五十人其
大龜石
寺龜元坪北十二里
嶺路 回踰峙東北俗離山路 熊峙西北尙州界 燕峙西北山城
車衣峴西十五里懷仁大路 文峙西南通沃川二十五里大路 通三十里青州 通清州
龜峙北十二里 扭峙北三十里通華陽洞 馬峴東四十里 高麗太祖時所鑄石
峴上鋪磚

邑內五十 元岩二十七 錦基一十六 馬老冗

治 甑項東四十里通尙州咸昌間路甑項之西十里有
云 舖基野間土沃為一邑之最居民以賣棗為業
○龍川出文藏臺西南流至縣東三里右過熊峙川東
熊峙川出熊峙東南大灘川經元坪西南流回而西流為
達川之源其入龍川
流慶為大灘其回馬川東南四十里入龍川十二里
福泉西流為屛風淵東北二十五里為
處為大灘為屛風淵
城池 烏項山古城新羅慈悲王十三年築周三千六百
九十九尺井五池一○山下有軍藏
高麗太祖 舍林古城周一千四百八十八尺有大池八
間安之地
驛站 元岩驛南二十里 舍林驛北十里
土産 鐵 海松子 棗 柿 蜂蜜 松蕈 石蕈
壇壝 俗離岳壇新羅高麗俱載中祀 本朝減令本邑致祭 嘉阿岳新羅祀典三年郡

以名山載小祀今未詳
祠院 象賢書院明宗己酉建 宣祖庚戌賜額 海主金淨見清州 成運字健叔號大谷 昌寧人官司贍寺正贈左承旨 成悌元見公州 趙憲見金浦 宋時烈見文廟
典故 新羅炤智王八年徵一善界丁夫三千改築三年
屈山靑山城二城○高麗太祖十一年自將擊三年山城不
克遂幸清州 恭愍王十一年王自福州至尙州幸俗
離寺駐元岩驛十日幸清州詳清州典故 辛禑九年倭陷報
全○本朝 世祖九年 上與中宮王世子幸俗離山
駐蹕于屛風淵幸法住福泉二 宣祖二十五年四月
倭陷報恩

二九

慈仁部曲二十

文義

沿革 本新羅一年山景德王十六年改燕山郡領縣二燕岐昧
谷 隷熊州高麗顯宗九年屬清州明宗二年置監務高
宗四十六年陞文義縣令以衛社功臣布衣賓之鄕 忠烈王時倂于
嘉林尋析之 本朝因之 宣祖朝倂于清州以倭寇蕩殘
光海主元年復置 官員 縣令兼清州鎭管兵馬節制都尉一員
坊面 邑內終五 東面初二十五終 南面初三十五終 北面初二十五終 西
一道初三十七終 西二道初二十十終 西三道初三十二終 五十
山水 壤城山西二里 金方山東十一里 九龍山東北十里上有老人懷仁界
星殿古址 國師部山西二十五里 大明山西二十里清州界 五多子山西七十里

槐方山 甑山西

猪子山 西五里 玄都山 西十里 金鷄山 西北十里弁清州界 玉女峯 一云月嵓山 南三里 玉碎峯 東里 一次碧洞 南十五里 龍穴 東三里人或持炬而入以志其逕深入無底下有巨像以火衝之焰、若螢火而滅

嶺路 栗峙 北十里通清州大路 懸峙 西五里 漏峙 東八里九巢里有大小二石穴其深不測水旱無涸溢 墨峙 東十五里懷仁界大路 ○ 錦江 南十里懷仁末說灘下流至縣南十里為荊江其下為大淵至西南三十里為新灘西流入燕岐公州臨江多勝槃 汝灘 南十里出九龍山西南流入大淵 前川 出皮盤嶺西流經縣南入于荊江 椒泉 西三十里味如椒辣治之已病

城池 壞城 新羅慈悲王十七年築周三千七百五十四尺中有大池周一百九十二尺四面皆削石戊砌其深不測水旱無涸溢 摩物城 在金方山有遺址

烽燧 所伊山 東三里

新村一大 四山接

驛站 德留驛 南三里

津渡 荊角津 一云利遠津通汝川懷德

土產 蜂蜜 紫草 柿 棗 訥魚 錦鱗魚 蟹

祠院 魯峯書院 光海主乙卯建孝宗代戊賜額 宋麟壽 見清州 鄭礦 字士潔號北窓溫陽人官抱川郡監 宋時烈 見文廟 ○ 黔潭書院 肅宗乙亥建同年賜額 宋浚吉 見文廟

典故 高麗太祖八年征西大將軍庾黔弼攻後百濟燕山鎭殺將軍吉奐 十五年親征一牟山城破之 ○ 本朝 宣祖二十五年倭陷文義

稷山

沿革 本百濟蛇山 新羅景德王十六年為白城郡領縣 高麗太祖二十三年改稷山 顯宗九年屬天安 後置監務 本朝 太祖二年陞知郡事 以縣人宦者金闕入侍大明奉使而來 太宗元年復降為監務 十三年改縣監 燕山主十一年移隸京畿道 中宗元年復還

官員 縣監 兼清州鎮管兵馬節制都尉 一員

古邑 慶陽 西北四十里本高麗牙州之河陽倉後陞慶陽縣置令兼任監場官 本朝太祖五年來屬 越在平澤之西牙山之北水原之南

坊面 東邊 終五 西邊 終五 一東 初五終十 二東 初十終二十 三東 初十五終二十 一南 初五終十 二南 初十終十五 一西 西南初十終二十五 二西 初五終十 三西 初十終十五 一北 初五終十 二北 初十終二十五 慶陽 初四十終四十五 墻里 西北初三十五終四十五

外也串 越在水原西南界大津之北西臨大海 ○ 枝寔鄉 東南十三

山水 左聖山 東十五里 良田山 西二十里 聖居山 東南二十五里雄亨高大東南為木川界多有巖谷 ○ 天興寺在山之北又圓初廢有高麗時所堅鐵幢凡二十四節圍四把一節為十尺上下如一上覆寶蓋以銀為之可數百斤遠望之直衝雲霄 鵂鶹岩 南五里有小阜戴叢石如羊馬人物之状 素沙坪 北二十里陽城界為兩南通京大路延袤甚廣東連安城西接平澤中貫人川田疇膩茫 本朝 宣祖戊戌提督麻貴揔兵解生大破倭賊於此 詳陽城 ○ 弘慶院 在北十五里大野徽汔高麗顯宗以岐路之衛人烟隔絶乃命僧刱寺兵部尚書姜民瞻等監督之因賜命奉先弘慶寺寺西建客館號曰廣緣通化院積糗粮貯芻秣以候行旅遂立碑命翰林學士崔冲製碑文今寺與院俱廢唯碑獨存

嶺路 萬日嶺 東南二十里聖居北支有萬日寺通木川開路 舊 ○ 牙橋川 北二十五里出聖居山北北流環縣東北又西流經素沙坪合于陽城弘慶川之下 慶陽浦 在慶陽西平澤鷗池浦下流有津渡

邑內一大 五陽冗

靈沼 在客館前有小亭

城池 聖居山古城 在山上土築周一千九百九十尺井一 蛇山古城 北二里土 築周二千九百四十八尺井一 古壘 北大里

烽燧 望海山 在慶陽面

倉庫 邑倉 海倉 在慶陽面

驛站 戌歡道 北八里屬驛十一〇察訪一員

橋梁 牙橋 北二十七里通振威大路 盲眉橋 牙橋之西通平澤

土産 鯽魚 秀魚 蘇魚 黃石魚 眞魚 右四種産外也串 蟹

典故 高麗明宗七年公州賊亡伊等焚弘慶院 高宗二十三年蒙兵屯于牙州河陽倉 四十四年蒙兵屯

三十二

稷山 辛禑元年倭寇慶陽縣楊廣道都巡問使韓邦彦與戰敗績 三年倭自江華攻陷楊廣道濱海州郡又寇慶陽楊廣道元帥王安德等退次加川驛 在陽城 欲邀擊歸路賊由他路引去安德率銳追擊不克〇本朝 定宗元年 太上王幸聖居山

木川

沿革 本百濟大木岳 新羅景德王十六年改大麓郡 領縣二 金池 錄 一云 高麗太祖二十三年改木州 顯宗九年屬清州 明宗二年置監務兼任燕岐 本朝 太宗析置燕岐 十三年改木川縣監 邑號 新定 高麗成宗所定 官員 縣監 兼淸州鎭管兵

扶所峙

馬節制都尉一員

坊面 邑內 終十 近東 初十終二十 一遠東 初二十終三十 二遠東 初十終四十 十 南面 初十終二十五 北面 初十五終三十 西面 初十七終二十 細城 初二十終南十

山水 鵲城山 東五里 黑城山 西十里有勝天寺古細城山 南十里 鷲岩山 西北十二里有龍穴 聖居山 西北三十里稷山界天安界南有吉祥山 東二十里鎭川界 萬日嶺 西北三十里通稷山間路 納雲峙 西十八里通天安大路 居雲峙 西南二十里通全義 金峙 東二十里通鎭川 將技峙 北三十里通安城路〇 山方洞川 出北面諸谷南流經縣東合于并川 并川 出聖居山南流至縣南十里伏龜亭山方 川東合爲并川至清州界爲所經之斬院入于鵲川眞木灘

城池 黑城 周九千二尺 池二 一百 鵲城 細城 俱有遺址

木川 三十三

邑內 四九 并川 一大

驛站 延春驛 東 里

土産 鐵 紫草 蜂蜜 柿 棗 銀口魚

祠院 道東書院 仁祖己丑建 肅宗丙辰賜額 朱子 見文廟 鄭逑 見忠州 金 黃宗海 字大進 號朽淺 懷德人 官 字季雲 號履緵 金海人 燕山朝孫 戊午被禍 官獻納 贈都承旨 常提 別提 署

典故 高麗太祖十三年幸大木郡 辛禑元年四年倭寇木州 九年元帥金斯革擊倭于本州黑岾 黑城 斬二十級〇本朝 宣祖二十五年倭陷木川

懷仁

沿革 本新羅未谷 景德王十六年改昧谷爲燕山郡領

楓溪村土地肥溪山佳

縣高麗太祖二十三年改懷仁顯宗九年屬清州後以懷德監務來兼(辛禑)九年別置監務 本朝 太宗十三年改縣監【官員】縣監(兼清州鎮管兵馬節制都尉)一員

【坊面】縣內(終五)東面(初三終十五)南面(初五終十五)西面(初二終十)北面(初十終二十)江外(西南初十五終三十)

【山水】阿麼山(西二里)甫里山(東二里)昧谷山(東北一里)虎峙山(南九里)馬山(西北十里)牧監山(西北十里山下有牧場古址高麗史稱清州懷仁場)鷲山(南二十里)老城山(南十里)【嶺路】皮盤嶺(西北二十通清州大路高險逶迤曲)車衣峴(東十五里報恩界)蘆嶺(東十里並通報恩大路)墨峴(西十三里通文義大路)末訖嶺(西南二十里文義界通懷德)○末訖灘(南二十五里次川化仁津下流文義剃角津上流有津渡通沃

懷仁

三四

邑內 四九
斗山 三八

宣祖二十五年以陰城來合光海主十年析之

川)熊岩川(出皮盤嶺九龍山南流經縣東復回經縣前屈曲入于末訖灘)

【城池】古城(北一里昧谷山周一千一百五十二尺)虎峙山古城(周五千一百四十八尺井一以古城所在虛別稱老城山)

【土産】鐵 海松子 紫草 蜂蜜 柹 棗

【典故】高麗恭愍王十年次懷仁(自報恩至此日駐駕清州)

清安

【沿革】本新羅地(邑號失傳)景德王十六年改清淵為槐壤郡領縣高麗太祖二十三年改清塘顯宗九年屬清州後置監務兼任道安 本朝 太宗五年併二縣號清安十三年改縣監【官員】縣監(兼清州鎮管兵馬節制都尉)一員

水精遷東三十

【古邑】道安(西十五里本新羅道西一云都益景德王十六年改都西為黑壤郡領縣高麗太祖二十三年改道安顯宗九年屬清州 本朝 太宗五年併于清塘)

【坊面】邑內(終五)東面(初七終三十五)近南(初五終十)北面(初五終二十)近西(終十)遠西(初十終二十五)○靜安部曲在道安道前所念谷所銀谷所薍谷所並清塘東十二

【山水】七寶山(東六里槐山界)坐龜山(南十里清州界)鳳鶴山(東北十里槐山界)顏子山(西十五里)頭陀山(西北二十里)扭城山(西二十里右二山鎮川界)【嶺路】松峴(東七里槐山路)蛇峴(北十二里)松五里峴(北二十里並陰城路)粉峴(南十里清州界大路)椒峴(東南十五里通報恩)仇自隱峴(東七里通延豊閭路)○磻灘川(西二十里辭鎮川)曾子川(出椒峴西流經縣前過松里峴水入于磻灘之下流也)

【城池】道安古城(在杻城山有遺址)

清安

三十五

磻灘橋通鎮川

鎮岩 四九
磻灘 一大

【驛站】時和驛(西十五里)

【土産】鐵 紫草 蜂蜜 棗 銀口魚

鎮川

【沿革】本新羅今勿奴(一作今勿內或云首知衣云新知)後改萬弩(即勿奴之轉真平王時以金舒去為萬弩郡太守)景德王十六年改黑壤郡(領縣二都西陰城)隸漢州高麗太祖改降州又改鎮州成宗十四年置刺史穆宗八年罷之顯宗九年屬清州高宗四十六年陞彰義縣令(以林衍之鄉)元宗十年陞知義寧郡事(以林衍之故也)後降為鎮州監務(以誅林衍故) 本朝 太宗十三年改縣監(燕山主十一年移隸京畿中宗元年復還)【邑號】常山(高麗成宗所定)【官員】縣監(兼清州鎮

管兵馬節制都尉一員

坊面 南邊終十 北邊終十 德立北初十終十五 月村 栖谷俱北終二十 梨谷北終二十五 葛升西北終四十 齋洞東初十終二十 山井東初十五終三十 所谷東終二十五 草坪東南終三十里 文方南終二十五 白洛南終三十 聖岩西南終三十 吉亭西終三十 ○香林部曲北三十六 北二十三 脇呑所西

山水 城山西南七里 頭陀山東二十里清安界山上平四可處萬人有井泉 寶蓮山西北二十里 吉祥山一云胎靈山西二十里宝蓮山南支 深谷山北二十里

嶺路 金峙西十里木川大路 通大門嶺西北四十五里安城路 脇呑嶺西北三十五里 ○注川東十五里出陰城普賢山西南流經池山之西為草坪川入于清安礁灘頭 牛川出大門嶺東南流經縣東入于注川 加里川東十里出竹山七賢山流經廣惠院合于牛川 南胎山川南十

鎭川 三十六

邑內二七 長揚五十 廣惠院三八 南川一六

五里出胎靈山東流入于礁灘 牛潭加里川牛川會合處 新池東十里導牛川流入

城池 古城在城山 古城東三里俗稱都堂山城周一千八百三十六尺井二 伊訖城在蓮山上周三十九百八十尺井一 大母城東十里周二千六百七十尺井一

烽燧 所乙山西七里

驛站 長揚驛北二十里 台郎驛南十四里 ○廣惠院北三十八里

土產 蜂蜜 柿 棗 紫草 銀口魚

壇壝 道西城三國史云在萬弩郡以吾山載小祀○道西今屬清安而在鎭川東今頭陀山是也

祠院 百源書院宣祖丁酉建顯宗乙酉賜額 李種學見開城 金德崇字子悠號慕庵江陵人官韓山卯寺贈吏曹參議 李畲字有秋號松崖種學五世孫官校理 李阜字子陵號杏圃同城人官校理贈副提學 ○芝山書院景宗壬寅建癸卯賜額 崔錫鼎見太

廟 ○金發翰祠新羅時建于吉祥山春秋降香祝行祭高麗因之本朝太宗八年始停之令本邑致祭 金庾信舒玄子生於吉祥山見慶州

典故 高麗明宗七年公州賊亡伊等寇鎭州

永同

沿革 本新羅吉同郡 景德王十六年改永同郡領縣二黃澗陽山 隷尙州 高麗成宗十四年陞稽州刺史 穆宗八年罷之 顯宗九年屬尙州 明宗二年置監務 六年陞縣令 後復降監務 尋革罷 本朝 太宗十三年改置永同縣監 自慶尙道東隷本道

邑號 永山 稽山

官員 縣監兼清州鎭管兵馬節制都尉一員

坊面 縣東初一終十八 南一初五終三十 南二初二十終五十 西一初十五終三十 西二初五終四十 北一初十終四十 北二初二十終三十五

永同 三十七

楓谷部曲北二十五 仰岩部曲 栗谷所與北二十

山水 城隍山北一里 朴達山北十七里 摩尼山西十六里沃川陽山界 南山南十六里 於里山西十四里 箕山南十里 砧山南七里 天摩山南二十五里沃川陽南西界 角魁山東南三十里 錦城山西二里 萬影山東五里 馬鞍山西三十里沃川赤登江邊 高唐山西二十五里南臨高唐江 三峯南角山之南 臺岩箕山之西東川之邊 觀魚臺西十餘里江邊 落花臺縣西

嶺路 錦峙東十五里通黃澗大路 蛇峙有大小二峙北四十里通青山大路 葛峙西十八里間路由陽山倉通錦山 ○高唐江在高唐山下沃川虎瀨下流赤登江上流 松川出尙州九峯山南流經化寧中牟二古縣之西爲通川西流左過黃澗之長橋川至楓谷爲松川匯爲龍淵爲深川西流入高唐江 東川出天摩山北流經縣南西流入高唐之上 龍淵在松川俗稱妓淵西北十六里間口兩岸石壁削立入二里許

邑內二七 龍山辛

二峯相峙岩壑峻截中有石臼淵之下流瀑濤于此深不可測溢爲瀑布飛流數百尺下有深潭

城池 邑城 周二千四百十尺井二 古城 一在城隍山一在錦城山俱有遺址

烽燧 朴達山 見上

倉庫 邑倉 龍華倉 南四十里

驛站 會同驛 縣城南

津渡 深川津 西十五里松川下流通赤登津大路水落則設橋

土産 海松子 柿 蜂蜜 松蕈 紫草 辛甘菜 訥魚 錦鱗魚

典故 高麗 辛禑六年鎭浦敗倭焚永同 十年倭寇永同 辛昌時倭寇永同 ○本朝 宣祖二十五年倭陷永同

黃澗

黃澗

三八

沿革 本新羅召羅景德王十六年改黃澗爲永同郡領縣高麗顯宗九年屬京山後置監務恭愍王三年還屬京山恭讓王二年復置監務尋罷之 本朝 太宗十三年復置縣監 自慶尚道來隸本道 十四年以青山來合改黃青十六年析之 宣祖二十六年併于青山 壬辰倭亂縣監朴夢說赴晉州無一人還 光海主十三年復置

邑號 黃溪

官員 縣監 兼淸州鎭管兵馬節制都尉 一員

坊面 邑內 終十 音谷 東初五終二十 梅下 南初十五終三十 上村 南初三十終五十 南面 初二十終三十 外南 東南初四十終六十 西面 初五終二十 ○ 全化部曲 東三十八里本屬全山後屬京山恭讓王二年來屬

山水 黃岳山 東南三十里雄盤高大疊嶂如圜澗壑深邃有玉閣十龍湫山下有物閑里○太平寺 三聖山 東南十里 大極樂山 東四十里 水落山 秋風嶺之南右四山金山界大幹連紆爲忠慶兩道之支 石橋山 南四十里 白華山 北十五里尚州中牟界山形峭峻岩石削立山之南有深秋寺據層巔俯絶壁東南象塑之水來鏃其下○寺有八景四使君峯月留峯山半壁龍淵洞冷泉亭花獻岳青鶴窩法尊岩並奇勝

嶺路 秋風嶺 東南二十里金山界不甚高峻爲忠慶兩道之交大路有事必爭之地 吾道峙 東北二十里通尚州間路 掛榜嶺 東南四十里金山界間路 牛頭嶺 南五十里知禮間路 通 鍮峙 西十五里永同大路 通 梨峙 西北二十里通青山 ○ 長橋川 出知禮三道峯及牛頭嶺北流會黃岳諸山之水往廣坪至縣南合秋風嶺吾道峙之水西流入于永同之松川 石川 一云道川出白華山西流經縣北四里至山羊岩合于長橋川

城池 邑城 高麗恭讓王二年築周一千六百四十六尺井一

三九

邑內一六 七德二七 池川三八

烽燧 訥伊項 東二十里 所伊山 北十里

倉庫 邑倉 外南面倉 四十里 上村面倉 四十里

驛站 新興驛 西三里

土産 海松子 柿 棗 蜂蜜 松蕈 石蕈 辛甘菜

樓亭 黃岳樓 駕鶴樓 觀德亭

典故 高麗 辛禑六年倭寇黃澗 辟時倭寇黃澗

青山

沿革 本新羅屈山 一云埃山 景德王十六年改耆山爲三年郡領縣高麗太祖二十三年改青山顯宗九年屬尚州恭讓王二年置監務析尚州之酒城部曲以隸之後復

羊鹽尙州 本朝 太宗三年復析置監務十三年改縣監(自慶尙道來隷本道)十四年合于黃澗稱黃青十六年析之宣祖二十六年以黃澗來倂光海主十三年析之

官 縣監(尙州鎭管 兼青州鎭管 兵馬節制都尉)一員

坊面 縣內(終八) 東面(初三終十五) 西面(初二十終二十) 南面(初三十終十) 北面(初十終一百一十)(加越在報恩北界) 瑞原川所 居介所

山水 己城山(西八里) 德義山(北五里) 千芼山(東十五里) 清凉寺(西十里) 八音山(東北二十里) 尙州界 文珠山(北二十里) 報恩界 道家山(西十里) 兜率山(西北二里) 花岩(西二十里) 大川邊 井峙(南十里) 尙州界 中馬達(西南十里) 永同界 蛇峙(南十里) 通永同 白水峙 將軍峙(西南) 永同界

嶺路 井峙 將軍峙 蛇峙 白水峙 馬達

□南川 報恩龍川下流 自北而南流 屈曲而西 經縣南二里 西南流入于沃川 赤登江 下詳報恩

城池 己城(在山上 周二千九十一尺 井一) 猪峙古城(西九里 周二十五十七尺 井一)

新羅炤智王八年改築屈山城

倉庫 邑倉 西城倉

土產 海松子 柬紫草 蜂蜜

樓亭 白雲亭(邑內 臨廣野 帶大川)

典故 高麗辛禑四年倭寇青山 十年倭寇銀川所 又寇青山

疆域

	東	東南	南	西南	西	西北	北	東北
公州	鎭岑六十五里 文義懷德七十里	連山五十五 沃川珍山一百二十	魯城四十五	扶餘五十	定山四十	大興六十 禮山溫陽八十	溫陽 天安六十	全義五十五 燕岐三十
林川	石城二十九 隔江	恩津二十 隔江	龍安礪山二十三 咸悅十大 隔江 並	韓山三十	韓山十七	鴻山二十	扶餘十大 隔江	石城二十 江隔
韓山	林川十五	咸悅二十 隔江	臨陂西 隔江	沃溝二十 隔江	舒川九 江隔		鴻山三十九	
扶餘	公州 魯城二十		石城十五	林川二十 江隔	鴻山二十 江隔	鴻山 青陽 定山三十 江隔	定山十五 江隔	
石城	魯城十五		恩津二十		林川十 江隔		扶餘十五	
恩津	連山十五	高山三十	礪山十七		林川二十五 江隔	石城十三	魯城二十	
魯城	連山十	十	十	恩津二十	石城 扶餘二十		公州十	
連山	珍山二十		全州 高山二十	恩津十五	二十	魯城七	公州 鎭岑二十	鎭岑二十
鎭岑	公州 珍山十五		珍山 連山二十	連山十五	十		公州十	
懷德	沃川 清州周岸二十		公州 沃川 珍山三十		公州十		文義三十九 江隔	

疆域 四十

新平三面合德二面雲川一面高北二面越入他境

	東	東南	南	西南	西	西北	北	東北
燕岐	清州十 隔江	清州 文義二十	公州二十 江隔	十	十五	三十	全義二十五	清州十五
全義	清州十	十八	燕岐十八	公州二十	清州德坪十五	天安 東十五 木川十五		
定山	公州二十	十五 隔江	扶餘二十五 隔江	十三	青陽十五	青陽 公州三十	公州十五	十五
洪州	大興二十五	大興 青陽三十	青陽 鴻山 藍浦六十	保寧 結城二十五	結城十	海美二十五	德山十五	大興 德山 禮山二十五
沔川	洪州新平二十 洪州合德十五		德山十五		唐津十五		海二十	海美 瑞寧二十
瑞山	海美十七 洪州雲川		海五十		泰安二十		海九十	唐津 南面四十
泰安	瑞山十		海六十五		海三十五		海七十	
舒川	韓山十五		沃溝二十五 江隔		海十五	庇仁十	十五	鴻山四十
溫陽	天安十五	公州三十	禮山二十五		新昌十三		牙山十三	
大興	公州三十		青陽二十五		洪州十		禮山九	

非方串面越入合德之東

德山 禮山二十 / 大興二十 / 洪州十五 / 二十 / 海美十八 / 海美 唐津 三十 / 沔川十五 / 洪州合德 沔川 二十五
鴻山 扶餘二十 / 林川十五 / 韓山十一 / 舒川十 / 庇仁十三 / 藍浦十二 / 洪川五十
青陽 公州 定山 二十 / 定山 洪州 扶餘 三十 / 洪州十 / 大興二十
庇仁 鴻山二十 / 舒川二十 / 海十八 / 三十 / 藍浦十 / 鴻山四十
結城 洪州二十五 / 三十 / 保寧二十 / 海二十五 / 二十 / 洪州十
保寧 洪州二十五 / 藍浦二十 / 海二十 / 洪州甫川十 浦 陽 / 結城二十
藍浦 鴻山四十五 / 四十五 / 庇仁四十 / 海三十 / 七 / 保寧十 / 洪州二十五
禮山 溫陽四十八 / 公州新上二十 / 大興十 / 德山二十五 / 洪州合南二十 大安 德興 新宗 二十 / 新昌二十
新昌 溫陽十 / 溫陽 禮山 二十 / 德山非方串 沔川 洪川 二十 / 天安鎭義二十 / 牙山十
牙山 稷山二十 天安 毛山 二十五 / 天安二十五 / 新昌十五 / 天安鎭義十五 / 洪州新平二十五 越 浦 大水京乾梅十五 水弟二十 陽 大 浦 / 平澤三十

四十二

平澤 陽城十 / 稷山二十 / 牙山十 / 稷山慶陽十 水原二十 / 振威五 / 八
唐津 沔川十五 / 海美三十 / 海美塩車十 / 海 五十 二十
海美 德山十五 / 洪州十 / 瑞山十 / 洪州雲川十 唐津三十
忠州 清風二十 / 七十 / 延豐二十 槐山四十八 / 陰城五十 / 醴川九十 安城一百二十 竹山 陰竹 一百十 八十 / 驪州五十五 原州六十 / 原川四十五 / 堤川五十
清風 丹陽十五 / 三十五 / 聞慶 醴泉 六十 / 延豐六十五 / 忠州四十 / 堤川十五
丹陽 永春 順興 四十 / 豐基三十 / 三十 / 醴泉 清風 三十 / 清風二十 / 二十 / 堤川三十五 / 永春二十
槐山 延豐二十 / 清州二十五 / 二十 / 清安三十 / 三十 / 陰城二十 / 忠州二十 / 二十
延豐 聞慶十一 / 十五 / 二十 / 清州三十 / 槐山二十五 / 忠州三十四 / 五十
陰城 忠州十 / 槐山二十 / 清安二十五 / 鎭川四十 / 忠州二十 / 二十五 / 十 / 五
永春 寧越三十 / 榮川 順興 三十 / 榮川昝谷二十 / 順興三十 / 丹陽二十 / 堤川五十 / 寧越二十五 / 三十

西原佳坪越在他境
新宗德興鎭義毛山越在他境
慶陽外他串越在他境

堤川 寧越十七 / 永春十八 / 丹陽二十 / 清風二十 / 忠州五十 / 原州七十 / 三十 / 四十
清州 聞慶一百二十 尙州 槐山 八十 報恩 八十 / 懷仁二十 / 文義二十 / 燕岐二十五 / 全義五十 / 木川二十五 / 鎭川二十五 / 清安四十
天安 木川十三 / 全義三十五 / 公州四十五 / 溫陽 公州 四十 / 溫陽二十 / 牙山二十 / 稷山十二
沃川 青山五十 / 永同四十五 茂朱一百 / 永同四十五 茂朱一百 / 懷德三十 / 清州周岸 三十五 / 懷仁十五 / 報恩五十
報恩 尙州四十 / 青山 沃川 三十 / 懷仁十五 / 清州三十
文義 懷仁十 / 清州周岸二十 / 公州三十 江 隔 / 燕岐三十五 / 清州十
稷山 安城十五 / 木川二十 / 天安十二 / 二十 / 牙山十五 / 平澤十五 / 陽城二十 / 安城十五
木川 鎭川二十 / 四十 / 清州二十 / 全義四十 / 天安二十 / 稷山二十五 / 鎭川 忠州 二十五 / 鎭川二十
懷仁 報恩十五 / 沃川二十 / 文義十五 / 清州二十五
清安 清州二十五 槐山十 / 清州十二 / 清州二十 鎭川二十 / 陰城二十

四十三

陰城越在他境

鎭川 忠州二十五 / 清安二十 / 清州二十五 / 木川二十 / 稷山四十 / 竹山二十五 / 忠州三十
永同 黃澗十六 / 三十 / 茂朱五十 沃川 陽南 四十 / 茂朱三十 / 沃川三十 / 青山三十 / 尙州牟西四十
黃澗 金山二十 / 知禮五十 / 茂朱六十 / 永同五十 / 十五 / 尙州五十
青山 尙州二十四 / 永同十三 / 永同 沃川 三十 / 沃川二十 / 報恩二十五

田民

	田畓	民戶	人口	軍保
公州	田一萬五千一百七十四結 畓七千二百五十九結	一萬五千一百三十三戶	四萬三千一百八十九口	一萬五千四百三十一名
林川	一千七百七十二 三千四百三十三	三千八百二十四	一萬六千九百三十五	四千八百六十九
韓山	一千三百八十七 二千七百五十九	二千五百八十三	九千九十六	三千九百四十八
扶餘	二千三百三十八 一千七百八十	三千一百八十三	一萬五千二百二十九	二千六百八十

石城	一千五百四十[illegible] 一千五百四十	一千五百三十五	七千八百九	一千六百九十二
恩津	二千五百八十九 二千七百九十六	五千九十八	一萬九千七百七	三千八百七十九
魯城	一千六百三十四 一千九百七十七	二千五百四十三	一萬八百三十七	一千六百七十一
連山	二千九百三 二千一百三十	三千二百四十八	一萬一千四十九	二千一百三十五
鎭岑	一千一百九十九 八百五十三	一千四百九	六千一百八十八	九百十一
懷德	二千三百七十五 一千二百十八	二千四百九十九	一萬六百二	一千三百四十
燕岐	一千七百十二 一千一百五十六	二千四百十八	一萬八百二十三	一千八百二十五
全義	一千六百九十一 六百九	一千七百二十二	七千五百二十七	一千三百五十五
定山	一千三百五十[illegible] 一千一百七十[illegible]	二千三百五十二	九千三百五十三	一千八百三十四
洪州	六千八百十二 五千五百四十[illegible]	一萬二千八百五十三	五萬四千五百六十二	九千八百八十六
沔川	三千七百七十 二千一百二十[illegible]	三千三百四十四	一萬一千七百六十一	三千四百二十二
瑞山	四千五百八十[illegible] 二千四百六十九	六千九十三	二萬二千八十七	五千一百九十五
泰安	三千一百一 一千四百六十九	三千七百二十三	一萬三千九百六十八	三千三百四十
舒川	二千三百四十二 二千九百二十七	二千七百七十三	一萬六百七十八	四千三百七十九
溫陽	二千四十八 一千三百四十[illegible]	二千八百六十二	一萬五千九百四十四	二千二百八十四
大興	二千四百六十[illegible] 一千三百十	二千三百六十二	八百七十一	三千一百三十
德山	三千八百六十九 二千七百七十	五千五百七十六	一萬九千四百三十九	二千九百十四
鴻山	二千九百七十二 二千二百四十四	三千五百二十七	一萬四千八百四十二	三千五百
青陽	一千三百七十四 一千七十七	三千五百六十四	一萬四千五百二十八	二千一百六十二
庇仁	一千七十一 八百六十	二千七百九十三	九千二百十七	一千六百三十六

結城	一千九百四 一千三百十八	三千八百九十二	一萬五千三十六	二千七百五十七
保寧	二千二百九十七 一千四百三十二	四千一百四十八	一萬七千三百七十	三千二十四
藍浦	一千五百四十 一千一百九十九	三千九百五十	一萬六千四十八	一千八百五十五
禮山	二千七百九十六 一千五百八十二	二千八百五十二	一萬十四	三千三十五
新昌	一千七百八十二 一千二百九十三	一千九百四十	八千三	一千六百七
牙山	三千五百九十 二千八百四十六	三千四十二	九千六百七十八	三千四百四十四
平澤	六百三十九 一千一百四十	一千五百八十二	五千九百五十二	一千二百八十一
唐津	二千四百六十四 一千二百十八	三千四百九十二	一萬三千五百二十四	三千一百九十九
海美	二千二百四十七 一千二百三十四	二千八百三十八	一萬一百四十八	一千八百二十三
忠州	一萬五千三百九十 五千九百七十七	一萬九千七十二	九萬七千	一萬四千七百
清風	一千六百十 二百六十八	二千六百三十七	八千五百九十九	二千五百六十三
丹陽	九百二十七 二百二十二	一千八百七十六	七千一百六十七	一千七百四十四
槐山	二千二百七十九 七百三十九	三千八百三十九	一萬五千五百十二	二千二百七十六
延豊	一千七十二 二百二十三	一千八百二	五千八百二十四	一千六百二十五
陰城	九百三十六 五百二十六	二千一百十九	七千八百三十八	一千三百二十
永春	九百九 九十九	一千六百三十三	七千一百六十一	七百三十六
堤川	一千八百五十四 六百六十一	二千八百五十八	一萬四千三百八十三	二千五百十六
清州	一萬三千三百五十五 五千九百五十六	一萬三千三百十四	四萬六千六百六十一	一萬二千八百十九
天安	二千九百五十五 二千三百五	三千五百五十六	一萬二千八百五十六	三千三十二
沃川	三千九百五十二 一千三百八十六	六千十六	二萬七千二百六十七	四千九百四十九

報恩	三千七百九十四 一千一百一	四千四百八	一萬五千二百五十九	三千七百五十一
文義	二千四十八 九百四十七	三千四十二	九千二百八十五	二千三百八十九
稷山	三千七百十六 二千一百二十二	三千四百十三	一萬五千五百四十三	二千八百六
木川	二千七百四十六 一千一百十一	三千三百四十六	一萬六千四百五十三	二千九百一
懷仁	一千四十 一百十九	一千二百四十七	四千四百四十五	七百三十八
清安	一千八百五十六 九百四十六	二千八百十二	一萬六百八	二千三百二十九
鎭川	四千五百二十五 二千二百九	五千八百十三	三萬一千三百五十七	五千九十二
永同	二千一百四十七 七百十四	二千五百七十六	一萬二千七百七十四	二千八百三十四
黃澗	九百二十九 八百一	二千五十二	七千四百七十九	一千九百十六
青山	一千五百五十三 二百八十三	二千四百五十五	一萬八百七十二	二千八十七
平薪	四百七十九 二百七十四	一千一百四十八	五千七十	一千二百

四十六

驛站

利仁道(公州) 楡楊(定山) 恩山 龍田(扶餘) 宿鴻(鴻山) 靈楡(林川) 靳谷(韓山) 豆谷(舒川) 青化(庇仁) 藍田(藍浦) ○金井道(青陽) 世川 龍谷(洪州) 花川(平澤) 長時(牙山) 時興(溫陽) 昌德(新昌) 日興(禮山) 光時(大興) 汲泉(德山) 順成(沔川) 興世(唐津) 夢熊(海美) 豊田(瑞山) 下川(泰安) 海門(結城) 青淵(保寧) ○栗峯道 雙樹 猪山(清州) 貞民(懷德) 增若 嘉和 土坡 順陽 化仁(沃川) 會同(永同) 新興(黃澗) 舍林 元岩(報恩) 德留(文義) 時和(清安) 台郎 長楊(鎭川) ○連源道 嘉興 丹月 用安(忠州) 坎原(陰城) 仁山(槐山) 靳豊 安富(延豐) 泉南(堤川) 黃江 壽山 安陰(清風) 長林 靈泉(丹陽) 吾賜(永春) ○成歡道(稷山) 新恩 金蹄(天安) 廣程 日新 敬天 丹平 維鳩(公州) 平川(連山) 延春(木川) 金汝(燕岐) 長命(清州) 共七十一驛 吏卒二萬二千七百七十名 三等馬七百六十四匹

烽燧

望夷山(忠州北準竹山中之山) 迦葉山(陰城) 馬山 心項山(忠州) 衣峴(清風) 所伊山(丹陽南準順興竹山) 間烽 大林山(忠州合于馬山) 周井山(延豐) 雞立嶺(延豐東準閒變炭項) 間烽 所屹山(鎭川北合夷山見上) 望巨大嶺(清州) 所伊山(文義) 雞足山(懷德) 環山 月伊山(沃川) 朴達山(永同) 所伊山 訥伊項山(黃澗東準金山高城山) 元烽 望海山(稷山西準陽城槐台串) 燕岩山(牙山) 大鶴山(天安) 雙嶺 高登山 月城山(公州) 魯城山(魯城) 皇華臺 江景臺(恩津南準龍安廣頭院) 右二十七處兵營所管 ○ 間烽 倉宅串(沔川東北準陽城槐台串) 高山(唐津) 安國山(海美) 北山(瑞山) 白華山(泰安) 都飛山(瑞山) 高邱城山(洪州) 高山(結城) 興陽串(洪州) 助侵山(保寧) 玉局峯(藍浦) 漆枝山(庇仁) 雲銀山(舒川南準沃溝花山) ○右沿海十三處水營所管 權設 望海亭(水營) 元山島 外烟島 於青島(洪州) ○右四處所報水營 共四十四處

元烽十五處 間烽二十五處 權設四處

摠數

坊面五百六十二 民戶二十一萬七千四百 人口八十六萬八千一百 田四十六萬四百十八結 畓九萬

五十一百六十七結　軍保十七萬一千七百二十
場市一百五十七　步撥五　津渡四十三　牧場二
八廢場　堤堰五百三十五　垌洑四百九十七　宜松一
百五十四　松封山在安眠島洪州瑞山泰安　箭竹島十三　壇
壝公州忠山州丹陽　廟一清州　賜額書院三十二　祠六　倉
庫一百三十七營鎭邑驛

大東地志卷十八　終

校閱　四八

원문